글머리

바람 재를 휘어 도는 황악산 허리에 구름도 쉬어 가는 가목재와 우두령에서 흘러내리는 감천이 흐르는 곳에 이루어진 모꼬지. 이름하여 김천이라 합니다.

빼어난 풍광을 지닌 산하는 뛰어난 인걸이 깃들어 나는 법이니 김천이야말로 헤일 수 없는 많은 선비와 걸출한 인물들이 태어났습니다.

김산현과 지례현, 그리고 개령현이 한데 합하여 이루어진 김천의 마을들은 칠월이 익어 가는 이 고장의 신화를 만들어 왔습니다.

직지사로 점지되는 경건한 부처님의 가피가 불당의 향처럼 고즈넉하고 삼강오륜을 표방하는 의리와 염치를 목숨처럼 아끼는 유림들의 정기가 온 고을에 가득합니다.

시로 승격한지 벌써 지천명의 세월이 흐른 지금 충청 전라 경상의 삼도를 넘나드는 길목의 장승인 양 어려울 때, 우리 조국의 방패막이가 되어 왔지를 아니한가 말입니다.

80년 대 후반 빗내 마을에서 농악 소리에 귀를 기울인 이후 김천시사의 지명 유래 편을 엮으면서 작업을 한 인연으로 하여 무딘 글이나 김천의 마을에 대하여 내가 보고들은 바를 적고 싶었습니다.

마침 제가 봉직하는 학교에서 지역 문화에 대한 출판을 할 기회가 있어 부끄러움을 무릅 쓰고 용기를 내어 책을 내기로 하였습니다. 뜻 있는 분들에게 누가 되지 안았으면 하는 소박한 욕심을 가져 본답니다.

너무도 쓰라린 태풍 루사의 상처를 생각하면 가슴이 아픕니다. 하루 빨리 시련을 딛고 분연히 일어나 말 그대로 황금 빛 노을이 물든 김천의 아름다운 모습을 되찾게 되길 빌면서 사연을 줄입니다.

김천의 불사신이여 영원하시라. 겨레의 하나될 그 날을 기다리면서요.

경오년 한가위 날에
감내 정 호 완 드림

글 눈

김천시(金泉市)

1. 김천의 내력

물이 흐르는 곳에 마을이 이루어지고 마을이 있는 곳에 인간 삶의 고리들이 이루어진다. 냇물은 높은 산 깊은 골짜기에서 돌부리를 울리는 작은 옹달샘에서 비롯하여 골에 골물이 어우러져 제 모양을 드러낸다. 때로는 굽이쳐 흐르고 더러는 곧게 흘러내린다. 작은 시냇물이 합하는 곳에 삶의 모꼬지가 이루어지게 마련. 때로는 논을. 혹은 밭을 빚어내기도 하면서 우리 삶의 텃밭을 일구어 주었으니 강은 참으로 우리들의 위대한 어머니라 하여 조금도 이상할 것이 없다.

김천의 삶은 감천으로부터 온다. 감천은 김천 역사의 젖줄이며 말미암음이다. 감천의 물줄기와 물줄기가 만나는 어름쯤에 먹거리 문화의 움이 싹터 올랐던 것이다. 그 싹이 자라서 숲을 이루고 마침내 황악산과 금오산이 불끈 솟는 그 사이에서 감천의 물로 생명의 샘을 삼은 이들이 모여 사는 모꼬지가 된 곳이 김천이다.

감천의 뿌리 샘은 대체로 우두령재에서 흘러내리는 샘줄기와 가목재에서 발원하는 샘줄기가 부항과 지례의 어름, 도곡마을에서 만나 제법 물줄기다운 면모를 갖추게 된다. 외감 내감에서 발원하는 물줄기를 어우름은 물론이다. 물은 흘러 다시 구성과 김천 시내를 통과하면서 황악산 쪽에서 발원하는 직지천과 만나게 되고 내는 다시 어모에 이르러 어모천 곧 아천(牙川)과 만나면서 이제 감천의 큰 흐름을 형성하기에 이른다. 한자만 달랐지 어모는 곧 아천이 된다. 어금니아(牙)는 ≪훈민정음≫에 따르면 엄소리(牙音)의 '엄'으로 대응이 됨은 아주 시사하는 바가 크다. 그러니까 어모-엄이란 등식이 성립된다는 이 야기다.

삼한시대에 감문국(甘文國)이 있었으니, 그 속국으로는 지금의 조마면에 있었던 주조마국(走漕馬國)과 어모면 중왕리 자리에 있었던 어모국(禦母國), 감문면 문무리에 있었던 문무국(文武國)과 아포면 제석리에 있었던 아포국 (牙浦國)이 있었던 것으로 추정한다. 한마디로 이들 나라들은 감천내가 만들 어 낸 마을들의 모음이라고 할 수 있다. 그러니까 감천내가 중심이 되어 이루 어진 고장이 김천이라고 보면 된다.

물이란 모여들어 이루어진 것이요, 하늘이 내린 뭇 목숨들의 뿌리 샘이다. 작은 샘들이 모여 시내를 이루고 더러는 연못이 되기도 하며 큰 내와 가람을 이루지 않던가. 하면 감천의 경우는 어떠한가.

우리말은 있으되 이를 적을 글자가 마땅하지 않아서 한자의 소리와 뜻을 빌 어다가 썼던 시절이 있다. 이름하여 한자 차용시기라고 한다. 때로는 향찰로, 이두로, 구결이라고 불리어지기도 하였다. 감천(甘川.甘泉)의 경우도 그 적기 를 잘 보면 감(甘)은 우리말의 '감'이란 소리를 한자의 그것과 대응시켜 적은 것이요, 천(川.泉)은 한자의 뜻을 빌려 온 것으로 보인다. 그러니까 감천은 우 리말 '감내'란 말이 된다. 지역에 따라서 감내를 가무내(영양) 혹은 감내, 검내 로 이르는 수도 있다. 적기에 따라서 강원 횡성이나 충청도 유성에서는 갑천 (甲川)이라 하며 그 지역에서 쓰이는 속지명으로는 감내라고 이른다. 그럼 감 내-갑내-감천이 서로 다른 지역에서 쓰일 뿐 그 바탕을 이루는 뜻은 같은 것 임을 알 수가 있다.

기원적으로 우리말 '감'이란 무슨 뜻인가. 이는 다름 아닌 귀신(神)을 이른다.

최남선의 ≪신자전≫의 자료를 따르자면 모든 만물을 있게 한 존재자로서 이를 '검'이라고 하였는바, '검'에서 모음이 바뀌면 감이 되기에 이른다. 하긴 농경사회에서 물과 땅이란 매우 결정적인 역할을 갖고 있기 때문에 물과 땅에 신격을 부여하였으니 이르러 지모신(地母神)이라고 일컫는다. 뒤로 오면서 사람의 슬기가 발달하여 신본위(神本位)의 신중심사회에서 인간 중심의 사회로 발달한다. 이르자면 같은 말인데 수렵문화에서 농경문화로 이행되는 문화의 변이가 일어나면서 그 뜻이 바뀌었다고 봄이 옳을 것이다. 단적으로 '감'이라는 말은 신이란 뜻은 없어져 버리고 '중심'이라는 뜻으로만 쓰이게 된 것이다.

간추려 이르면 감천이란 중앙천이란 말이 된다. 과연 감천은 김천 지역의 중심이 될 만한가. 그렇다. 대덕산의 우두령과 내감에서 발원하는 냇물이 모여들어 선산의 낙동강에 이르는 76킬로에 달하는 결코 짧지 않은 흐름을 통하여 김천의 온갖 삶터를 이루어 내었다고 하여 지나침이 없을 것이다.

두 물줄기가 흘러 만나는 어름 전후하여 물에 흘러내린 모래가 쌓여 버덩이 생겨나고 그 언저리에 사람들이 모여 마을을 이루게 된다. 그럼 감천의 경우는 어떠한가. 먼저 가목재에서 발원하는 물들이 만나 모이는 곳에 가마목 곧 부항(釜項)이 생겼으며, 우두령재에서 흘러내린 물과 외감, 내감에서 흘러 나린 물이 만나는 곳 어름에 대덕면이란 보금자리가 이루어진 것으로 보인다.

우두령재 쪽의 물과 부항 쪽의 물이 만나서 이루어진 어름에 지례와 구성, 그리고 농소면이 생겨났으며, 감천의 본류가 황악산에서 흘러내리는 직지천의 물과 만나는 곳 어름 하여 김천시가 큰 삶의 모꼬지로 이루어졌다고 하겠다. 물은 흘러 다시 어모천과 만나면서 감천과 감문, 그리고 아포의 들로 이어지는 김천 평야를 이루게 된다. 감천과 감문(甘文), 그리고 아포(牙浦)-엄개의 '엄-어모'도 따지고 보면 감천(甘川)의 '감'에서 비롯한 것으로 보아 좋을 것이다. 모두가 신본위 중심의 농경사회에서 물신이며 땅신이라 할 거북신 곧 검(감)을 숭상하는 믿음의 상징으로서 떠오른다. 구성(龜城)만 해도 그렇다. 거북이를 방언에서는 거멍 혹은 거망 더러는 거무(거미)라 함은 이를 뒷받침해 주는 보기라고 할 것이다. 그럼 지례(知禮)란 무엇인가. 말 그대로 감 곧 신(神)을 모시는 예의를 차리는 곳의 뜻으로 새길 수 있다. 예도 예(禮)자도 글자 짜임을 보면 제단(示)에다가 제물을 그릇에 담아 놓은 모양(豊)을 어울러 만든 것이니 예의의 시원이야말로 신에게 감사와 풍년에의 기원을 바치는 행위를 드러냄으로 풀이할 수 있다.

　신라시대 231년(조분왕 2년) 석우로가 감문국을 토멸함으로써 신라에 병합되었고, 주조마국은 이보다 약 200년 후에 신라에 병합되었다. 진흥왕 18년(557)에는 감문국 자리에 감문주를 설치하고 기종을 군주로 파견하였다가 진흥왕 36년(614)에 감문주를 폐하고 선산에 일선주를 설치하여 금릉지방을 그 치하에 두었다.

　본디 이름이 동잠(桐岑)이었는데 신라 경덕왕 16년(757)에 금산(金山)으로 고쳐 개령군의 영현으로 삼는다. 현종 9년(1080)에 다시 오늘의 성주인 경산(京山)의 속현으로 만든다. 공양왕 2년에 이르러 감무(監務)를 두기에 이른다. 마침내 1295년에 와서 다시 상주에 속하게 된다.

　우리말을 적을 때에 한자의 소리와 뜻을 빌어다가 쓴다고 하였는바, 먼저 '감-'의 소리와 걸림을 보이는 고장의 이름을 들어보도록 한다. 우선 생각할 수 있는 보기가 감천면과 감문면이다. 같은 계열에 드는 경우가 대덕면의 외감(外甘)과 내감(內甘)이라고 하겠다.

　감천면의 경우는 감천내에 면하여 이루어진 고장이라고 하여 붙여진 이름으로 보이며, 감문의 경우도 마찬가지다. 감문(甘文)은 옛 기록에도 나오는바, 감물(甘勿) 혹은 금물(今勿)이라고도 적힌다. 감-금-검은 같은 뜻을 공유하는 형태로서 그 바탕은 중앙이요, 기원적으로는 지모신임은 앞에서 이른 바와 같다. 한자자전을 보면 우물정(井/丼)의 정(丼)에서 아래 획들만 없애면 그 모양이 거의 감(甘)자와 비슷하게 된다. 결국 삶의 중요한 요건 가운데 하나가 물이요, 내(川)란 말이 된다. 때로는 낙동강에서 감천내쪽으로, 더러는 그 반대로 배가 들락날락하면서 수운을 발달시켰으며 삶에 필요로 하는 여러 가지 조건들을 풀어 나아갔을 것으로 상정할 수 있다.

　가장 결정적인 것은 김천(金泉)이란 고장의 이름이다. 김천의 옛 고을이름이 감물(甘勿)인데 이는 달리 금물(今勿)이라고도 적었다. 글자만 달랐지 감-금이 같은 의미를 드러내는 고장의 지명 형태라고 할 수 있기 때문이다. 결국 김천이 감천이요, 감천이 낳은 삶의 터전이라고 할 수 있다는 줄거리가 된다.

　적는 한자나 그 소리는 마르지만 잘 살펴서 그 대응됨을 알아보면 난함산

(卵含山)의 함(含) 또한 감천의 '감(甘)'과 같음을 알 수 있다. '함'의 고대 한 자음이 감(甘γam)이니 난함산을 우리말 식으로 읽으면 알감산이란 풀이가 가능하다. 소리가 약해지면서 난함산-나남산-내남산으로 그 소리가 여러 가지로 바뀌어 일반화되어 쓰인다. 알감산에서 상금천 곧 감천의 큰 지류인 상금천이 흘러 직지천을 이루고 다시 감천으로 합류하는 것과 감천의 중요한 지류인 어모천 상류의 한 갈래가 알감산에서 흘러 모두가 감천으로 합하는 것임을 고려할 때, 감천과 걸림을 보이는 방사형태라고 상정할 수가 있다.

어모면(禦母面)과 어모천, 그리고 아포(牙浦)의 경우도 그 예외가 아니다. ≪대동지지≫를 따르자면 금산의 옛 이름이 어모(禦母)였음을 알 수가 있다. 어모는 한자로 적혀 있으나 기실은 어머니에 대한 김천의 방언으로 적었을 것으로 상정된다. 그러니까 감천에 어머니 신격을 부여하던 그 시기에 거북 신앙과 물 신앙이 한데 어우러진 것으로 보인다.

조선조에 이르러 1398년에 금산현의 황악산에 정종의 태를 봉안하고 금산군으로 승격되면서 별호를 금릉(金陵)이라 하여 어모현을 합하였다. 1601년에 아포에서 역모가 있어 개령현이 금산군에 합하였다가 9년만에 되살아나고, 1629년에 금산군에서 다시 역모가 일어나 금산군은 금산현으로 내렸다가 11년만에 복원되기도 했다.

갑오경장으로 금산현은 다시 군으로 바뀌었고, 1906년에는 금산군의 인명면을 개령군으로, 금산군의 황금소면을 충북 황간군에, 충북 황간군의 남면과 성주군의 신곡면을 금산군으로 각각 편입시켰다.

일본의 강점시기인 1914년 3월 군면 통합에 따라 금산군·지례면·개령군 일원과 성주군 용산면 신곡동 일원을 통합하여 김천군으로 개칭할 때 김천역의 이름을 따서 김천이란 지명이 생겼으며, 김천군 김천면이 되었다. 그 때 상신기·하신기·성산·성내·좌동·우동·원동·중동·하동의 9개 동을 다스렸다.

그 후 1920년에 다시 김천면이 특별면으로 지정되어 자체 예산으로, 감천 제방공사를 완성함으로써 여름이면 홍수로 철시하여 오던 신기 장터 근처가 급속도로 발전하게 되었다. 1931년 4월 1일 김천 특별면은 금릉군 전성(신음·삼락·교동·문당·백옥·부곡·다수의 7개 동)과 감천면의 지좌동을 합하여 김천읍이 되었다.

1934년 구소요면과 아천면을 통합하여 어모면으로, 과곡면과 석현면을 구성면으로 통합하였으며, 곡송면과 위량면을 감문면으로 통합하여 1읍 15면을 관할하였고, 1938년 감천면 지좌동은 김천읍이 되었다.

광복 후 1946년 일본식 땅이름을 우리말 식 지명으로 변경함에 따라, 욱정을 감호동, 본정을 용두동, 금정을 모암동, 대화정을 평화동으로 고치고, 성내정·황금정·남선정은 정을 모두 동으로 고쳤다. 1949년 8월 13일 김천읍이 김천부로 승격되고, 이틀 후인 8월 15일 김천부가 김천시로 승격, 분리되면서 김천시를 제외한 다른 지역은 김천군에서 금릉군으로 개칭되었으며, 1952년 4월 25일 면 의원이 선출되고 면 의회가 이루어졌다.

교통의 요충지로, 우리나라 5대 시장의 하나로 발전해 온 김천시는 1967년 이후 공업화에 주력한 결과 생사, 갈포벽지, 가발, 농기구, 농악기 공업이 활발하며, 19개 법정동에 8만여 명이 거주하고 있다.

1983년 2월 15일 감천면 양천동, 어모면 응명동, 개령면 대광동, 농소면 덕곡동이 김천시에 편입되고, 감문면 봉남동과 소재동이 선산군에 이관되었다. 1988년 5월 1일 동을 리로 바뀌었고, 1992년 7월 18일 아포면 국사 2리를 국사 2, 3리로 나누어 오늘에 이르고 있다.

1995년 1월 1일을 기하여 김천시와 금릉군이 하나의 김천시로 통합이 되면서 풀뿌리 민선 자치 시대를 맞이하게 되어 오늘에 이르게 되었다. 명실상부한 1시 15개 면으로 이루어지는 도농 통합형의 지방자치 단체가 되었다.

2. 위치와 자연

경상북도 서북부의 관문으로 서쪽에 충청북도 영동군과 전라북도 무주군과 접경을 이루고, 남쪽으로 경상남도 거창군, 동쪽으로 칠곡군, 성주군, 구미시와 경계를 이루며, 북쪽으로 구미시, 상주시와 인접하며 중앙에 김천시가 위치하고 있다.

또한 경부선 철도와 경부고속도로가 남북으로 관통하고, 경북선 철도가 지나며 국도 3, 4, 30호선이 동서남북으로 교차하는 교통의 요충지로 서울에서 250킬로, 부산에서 190킬로 떨어져 있으며, 대구와 대전의 중간지점으로 동경 127°와 북위 35° 어름에 자리하고 있다.

소백산맥이 서남으로 뻗으면서 추풍령(235미터), 황악산(1,111미터), 삼도봉(1,176미터), 대덕산(1,291미터), 우두령, 수도산(1,327미터)이 병풍처럼 둘러싸여 있으며, 동으로 살티재(箭峙), 별미령, 백마산(716미터), 금오산(977미터)이, 북으로 백운산(618미터), 여남현(汝南峴), 용문산(710미터)이 백두대간의 정기를 이어가고 있다.

삼도봉에서 발원한 부항천과 우두령에 발원한 감천은 지례면 도곡리에서 합류하여 군 중앙부를 남북으로 흐르며, 추풍령과 황악산에서 발원하여 흘러내리는 직지천은 김천시 신음동에서 감천 본류와 합하여 낙동강으로 흐른다. 대체로 지형은 산악지대로 전체 면적의 7할을 산이 차지하고 있고, 감천 양안으로 평야를 이루고 있어 가히 감천이 낳은 천혜의 곡창이라고 하여 지나침이 없다.

3. 마을의 이름과 유래

1) 용호동(龍湖洞)

김천시의 동쪽으로 보아 남에서 북으로 흐르는 감천내의 서안에 접하여 있다. 국도를 경계로 하여 남쪽이 용두동, 북쪽이 감호동이다. 용두동의 남쪽은 황금동의 주거지와 연접하여 있으며 북쪽은 감천과 합하여 흐르는 직지천(直指川)이 신음동과 마주하여 있다.

조선 왕조 시대에는 아랫장터, 짐전장(짐천장) 혹은 하신기(下新基)라 불렸으며 전국 5대 시장의 하나였다. 1905년 무렵 일본인들이 경부선 철도를 놓을 적에 일본인 기술자 수 백 명이 임시로 거처할 집을 지었다고 한다. 공사가 모두 끝난 뒤에도 임시로 지은 집을 헐지 않고 그대로 남아 차츰 상가가 이루어졌으며 일본인회라는 모임을 만들어 이권을 차지하였다. 국도를 경계로 하여 감천의 남쪽을 혼마찌(本町), 북쪽을 아사히마찌(旭町)라 하다가 1914년에 이르러서 정식 마을의 이름으로 확정지어 그리 불렀다고 한다.

광복이 되면서 우리말로 마을의 이름을 고쳤는데 본정을 용두동, 욱정을 감호동이라 하였다. 다시 1983년 김천시의 조례에 따라서 감호동과 용두동을 합하여 오늘날의 용호동이라고 부르게 되었다. 이르자면 행정동 이름이 용호동이고 법정동으로는 여전히 감호동과 용두동으로 나누어진다.

땅이름의 보기를 살펴보면 용(龍)-과 관련한 예가 많이 나온다. 이는 물신으로서 용을 섬기는 용신앙의 바탕에서 비롯한 것으로 보인다. 여기 용을 구체적으로 관련짓는다면 다름 아닌 감호 곧 감천의 물로 보아야 한다.

법정동의 이름과 그 유래를 들어 보면 아래와 같다.

(1) 감호동(甘湖洞)

김천 시가지를 관통하여 흐르는 감천 서쪽에 자리하여 있으며 강 건너 지좌동과 마주 한다. 남쪽은 같은 행정동에 속하는 용두동과 연접하여 있고, 북쪽은 서에서 동으로 관류하는 직지천이 북쪽 끝에서 감천과 합류하여 흐른다. 강 건너는 신음동으로 응봉(鷹峰)으로 가로 막혔으며 서쪽은 모암동 시가지와 연결된다. 감호동 전 지역이, 이르자면 옛날 김천시장터였으니 지금도 감천 냇가 쪽은 공설 시장이 자리하여 있다.

마을 형성의 과정은 앞서 풀이한 내력과 같다.

옛날 감천의 하상에 둑을 쌓아서 이루어진 마을인데 과거에는 감천이 현재의 김외과의원 부근과 김천의료원 앞에서 늪과 호수가 되어 흘렀는데, 1920년 무렵 일본인들에 의하여 제방이 만들어진 후 마을이 형성되어 1930년에 욱정 (旭町)이라 불리었다가 광복후 감천의 감자와 호수의 호자를 따서 감호동이라 개칭되었다 한다. 면적은 0.06평방킬로이고 인구는 약 2천 명으로 주민의 대부분이 상업에 종사하고 있다. 감호 공설 시장은 김천 지방의 해산물 거래의 중심 시장이며 5일마다 열리는 정기 시장에서는 완초 제품 및 개·닭·토끼·오리 등 가축의 매매가 성하다. 감호 시장의 점포 전용화와 감호 제방이 포장되어 우회 도로가 개설되면 옛날같이 경북 북부 지방의 중심 시장으로서 번영이 다시 기대된다(서판억 68 외 4명).

마을이름 '감호(甘湖)'라 함은 감천과 직지천이 만나 이루어지는 모래와 흙이 쌓인 데서 연유한 것으로 보인다. 감호의 '감'은 감천이며 호(湖)는 물을 뜻함이니, 앞선 풀이에서 감천의 '감'이 가운데라고 하였다. 그러면 감호동이 지난 날 김천 시가지의 중앙이 됨은 당연한 귀결이다.

(2) 용두동(龍頭洞)

아랫장터 혹은 하신기라 하여 전국 5대 장터의 하나인 김천장의 요람이다. 입천장소리되기에 따라서 흔히 짐천장이라고 이른다. 1916년 무질서한 시가지 정리를 하였는데 당시에 233채나 되는 집이 새로이 지어졌다. 이 때 김천면의 예산 15,350원(圓)의 예산이 들었다고 한다. 바둑판과 같이 잘 정리된 시가지는 오늘날에 와서 주택가로 변하였으나 본래의 모습은 그대로 남아 있다.

마을 유래에 대한 현지 주민의 제보된 내용을 들어 보면 아래와 같다.

이 마을은 감천 제방 부근의 지형이 용머리와 같다 하여 용두동, 용머리라 하였다 한다. 날이 가물어 한발이 심할 때는 이 곳에서 모래를 쌓아 놓고 기우제를 지냈으며 장날에는 시장이 형성되었다. 일찍이 용두동의 감천 백사장에서는 연중 행사로 전국 장사 씨름 대회를 해 왔으며 옛날의 감천내는 수량이 많아 소금배가 드나들어 전국 5대 시장의 하나로 상업이 번성하였다. 지금의 감천교는 옛날에는 정월 대보름이면 김천 시민들이 나와 다리 밟기를 하였고,

1천 번 이상 반복하면 일년 내내 무병하다는 전설이 있다(권영규 52 외 5명).

2) 모암동(帽岩洞)

마을 가운데에는 모암산이 앉아 서쪽 성내동까지 뻗쳐 있고, 산의 북쪽 기슭으로는 집들이 들어서 있다. 남으로는 경부선을 중심으로 하여 남산동과 연접하여 있으며, 북으로는 서에서 북으로 흐르는 직지천을 연접하여 신음동과 이웃하여 자리하고 있다.

일정 시기에 상권을 장악한 일본 사람들은 1908년에 마을이름을 일본식을 니시끼마찌(錦町)라 하였다. 이 시기에 김천역과 아랫장터를 잇는 국도가 개설됨에 따라서 모암동은 아주 빠르게 시가지가 이루어지게 되었다.

이 마을은 김천 시내 중앙에 우뚝 솟아 있는 자산의 동·남·북 삼면을 에워싼 상가 및 주택지 구역이다. 1901년까지는 인가가 없었고 자산을 사이에 두고 동으로 흐르는 감천과 남으로 흐르는 직지천의 합류 지점으로 대부분이 늪이고 군데군데 논이 있을 뿐 인접한 냇가에 장날이면 지금의 감호시장인 장이 설뿐이었다.

그러다가 일본인들의 대륙 침공의 전위로 경부선 철도가 부설될 때 일인 기술자 및 노무자가 수백 명 몰려 와서 지금의 모암동 일대에 초막을 짓고 음식점과 주점, 잡화 가게를 만든 데서 마을이 유래한다.

그 이후 일본인들의 상가가 점차 늘고 인구가 늘어나면서 김천 상가의 중심으로 발전되고 자산 북록에 있는 연못도 매립되어 주거지와 학교, 병원을 중심으로 정돈되어 갔다. 1914년 금산·지례·개령의 3군이 통합되어 김천군이 될 때 김천면 금정으로 일본식 동명이 붙여졌다고 광복 후 1947년 자산 동남쪽에 우뚝 솟은 사모바위 혹은 삼바위를 지명으로 삼아 마을 이름을 모암이라 하였다.

사모암(紗帽岩)의 남동쪽에는 깎아지른 듯한 벼랑이 있는데 옛날 그 위에 사모와 흡사한 바위가 있어 사모바위라 일컬었다. 조선 중엽까지 금산 고을에는 고관 대작이 많이 배출되어 김천 찰방(察訪) 아래의 역졸들은 고관들의 치송에 편할 날이 없었다고 한다. 그러던 어느 날 역에서 일을 하는 한 역졸에게 도사가 현몽하여 말하기를 금산에 벼슬이 나는 것은 사모바위 탓이라 하므로 역졸들이 몰래 합세하여 그 바위를 벼랑 아래로 밀어 굴러 내렸다고 하는데 그 후로는 금산 고을에는 인물이 별로 나지 않았다고 한다.

후일 사람들이 그 바위를 동구에 옮겨 모시고 최근까지 동제를 지냈으며 지금도 영암이라 하여 그 바위에 가서 소원 성취를 기원하는 사람이 있다고 한다. 또 일제 때 사모암 아래 살던 창성태조라는 일인이 그 바위가 있던 자리를 깨뜨리다가 급사했다고 하며, 그 뒤에는 그런 일이 자주 있자 일본인들이 사모바위에 신책을 설치하고 무당을 시켜 굿을 올리게 하고 해마다 제사를 지내었다고 한다(이근구 63 외 3명).

3) 성내동(城內洞)

성내동과 모암동에 걸쳐서 가운데 앉은 산을 이르러 자산(尺山.紫山)이라 한다. 산의 남쪽은 언덕배기인데 예부터 큰 마을이 있어 자산 마을이라 불렀다. 동으로는 모암동 시가지와 이어지고 서로는 평화동과, 남으로는 남산동과, 북으로는 서에서 동으로 흘러내리는 직지천을 경계로 하여 신음동과 마주한다.

공공기관으로는 교육청, 중앙고등학교, 농촌지도소가 있으며, 자산 마을 밖으로는 상가가 대부분이다.

조선시대 말엽까지는 오늘날의 중앙초등학교에서부터 철도 건너 시교육청으로 능선이 이어져 있으며, 자연부락이었던 자산마을이 있었다. 1905년 무렵 경부선 철도가 깔리고 뒤이어 국도가 만들어짐에 따라서 1920년을 전후하여 시가지가 이루어졌다.

1908년 일본식의 마을이름을 붙이면서 죠나이마찌(城內町)이라 하였다가 광복 이후에 우리말 식으로 하여 성내동이라 부르게 되었다. 1960년에 1동과 2

동으로 나누었다가 1983년에 이르러 시조례에 따라서 통합하여 오늘날까지 그리 부른다.

옛날 이 마을에 살았던 부자 이동로의 이야기를 살펴보도록 한다.

이동로(李東老)의 본관은 벽진이고 호는 동락정인데 숙종대에 진사시에 올랐으나 벼슬길에는 나아가지 않았다. 평소 큰 뜻이 있어 생활이 검소하기가 파리 다리에 묻은 간장 빨아먹듯 하였다. 빈손으로 엄청난 재산을 모으게 되었다. 늙어서는 집 옆에 작은 정자를 지어 여생을 보냈다.

그의 방에는 항상 거문고가 있으되 타는 이가 없었고, 바둑이 있으되 두는 이가 없었다. 책은 있으되 읽을 시 한 권 없을 뿐 아니라 벗이 찾아도 술 한잔 차림이 없었다. 하루는 친구가 찾아가 풍류의 명색은 있는데 알맹이가 없으니 어떻게 된 거냐고 물었더니, 웃으면서 동로가 말하기를,

"나의 천성인걸, 연명지금이고 파로지기라 하면 잘못이란 말인가."

하였다.

그는 오늘날의 성내동 자산에 살면서 당대의 만석지기를 이룬 입지전적인 인물로 17세기에는 동로, 19세기에는 김옥배의 옥배란 말이 생겼다.

자연부락의 이름과 내력을 알아보면 다음과 같다.

뒷방마

현재의 성남교 부근에는 옛날에 방앗간이 있었고 삯을 받고 마차로 짐을 날라다 주는 일을 전문으로 하는 마방이 여럿이 있었는데 이 마을이 위치로 보아 역 뒤쪽에 있는 마방 마을이라 하여 이 마을을 뒷방마라 하였다 한다(황배헌 75 외 2명).

성안 · 성내

이 마을은 김천역의 안쪽에 위치하였다고 하여 성안 · 성내라 했는데 1914년 행정 구역 폐합에 따라 상신기동과 갈마동의 각 일부를 병합하여 성내정이라 했다가 1946년 일본식 동명을 우리 식으로 고침에 따라 정을 동으로 고쳐

성내동이라 불러오고 있다(서임술 59 외 3명).

자산

이 곳에 있는 산의 바위가 저녁마다 자주색 빛을 낸다하여 이 산을 자산이라 했는데 경북선 철도가 부설되면서부터 이 자산을 서서히 깎아 그 자리에 마을이 이루어지자 이 산의 이름을 따서 마을 이름을 자산이라 했다고 한다(박효무 67 외 1명).

문명동

지금의 교육청 앞 한길 건너 쪽 충혼탑 아래 일대의 마을로 약 100여 년 전에 문씨와 명씨가 마을을 이루고 살았다 하여 문명동이라 부르게 되었다 한다(한용출 78 외 2명).

4) 평화동(平和洞)

동으로는 남산동과 주거지로 이어지며 성내동과는 시가지로 연결된다. 서쪽은 부곡동과 시가지로 연접하며 남쪽은 고성산(高城山)이 가로막아 선다. 북쪽은 외곽지인 신음동과 직지천을 경계로 한다.

조선시대에는 오늘날의 김천역 북쪽에 갈마동(駃馬洞)이 있을 뿐이었다. 1905년 경부선이 개설되면서부터 시가지가 이루어지게 되었다. 1908년 일본인들이 상권을 장악하면서 김천역을 중심으로 하는 이 일대를 일러 야마토마찌(大和町)라 하다가 1914년 공식명칭으로 굳어졌다. 1946년에 이르러 우리말로 고쳐서 평화동이라 부르게 되었다. 1960년 1동과 2동으로 나누었다가 1983년에 다시 하나의 동으로 통합을 하기에 이른다.

평화공설시장이 개설되어 있으며, 공공기관으로는 대구지법 김천지청과 대구지검 김천지청을 중심으로 한 우체국과 금융기관들이 있다. 이 지역에 김천역이 있어 교통의 중심은 물론이고 김천문화의 밑거름이 된다.

자연부락의 이름과 그 유래를 알아보면 다음과 같다.

평화동

평화동은 본래 금산군 김천면에 속하고 있던 지역으로서 1914년 갈마·성내·원동·중동 등을 포함하여 대화정이 되어 김천군 김천면에 편입되었다. 그 후 1946년 동명 변경에 따라 평화동으로 개칭되어 오다가 1949년 김천이 시로 승격됨에 따라 김천시 평화동이 되어 오늘에 이르고 있으며 현재 평화동 내에 서낭댕이, 후생 주택 등 옛 지명을 부르는 곳이 있다(박학성 60 외 1명).

서낭댕이

고성산의 지맥이 뻗어나려 현 평화동 김천서부초등학교 진입로의 입구와 구 경부선 국도가 생기기 전까지는 김천서부초등학교 진입로 입구 부근에 높은 고개를 이루고 있었으며 오가는 길손들이 돌을 던져 행운을 비는 성황당이 있었다고 한다. 그 성황당의 좌우에 5,6가구가 있었는데 이 마을을 서낭댕이라 이름하였다고 한다. 그러나 현재는 도시 형성으로 그 모습을 찾아볼 수 없다 (정상구 82 외 3명).

성황에서 소리가 바뀌어 성황-서낭이 되어 굳어진 것이다.

후생주택

6·25 동란 때 폭격으로 김천시가지가 완전히 파괴되어 수복 후에 주택난을 해소하기 위하여 외국의 원조 자금으로 100동에 이르는 주택이 건립되었는데 지금도 이 마을을 후생주택이라 부르고 있다(박학성 60 외 1명).

갈마동

김천역의 북쪽에 있으며 공용자동차 정류소 앞쪽이다. 옛적에는 말의 거세를 업으로 하는 이들이 모여 살았던 마을이라고 한다.

5) 남산동(南山洞)

고성산 기슭 언덕에 자리한 마을이다. 동쪽은 황금동 주거지역과 이웃하고 있으며 서쪽은 평화동, 남쪽은 고성산에 가로 막혀 있다. 북쪽은 경부선을 경계로 하여 성내동과 이웃하여 있다. 동쪽으로는 남산공원이 있어 시민들의 좋은 휴식처가 되고 있다.

고려 초기부터 이 곳에 김천역이 있어 이에 따른 마을이 이루어졌다. 금산군 김천면 관활인 중동과 하동(下洞)이 있었다. 1914년에 일본식으로 이름하여 난산마찌(南山町)라 하였는데, 1946년 우리 식으로 고쳐 남산동이라고 부르게 되었다.

예부터 이 곳에 금이 나는 샘이 있었다고 한다. 이로 인하여 금지천(金之泉)이라 하였다. 이 샘에서 금을 캐어 나라에 바쳤으나 해마다 더 많은 금을 바치라고 하여 견디기가 어려워 마을 사람들은 이 샘을 묻어 없애 버렸다고 한다.

남산동 성결교회 북쪽 언덕배기에 역관이 있어 지금도 관터라고 부른다. 그 북쪽 언덕배기 너머에 찰방(察訪)이란 관원이 살았다고 하여 찰방골이라고 이른다. 또한 교회의 정문 북쪽 낮은 곳에 역에 따른 옥사가 있었다고 하여 옥터라고도 이른다. 아울러 고성산에 쌓았던 산성터가 있으며 고성산 봉우리에는 봉수대 자리가 있다.

자연부락의 이름과 그 유래를 알아보면 다음과 같다.

남산동

시의 남부에 위치하고 있으며 본래 금산군 김천면에 속했던 지역으로 1949년 행정 구역 개편에 따라 하동·갈마동·중동·상신기동·성내동·우동·하신기동의 일부를 병합하여 남산이 있으므로 남산정이라 하여 김천군 김천면에 편입되었다가 1949년 김천이 시로 승격됨에 따라 김천시 남산동이 되어 오늘에 이르고 있다. 남산동은 교통이 편리하고 김천, 중앙초등학교, 시립도서관,

김천경찰서, 시청, 옛 금릉군청 등 각급 기관이 많아서 시의 업무 중심 지구를 이루고 있다. 또한 시민의 휴식처로 남산공원이 있으며 약수터로 유명한 과하주천이 있다(허경백 58 외 2명).

관터

옥터 서쪽에 있는 마을로 조선 시대 김천역관이 있었다 하여 관터라 했다 하나, 지금은 그 모습을 전연 찾아볼 수 없으며, 시가지 형성에 따라 남산동에 합병되었으며 관터라는 이름도 잘 불려지지 않고 있다(이경식 70 외 2명).

논실고개 · 노서고개

논실고개(나산동과 평화동 사이에 있는 고개) 밑에 있는 마을로 앞산 모양이 늙은 쥐가 앉아 있는 전하노서(田下老鼠)의 형국이라 하여 마을 이름을 논실고개라 했다 하며, 지금까지도 이 고개를 논실고개라 부르고 있으며 도시 형성으로 많은 건물이 들어서 옛날 모습은 찾아 볼 수 없게 되었다(이경식 70 외 2명).

지명의 분포로 보아 논- 계열의 이름은 논밭의 논처럼 들판을 이르거나 늘어선 골을 이르는 경우가 있다. 여기서는 길게 늘어선 골로 봄이 좋을 듯하다.

중동

과하주샘의 북쪽에 있는 마을로 옛날 이 곳은 집이 몇 채 없었고 산골의 모습을 그대로 이루고 있었으며 과하주 샘물 맛을 보기 위해서 찾아오는 사람들이 많이 있었다고 전해지나 요사이는 중동이란 명칭도 잘 불리어지지 않고 있다(안타관 72 외 2명).

찰방골 · 찰방도

남산공원의 북쪽에 있는 마을로 조선 시대 지금 면장에 걸 맞는 금산군 찰방에 따른 감옥이 있어 붙여진 이름이나, 지금은 감옥의 모습을 찾아 볼 수 없고 시가지 형성에 따라 합병되었으며 찰방골이란 명칭도 사라지고 있다(정병룡 72 외 2명).

척동

옛날 과하주샘 밑에 있었다는 마을인데 지명 유래는 상고할 길이 없고, 지금은 옛 흔적을 찾아 볼 수 없으며 김천시 남산동으로 합쳐지고 말았다(정경만 75 외 2명).

지게동

남산 공원의 서쪽에 있는 마을로 조선 순조 때 금산읍의 화목을 지게로 운반하는 노동자들의 집단 거주지였다고 하며, 옛날 나무를 지게에 저다 팔아서 연명한 가난한 마을이라 하여 지게동이라 했다 한다(박명구 69 외 2명).

6) 황금동(黃金洞)

동쪽은 감천에 이웃하여 있고 감천내 너머에는 지좌동이 있다. 남쪽으로는 고성산이 가로막고 있다. 북쪽으로는 모암동 용두동과 연접하여 자리한다.

조선시대에는 좌동과 우동, 약수동의 자연부락이 금산군 금산면에 속하여 있었다. 1914년 일본인들에 의하여 자연부락을 합쳐서 고가네마찌(黃金町)라 불렀다가 광복 후 1946년에 와서 황금동이라고 고쳐 부르게 된다. 1960년 황금 1동과 2동으로 나누었다가 1983년에 다시 통합하여 오늘에 이르고 있다.

이 마을에서 나는 약물유기가 전국적으로 널리 그 이름이 알려져 있다. 모암산의 사모바위는 신랑, 약물내기의 할미바위는 신부, 용두머리는 동자상, 황산은 기러기의 모습을 하고 있다는 것이다. 여기에 신랑신부가 과하주(過夏酒)를 마신 뒤 합하고 하로(賀老) 노인이 상객이 되며 마좌산(馬座山)이 말을 몰면 김천은 난데없는 잔치의 연회장이 된다고 하여 김천유기는 잔치집의 그릇으로 널리 쓰이게 되었다는 이야기다.

이밖에도 최치원 선생이 학문을 강의하였다는 학사대(學士臺)가 있고 고성산 할미귀신이 내려와 앉았다는 할미바위가 있다.

자연부락의 이름과 그 유래를 알아보면 다음과 같다.

황금동

황금동은 본래 금산군 김천면에 속하고 있던 지역으로서, 1914년 행정 구역 개편에 따라 좌동·우동·하신기동의 일부를 병합하여 황금정이라 칭하여 김천군 김천읍에 편입되어 오다가 1949년 김천이 시로 승격됨에 따라 황금동으로 되어 오늘에 이르고 있다. 황금동은 김천의 남쪽 방면(진주·함양·거창) 교통의 관문이며 황금 시장을 비롯한 상가 지역으로 조성되어 있고, 시민들의 휴식처가 되는 남산 공원을 끼고 있으며 명승지로서 개운사·관음사 등의 사찰이 있다(이상녕 56 외 3명).

방천뚝

김천시의 동쪽을 꿰뚫어 흐르는 감천에 1917년 제방을 쌓음으로 해서 제방 따라 형성된 마을인데 방천뚝 밑에 있는 마을이라 하여 방천뚝이라 부르게 되었다(이상녕 56 외 3명).

비짓길

황금동에서 모암동으로 통하는 거리와 철도가 교차되는 지점인데 옛날 도시 형성 전의 길이기도 하다. 이 곳에 비석이 늘어서서 비석길이라 했는데 비석길이 변해서 비짓길로 불러 왔다. 경부선 철도 부설로 비석의 일부는 남산 공원에 옮겨 놓았다(이근구 64 외 5명).

소전걸

황금동 감천변에 있는 지금의 양수장은 일제 시대의 우시장이었는데 우시장 앞 도로변을 소전걸이라 하였으며, 술집이 많이 들어 서 있었다 한다(이상재 56 외 3명).

약수터 · 약물내기 · 약수동

황금동과 양천동의 경계 지점에 있는 골짜기의 바위틈에서 나는 맑은물이 위장병과 피부병에 좋다고 하여 낮이면 남정네들이, 밤이면 아낙네들이 몰려와 목욕하던 곳으로 약물내기라 했다. 이로 인해 이 근처를 약수동이라고 부르게 되었다(권중휘 72 외 1명).

자래밧골 · 자래동

지금의 황금동 천주교 성당 골목은 옛날에는 깊은 계곡이었고 숲이 우거져 담력을 시험하여 밤에 무사히 골짜기를 다녀오는 술내기를 했다 한다. 이 계곡 남쪽 등이 풍수지리설로 자라의 형상을 닮았다 하여 그 골짜기를 자래밧골이라고 하고 국도변 들머리 높은 곳을 자래동이라 부르게 되었다(이근구 64 외 3명).

학사대

황금동 개운사 앞 산 위 넓은 곳인데 옛날에는 노송이 우거지고 경관이 아름다운 곳이었다. 신라의 고운 최치원 선생이 아름다운 이 곳에 들러 고장 선비들과 학문을 논하던 곳이라 하여 학사대라 하는데 신라 땅에는 이 곳과 가야 · 경주의 세 곳뿐이라 한다(이근구 64 외 3명).

7) 신음동(新音洞)

시가지 북쪽의 직지천(直指川)을 건너 외곽지대에 자리한 농촌마을이다. 동쪽은 산 너머 대응동 공업단지와 접하는 연결 도로로 통한다. 남쪽은 직지천을 경계로 성내동, 평화동 모암동 시가지와 인접하고, 서쪽은 외곽지인 금산동과 부춘산(釜春山 310미터)을 경계로 인접하며 북쪽은 고개 넘어 응명동과 닿아 있다.

자생 마을인 부거리, 금신리, 금음리는 서쪽에 부춘산을 등지고 경북선 철도변에 자리하였으며, 양계센터는 상주로 가는 국도변에 자리하고 삼애원은 응봉 북쪽기슭에 있는 나환자 마을로 양계를 주로 한다. 소꾸미는 직지천을 지나 선산으로 가는 길섶에 현대식 주택이 많이 들어 서 있다.

조선시대에는 부거리(釜巨里), 금음리(琴音里), 금신리(琴新里)의 3개 자연부락이 금산군 군내면에 소속되어 있었으며, 이 밖에 주막촌에 불과한 소꾸미가 있었다. 1914년에 이를 통합 신음동이라 하고 신설된 금릉면에 소속되었다.

1931년 금릉면이 김천읍으로 편입되고 1960년에 신음 1동과 신음 2동으로 분할되었다가 1983년에 합하였다. 광복 후에 삼애원(1956년) 천변부락(1953) 양계센터 하단지(1967) 양계센터 상단지(1968년) 우시장(1967년) 등의 새로운 집단 거주지가 형성되었으며 공식적인 마을 이름도 없이 있다가 위와 같이 불려지게 되었다.

이 마을에 예부터 전하여 오는 전설로는 부채바위와 거문고 바위 전설이 있다. 마을 뒤 서당골에는 거문고 바위가 있어 부채바위가 바람을 일으키면 거문고 바위가 거문고 소리를 내어 이 마을에 부자가 많이 났다고 한다. 마을에는 화적떼가 잦아서 어느 날 찾아든 도사의 말을 따라서 부채바위를 없앴더니 마을은 차츰 가난하여졌고 찾아드는 도둑떼도 없어졌다고 한다.

아울러 따배이 말래이 전설을 살펴보면 부거리 뒷산이 부춘산(富春山)인데 옛날 큰 홍수가 났을 적에 산꼭대기가 또아리만큼 남았다고 하여 붙여진 이름이라는 것이다.

자연부락의 이름과 그 유래를 알아보면 아래와 같다

부거리

약 3, 4백 년 전 조씨가 처음으로 정착하여 살아온 마을로 부춘산 아래에 자리 잡고 있으며, 대농을 하는 부자가 많이 살고 있다하여 부거리라 하였다(김정석 66 외 3명).

금음터 · 금음(琴音.今音)

약 3, 4백 년 전 조씨가 처음 정착한 마을로 전성기에는 3백여 가구가 살았다고 하나 지금은 50여 가구로 작아진 마을이다. 마을 뒷산에 있는 거문고 바위와 마을 입구의 부채바위가 마주 보고 있어 바위에서 거문고 소리가 난다 하여 마을 이름을 금음 또는 금음터라 칭하게 되었다고 한다(정원철 60 외 2명).

새트 · 새터 · 금신

금음터 정착민들이 가세가 기우러지면서 금음터를 떠나 새로 정착한 새로운 터라고 하여 새터 · 금음 등으로 불러 왔다고 한다(박석원 65 외 2명).

소우미 · 소구미

옛날 이씨 성을 가진 이가 이주하여 정착한 마을로 이 마을 뒷산의 모양이 마치 소가 누운 형상이었고, 처음에 자리 잡은 곳이 아홉 골짜기의 끝으로 소의 꼬리 부분에 해당하여 이 마을을 소우미 · 속구미라 칭하였다 한다(이기도 78 외 3명).

삼애농장

1953년 3월 28일에 만들어진 나환자 집단 거주지로 현재 204세대가 축산을 주업으로 살아가고 있다(김만성 56 외 3명).

8) 금산동(金山洞)

김천의 서북쪽 끝에 자리한 외곽지대 마을이다. 동쪽으로는 부춘산을 경계로 하여 신음동과 인접하였으며, 서쪽은 구봉산(九峰山269)을 경계로 하여 봉산면 인의동과 인접하여 있다.

남쪽으로는 금릉들이 펼쳐져 있고 그 앞을 직지천이 흐른다. 동으로 흐르는 내를 따라서 경부선과 경부고속도로와 경부국도가 지나가고 있다. 북으로는 구화산(九華山)이 가로막아 서는 구읍과 구봉산이 가로막는 문당(文唐) 골짜기로 나누어진다.

옛적의 읍터이기는 하였으나 유적이라고는 찾아 볼 수가 없다.

삼락동과 교동, 그리고 문당동을 어우르는 행정동으로서 조선시대 초엽부터 삼락동에 금산관아가 있었다. 이르자면 금산문화의 중심지였다고 할 수 있다. 1914년 자연부락을 각각 삼락동과 교동, 문당동으로 개편하여 군내면 소속으로 하였다가 다시 금릉면으로 들게 한다. 이어 1931년에는 금릉면이 김천읍으로 승격되었으며 1960년에는 삼락동을 1동과 2동으로 나누었는데 1975년에 통합하기에 이른다. 1983년에 와서 위의 삼락과 교동, 문당동을 합하여 금산동으로 부르게 된다.

법정동의 이름과 그 유래를 알아보면 아래와 같다.

(1) 교동(校洞)

동쪽은 부춘산을 경계로 신음동과 접하고 서쪽은 삼락동과 인접하는데 중간에 개울이 경계선이다. 남쪽은 평야가 펼쳐지고 마을 앞을 경부고속도로가 동서로 관통하고 고속도로 남쪽은 직지천이 흘러 부곡동으로 이어지며, 북쪽은 구화산이 둘러앉았다. 그 너머에는 대응동이다.

조선시대는 금산군 군내면에 속하였던 바, 향교(鄕校)가 있다고 붙여진 교리와 향청(鄕廳)이 있어 붙여진 향동(鄕洞)이 있었다. 1914년에 교동이라 하고 금릉면에 속했다. 1931년 금릉면이 김천읍에 편입됨으로써 시 지역이 되고 1983년 삼락 문당과 더불어 통합, 금산동이 되었다.

세운 연대를 잘 알 수 없는 금산향교가 있는데, 임진왜란 당시에 불타 없어졌다고 한다. 1634년에 강설(姜渫)이 되세우고, 1973년에 이르러서 전교인 현경길(玄慶吉)이 다시 세웠다.

자연부락의 이름과 그 유래를 알아보자면 다음과 같다.

김산골 · 동부 · 구읍 · 교동

옛날에 금산군 김천읍이 이 마을에 있었다 하여 김산골이라 불렀다 하며, 마을의 동서를 가르는 개울이 있어 서쪽 마을을 서부(지금의 삼락동)라 부르고, 이 마을은 개울 동쪽에 위치하여 있다 하여 동부라고도 하였으며, 1914년 개령이 금산에 통합되어 김천군 금릉읍이 이 마을에 있었기 때문에, 전에 읍사무소가 있었다 하여 구읍이라고 불렀으며 금산 향교가 이 마을 동쪽에 소재하고 있어서 교동이라고도 부르다가 1949년 8월 15일부터 법정 동명이 되었다 한다(백두삼 70 외 5명).

(2) 삼락동

동쪽은 개울을 사이로 하여 교동과 한 마을로 연접했다. 서쪽은 자연부락 금평이 1킬로쯤 떨어져 있고 그 서쪽은 구봉산을 분기점으로 하여 봉산면과 접한다. 남쪽은 거문들이 있고 경부고속도로가 지나가고, 북쪽을 가로막은 구화산(311미터) 아래까지 약 2킬로 정도 되는 앗골이 있다.

조선 5백년 동안 읍터였던 삼락동은 명당이라 했다. 뒤를 병풍처럼 둘러막은 구화산이 마을 왼편으로 뻗어서 안으로 굽어 좌청룡을 이루고, 또 바른편으로 뻗은 지맥이 안으로 굽어 우백호를 이루었으며 앞은 활짝 열려 노서하전(老鼠下田)이라 하여 늙은 쥐가 밭으로 내려오는 명당이라는 것이다.

조선시대에는 구화산 들어가는 앗골 들머리에 상리가 있었고 연화지 부근은 하리, 그 중간에 중리가 있었는데 중리에 군아 동헌이 있었고 이를 군내리라고도 했다. 서쪽 떨어진 곳에 금평이 있어 이들 4개 부락이 군내면에 속했다.

1914년에 모두 통합하여 삼락동이라 하고 1960년에 상리 중리 하리 지역을 삼락1동, 금평을 삼락2동으로 나누었다가 1975년에 다시 삼락동으로 합동, 1983년에 문당동과 합하여 금산동이라 하고 오늘에 이른다.

이 마을에 전하여 오는 전설로는 여제단의 기자제와 애씨굴, 그리고 삼산이수에 대한 이야기가 전해 온다. 여제단(厲祭壇)이란 떠돌이 귀신의 한을 달래기 위하여 지내는 제사인데 문산못 동쪽 뒤 산마루에서 지냈다고 한다. 여기서는 아들을 얻으려고 제사를 지냈는데 이 때 '무자(無子)요' 하면서 세 번의 절을 하였다고 한다.

애씨굴은 애석굴(哀惜窟)이 변한 말인데 공설운동장 동쪽 석축을 쌓은 언덕배기에 있었다고 한다. 옛날 옥에서 죽은 이들이나 처형당한 이들의 주검을 이 곳에 버렸다고 하여 붙여진 이름이다.

아울러 앗골은 아곡(衙谷)에서 온 말인데 삼락동 구화산으로 들어가는 긴 골짜기를 이른다. 이 마을에 사는 이들이 서울 가서 인사를 나눌 때, 어디 사느냐 물으면 '앗골 삽니다.'라고 대답을 한다는 것이다. 마을 이름이 이상하여 상대방이 다시 '앗골이 어디요' 하면 '앗골은 계삼공, 동성골 허대샘골 …' 이라 화답을 한다. 상대방이 앗골이란 말을 아홉고을의 뜻으로 알아듣고 '당신 많은 고을 살았소.'라고 한다는 이야기가 전해 온다. 고을이란 오늘날의 군수를 이르는 것이니 많은 고을의 군수를 지냈다는 내용으로 잘못 전하여졌다는 속내를 이른다.

삼산이수(三山二水)란, 중국의 옛 서울 금릉(金陵)을 연상하여 금산을 삼산이수의 고장이라 한 데서 비롯한 것이다. 삼산은 자산(紫山), 황산(黃山), 매봉산(鷹峰山)을 이르고 이수는 감천과 직지천을 이른다. 오늘날의 삼산은 황악산과 금오산, 그리고 고성산(高城山)을 가리킨다. 혹은 이곳 선비들이 연화지(蓮嘩池)에 섬봉우리 셋을 만들어 놓고 이를 삼산으로 상징하여 일컬었으며, 그 위에 정자를 지어 봉황대(鳳凰臺)라 하여 여기서 풍류를 즐겼다고 한다.

자연부락의 이름과 그 유래를 알아보자면 다음과 같다.

삼락

현 삼락동은 일반적으로 삼락 1동을 말하며, 오늘날 교동과 함께 구읍으로 불려진 마을로 고려말에는 금산현의 관가를 두었던 곳으로 일찍부터 촌락이 형성되었다고 한다. 구읍의 삼락 지역은 앗골(앞골)·뒷냇골·옥골이었는데 이들 골에는 옛날에는 작은 마을들을 이루고 있다고 마을이 번창함에 따라 상리·중리·하리라는 세 마을이 형성되어 그 규모가 커져서 한 마을을 이루어 삼락동이 되었다 한다.

앗골은 관가가 있었던 골이고, 뒷냇골은 마을 뒤를 흐르는 내가 있는 골이라 하며, 옥골은 구화사쪽에 자리잡은 골을 말하는데 옥이 있었다고 전한다.

구읍이 1914년 행정구역 조정시에 앞내를 경계로 삼락동과 교동으로 구분되었는데 삼락동이란 이름은 세 마을 사람들이 화목하여 즐겁게 지낸다는 뜻에서 붙여진 이름이라고 한다.

한편 구읍의 향교에서 수학한 선비가 많고 공자의 인생삼락 맹자의 군자삼락지지라 하여 붙여진 이름이라고 하는 이도 있다. 그리고 이곳은 관아·사창·애씨굴(애석굴)이 있었다고 하나 그 틀을 고정할 길이 없고 지금은 마을이 자리잡고 있다(백두삼 70 외 4명).

거문들·금은들·금평

마을의 역사는 임진왜란 때 남경 양씨·장수 광씨 양가가 오늘날 금호의 양지 바른 쪽에 자리잡은 것이 마을의 시초가 되며, 마을의 지형이 마치 거문고 모양으로 생겼다 하여 붙여진 이름으로 거문들이라 했고, 한자로 표기하여 금호가 되었다 한다. 1914년 행정 구역 조정으로 삼락동이 확대되어 거문들까지 포함되니 삼락 2동이 되었다 한다. 그리고 금호 입구에는 사직터가 있었다고 한다(박원기 67 외 4명).

(3) 문당동(文唐洞)

삼락동에서 서북쪽 넓은 골짜기로서 약 1킬로 떨어진 곳에 문산리와 이에 이웃하여 백천리(배천·이천리)가 있고 이에서 1킬로쯤 서북쪽에 당동이 있다. 이들 마을은 동으로는 넓지 않은 들이 있고 서쪽은 구봉산 지맥이 뻗어 이를 경계로 봉산면 인의동과 접한다. 남쪽은 동쪽 앞들을 벗어나서 넓은 금릉평야가 펼쳐지고 북쪽은 구릉산이 가로막았다.

백천(배천·이천)·문산·당동은 조선시대 군내면에 속했는데 1914년 통합하여 문당동이라 하고 금릉면에 들게 된다. 향지(鄕誌)에는 당동 위에 공덕동이 있었다고 했으나 알 수 없다. 1931년 김천읍에 편입되고 1983년에 이들 3개 동을 통합 금산동이라 했다.

자연부락의 이름과 그 유래를 알아보자면 다음과 같다.

당골·당곡(唐洞)

신라 말에 당나라 귀인이 이 곳에 와서 살던 곳이라 하여 당골이라 부르게 되었다 한다. 그 후 1930년에 문산과 당곡의 첫 글자를 따서 지금의 문당동으로 개칭되었다고 한다(한성만 54 외 4명).

물론 당나라와 걸림을 두어 그리 표현할 수가 있다. 그러나 일반적으로 우리나라 전역에 걸친 당골의 분포로 보아 성황당이 있던 곳을 이르는 경우가 대부분이다.

문사이·문산

마을 뒷산인 구달산의 정기를 받아 옛날부터 이 마을에서는 글 잘 하는 선비가 많이 나왔다고 하여 마을 이름을 문사이·문산이라 부르게 되었다 한다(조정준 73 외 4명).

배처이·배천·이천

옛날 이 마을 앞에 큰 내가 있었고 이 내 한 가운데 큰 배나무가 있었다 하여 마을 이름을 배처이·배천 또는 이천이라 부르게 되었다고 한다(이광순 72 외 3명).

9) 미곡동(米谷洞)

이 고장은 김천의 서북쪽 외곽지대로 동으로는 부곡동의 시가지를 벗어난 농촌 마을과 연접하여 있고, 서로는 대항면 대룡동과 인접하여 자리한다. 남으로는 고성산이 가로 막혀 있으며 북으로는 금릉 평야가 펼쳐져 있다. 또한 직지천을 사이하여 금산동의 삼산마을과 마주 본다.

조선시대에는 비곡동 관내에 있던 바깥새실이라고도 이르는 새실과 이로리(伊老里), 그리고 오늘날의 봉산면인 파미면(巴彌面)의 일부와 오늘날의 금산동인 군내면의 금평동(琴坪洞) 일부를 합하여 다수동이라고 하였다. 다시 지금의 옥산동인 새터와 노징 마을인 노징리(魯曾里) 오늘날의 본리인 내촌(內村), 그리고 군내면 금산동의 일부를 합하여 백옥동이라고 하여 금릉면에 들게 한다.

1931년에 김천읍, 1949년에 김천시 관할이 되기에 이른다. 1962년에 와서는 다수동 1동과 2동으로 나누었다가 1975년에 다시 합치고 1983년에 다수동과 백옥동을 합하여 오늘의 미곡동이라 일컫게 되었다.

법정동의 이름과 그 유래를 들어 보면 아래와 같다.

(1) 다수동(多壽洞)

경부 국도 길가에 있는 새실(바깥새실 · 구신리 · 신기) 마을과 이 마을에서 서남쪽 약 5백 미터에 있는 이로리로 구성된다. 새실은 2백 집이 넘는 마을이고 이로리는 경부선철도를 사이에 두고 둘로 갈라진 마을이다.

두 마을 동쪽은 백옥동과 접하고 서쪽은 대항면 대룡동과 이웃하고 북쪽은 금릉평야가 펼쳐지고 남쪽은 덕대산의 지맥이 뻗어 가로막았다. 농촌마을이다.

새실은 조선시대 성종대에 시인 전만령(全萬齡)이 벼슬을 마다하고 이곳에 정착하여 그 후손이 집성촌을 이루었다. 향지(1727년)에는 미곡리로 나타난다.

1914년에 새실과 이로리를 통합, 다수동이라 하고 1962년에는 1 · 2동으로 나누었다가 1975년에는 다시 합하고 1983년에 백옥동과 합쳐서 미곡동이라 했다.

미곡정사(微谷精舍)라 하여 성산(星山) 전만령 선생을 기리는 재실(齋室)이 있는데 새실 뒤에 세웠으나 마을이 커지면서 마을의 끝이 되었다.

자연부락의 이름과 그 유래를 알아보면 아래와 같다.

새실·신리

미곡동의 중심이 되는 마을로 새로 생겼다고 해서 새실 또는 신기라 했다 하며 요즈음 이 곳에서는 품질이 좋은 포도가 많이 생산되어 이 곳 주민들의 소득을 높여 주고 있다(임상배 61 외 4명).

바깥새실

새실 바깥쪽에 위치한 마을이라고 해서 바깥 새실이라고 했다 하며, 이 곳도 전국에서 유명한 포도단지로 품질이 좋은 포도가 많이 생산되고 있다(김성원 52 외 4명).

이로리

미곡동 서쪽의 변두리 지역에 위치하고 있는 마을로 임진왜란 때 두 노인이 여기에 피란 와서 화를 면했다 하여 이로리라 불렀다 한다(황인술 59 외 5명).

(2) 백옥동(白玉洞)

새터, 노증리, 안새실 등 3부락으로 구성된다. 노증리는 4호 국도 남쪽변에 있고 새터는 이 마을 남쪽 조금 떨어져 있으며, 안새실은 노증리에서 남쪽 1킬로미터 떨어진 오지에 있다. 마을 동쪽의 산이 옥녀봉(玉女峰)인데, 이로 말미암아 붙여진 이름이라고 한다.

노증리와 새터의 북쪽은 금릉평야가 있고 남쪽은 경부선 철도가 동서로 지나고 있으며 철도 너머에 안새실이 있으며 안새실 뒤로는 산이 가로막았다. 안새실이 가장 오래된 마을로 본리라 하고 새터가 뒤에 이루어진 마을이다. 그 내력은 알 수 없다.

이 마을에는 애인지(愛人池) 이야기가 전하여 온다. 새터 마을 뒤에 있는데 본디는 예못(芮池)라 하였다고 한다. 옛날 예(芮)씨가 나라에 역적모의를 하였다고 하여 그의 집을 헐고 판 못이라고 전해 온다.

자연부락의 이름과 그 유래를 알아보면 아래와 같다.

노정리·노증리

옛날 금산군 광곡면의 자연 촌락 중의 하나였으며 처음에 마을을 연 사람이 노씨였다 하여 노증리라 부르게 되었다 하며 현재 백옥동의 중심이 되는 마을이다(박래철 62 외 1명).

옥산동

노정리 남쪽에 있는 마을로 옥녀가 머리를 풀고 있는 형국이라고 하는 옥산이 이 마을 근처에 있다 하여 그 산 이름을 따서 옥산동이라 부르게 되었다고 한다(전길주 64 외 1명).

새터

약 500년 전에 전만령이라는 사람이 처음 마을을 개척하였는데, 노증리에서 갈려 나가 새로 생긴 마을이라 하여 새터라 불렀다 하며, 지금도 전씨의 후손들이 많이 살고 있으나 각성이 모여 살며 40여 가구의 마을로 특산물로는 포도를 많이 재배하고 있다(방의문 63 외 1명).

10) 부곡동(釜谷洞)

가매실은 동쪽으로는 평화동 시가지로 연결되고 고래실과 모지동은 4번 국도에서 각각 2백 미터 가량 남으로 들어간 곳에 자리한다. 원동은 시가지에서 남으로 2킬로미터쯤 떨어진 깊은 곳에 자리하며 주공, 현대아파트는 고래실 모지동 중간 국도변에 있다.

남쪽은 고성산이 가로막고 북으로는 금릉평야가 펼쳐지고 서쪽은 미곡동과 이웃한다.

가매실 국도에서 북으로 고속도로 진입로가 나고 금릉평야를 동서로 꿰뚫는 경부선 철도와 나란하게 철도 북쪽에 둘러 가는 우회도로가 났다.

부곡동은 고래실, 모지동·가매실·원골·주공, 현대아파트 등의 자연부락과 아파트단지로 이루어진다.

조선시대에 원골은 금산군 김천면에, 이 밖의 마을들은 금릉면에 속했는데 1914년에 모두 통합하여 부곡동이라 하고 1962년에 1동, 2동으로 나누었다가 1983년에 다시 부곡동으로 합쳤다.

가매실의 가매는 "금"이고 신인을 뜻한다 하여 옛날에는 한자로 부곡동으로 표기했는데 그 유래는 알 수 없다. 가매는 본디 신(神)을 이르는 신본위 중심의 사회에서 비롯하였으니, 농경사회에서 가장 중심을 이루는 것은 물신과 땅신을 가리키는 지모신(地母神)을 이른다고 봄이 옳을 것이다. 이러한 가능성은 김천문화 발상의 샘이라고 할 감천(甘泉)의 '감'에서 갈래지어 나왔다고 풀이할 수 있다.

원골은 동구 밖에 남원이 있음에서 말미암았고, 모지동은 문지알 민지알로 불렸는데 1980년 마을 모임에서 모지동으로 통일하기로 결의한 바 있다.

주공아파트는 1970년에 세워졌고 금류, 현대아파트는 1991년에 세워져 각각 주거단지를 이루었다.

자연부락의 이름과 그 유래를 알아보면 아래와 같다.

가마실·개미실·부곡

120여 년 전 감문국(甘文國)이 있을 당시에는 도자기를 굽는 가마가 있었던 곳이라 하며, 또 이 마을의 지형이 도자기를 굽는 가마같이 생겼다고 해서 가마실로 불리게 되었다 한다. 그 후 가마실앞 들이 옥토였고 부촌을 만들자는 마을 사람들의 염원에서 1914년 행정 구역 통폐합 때에 동명을 부곡동으로 개칭하였다 한다(현경길 75 외 2명).

지명에 가마가 들어가는 마을은 그 모양이 가마처럼 움푹 들어갔거나 큰 연못이 있어 농경시대에 먹거리 생산에 중심이 되던 곳을 이르는 일이 많았다. 감문국의 감-과 상당한 걸림이 있을 것으로 상정할 수 있다.

원골 · 원동 · 원계

고려 말에 길손에게 숙식을 제공하던 원이 설치된 마을이라 하여 마을 이름을 원골 · 원동이라 했다 하며, 첨산 송수필 선생이 그의 문하생들과 여생을 지낸 원계서원이 있어서 원계라고도 했다 한다. 1914년 모지동 · 신기동과 김천면 원동 일부를 병합하여 부곡동이라 했다(이성우 68 외 2명).

주막거리

옛날에 말을 타고 대전이나 대구로 가는 가마실 길목에는 주막이 하나 있었다고 하여 이 마을을 주막거리라 했다 한다(정영달 72 외 3명).

11) 지좌동(智佐洞)

김천 시가지의 동쪽에 자리한 마을이며 남에서 북으로 흐르는 감천을 사이하고 있다. 요즘 들어 갈대 4호 국도 길가에 아파트 밀집 지역이 만들어지고 사람들이 갑자기 많이 늘어나면서 준 시가지를 이루어 가고 있다. 경부선 철도와 경부고속도로 및 국도가 마을의 한 가운데를 지나고 있다.

동으로는 농소면 신촌 마을과 이웃하였으며, 서쪽은 감천을 사이 하여 용호동 시가지와 마주 보고 있다. 남으로는 웅봉이 가로막은 산악지대이며 감천면과 조마면으로 가는 갈림길이 나 있다. 북으로는 감천 냇가에 발달한 마잠들이 있으며 이 곳을 고속도로가 지나가고 있다.

지좌동은 갈대 · 배다리 · 마잠 · 새말 · 매실 · 병실의 자연부락으로 이루어져 있다. 이 가운데 갈대와 마잠은 조선왕조 시대에 군내면에 속한 마좌산리(馬佐山里)였고, 새말은 고가대면에 속한 지수리(智水里)였다. 한편 매실과 병실은 개령현 농소면의 응곡과 호동이었다.

1914년 고가대면의 지대리(智大里)와 지수리와 군내면의 마좌산리를 합하여 지좌동이라 하여 감천면에 속하게 된다. 또한 웅곡과 호동을 합하여 덕곡동이라 하여 농소면에 속하게 되었다. 1938년에 이르러서 지좌동은 김천읍에 속하게 되고, 1960년에는 1동과 2동으로 나누어지기도 하였다가 1983년에 이르러서야 덕곡동과 함께 어우르면서 1동과 2동도 합하여 지좌동이란 행정동으로 확정되기에 이른다.

법정동의 이름과 그 유래를 알아보면 아래와 같다.

(1) 지좌동(智佐洞)

본디 지좌동은 황산(黃山)을 중심으로 하여 이루어진 마을과 남쪽 1킬로미터쯤 떨어진 새말이다. 황산 남쪽 4번국도 길가 양쪽에 길게 발달한 동네가 갈대인데 언덕 아래쪽을 너머갈대라 한다. 황산은 봉새 황자 황산(凰山)이라고도 적었으며 금산을 상징하는 삼산이수의 하나였다.

황산 서쪽 감천변 언덕배기에 있는 마을은 배다리, 동쪽 골짜기는 마잠이며, 북쪽에 자리한 마을은 공절이다. 황산 북쪽 공절마을 앞에 마잠들이 있고 새말 앞에 노평들이 있다.

지좌동 가운데 새말은 조선시대에는 고가대면(古加大面)이었고 마잠과 갈대와 배다리는 군내면이었다. 1914년에 모두를 합하여 지좌동이라 하여 감천면에 들게 하였다. 1938년에 김천읍에, 1949년에 다시 김천시 관할이 되었다.

소리의 상응함으로 보아 갈대-가대의 대응이 가능하다. 자연부락의 이름을 보아 갈대와 관련하는 곳이 많이 있음을 떠올리면 갈대가 마을의 특징을 드러냄에 있어 하나의 특징이 될 것으로 보이기 때문이다.

자연부락의 이름과 그 유래를 알아보면 아래와 같다.

갈대 · 지대

지좌동에서 가장 큰 마을로서 마을 북쪽에 황산이 있고 서쪽 어귀에는 감천교가 있으며 남쪽으로는 새마을로 이어지는 국도와 대구에서 김천시로 들어오는 국도가 연결되며 이 국도를 중심으로 마을을 이루고 있는데, 옛날에는 이 곳에 갈대가 많이 있었다 하여 갈대 마을이라 하며, 현재 400여 가구에 1,600여 명이 살고 있으며 주로 농사에 종사하고 있다(김을성 70 외 1명).

너머갈대

갈대 마을로 넘어가는 갈대 고개 너머에 있는 마을이라 해서 너머갈대라고 불리어졌다 하며, 이 마을 가운데로 김천에서 대구로 가는 국도와 철도가 함께 있으며 마을 북쪽에 황산이 있고 남쪽으로 성의상업고등학교가 있으며 남서쪽으로는 노평들이 이어진다. 현재 180여 가구가 농업 및 상업 등에 종사하고 있다(김을성 70 외 1명).

배다리

황산을 중심으로 북쪽에 자리잡고 있는 이 마을은 동쪽으로 공탈과 연결되며 서쪽으로 갈대와 이어지는 곳이다. 옛날에는 마을 앞이 모두 강으로서 배를 댄 마을이라 하여 배다리라고 불렀으며, 현재 서울에서 대구로 가는 고속 도로 남쪽에 바로 보이는 곳이며 모두 현대식 가옥으로 개축한 마을이다. 180여 가구가 살고 있으며 주로 특수 작물로 채소 재배 및 과수 재배를 하고 있다(장삼석 77 외 1명).

공탈

마잠 서쪽에 있는 마을로서 옛날에는 큰 돛 단 배가 드나들어 장래에 크게 번성할 터가 되리라는 뜻에서 공탈이라고 했다 하며, 마을 앞에 마잠들이 넓게 펼쳐 있어 쌀이 많이 생산되고 포도 · 복숭아 · 사과 등의 과수 재배도 하는 17가구 정도의 마을이다(장삼석 77 외 1명).

마좌 · 마잠

너머갈대 북쪽에 있는 마을로서 마을 한가운데 공동 우물이 있으며, 마을 모양이 말굽 같은 형상이라 하여 마좌 또는 마잠이라 불렀다 한다. 이 마을 남쪽으로 김천시에서 대구로 이어지는 국도와 철도가 있고 북쪽으로 마잠들이 있어 농업에 종사하는 사람이 많으며, 포도·복숭아 등의 과일도 생산하는 마을로 150여 가구에 700여 명이 살고 있다(조일생 75 외 1명).

금릉지(金陵誌)에는 마좌산리(馬佐山里)라 하였으며 보통 사람들이 살았다고 적고 있다.

새마을·지수

갈대마을에서 남쪽으로 약 1.5킬로 떨어진 이 마을은 면부와 이어지는 지방도의 주변에 자리잡고 있으며 마을 앞은 감천내를 끼고 있는 노평들이 갈대마을 남서쪽으로부터 이어지고, 마을 뒤쪽은 까치골과 연결되는 산으로 되어 있는 곳에 새로 형성되었다 하여 새마을이라 했다 하며, 110가구 정도의 규모에 주로 농사를 짓고, 양계를 하는 농가도 있다(이근진 53 외 1명).

배다리

갈대 마을 북쪽에 있는, 둘레가 모두 강으로 된 황산을 중심으로 배를 댄 마을이라 하여 배다리라 했다 한다(장삼석 77 외 1명).

(2) 덕곡동(德谷洞)

김천시 동쪽 끝에 자리한 무실·벵실과 근래 4호 국도 길가에 이루어진 마을이다. 세 마을의 동쪽은 농소면 월곡 3리 신촌과 이웃하고 서쪽은 마잠과, 남쪽은 낮은 산이 가로막아 감천면 금송리를 사이하고 있다. 북쪽으로는 넓은 마잠들을 지나 감천이 돌아드는 개령면 공계리와 잇닿는다.

조선시대에는 개령현 농소면이었는데, 1914년에 호동(壺洞) 응곡(鷹谷)을 합하여 혹은 덕곡동이라 하고 1983년에 김천시 지좌동에 속하게 되었다.

4번 국도와 904번 도로가 갈리는 곳으로 요즘 들어 집들이 빠르게 늘어나 마을을 이루고 있으며 이 곳도 무실이라 부른다.

자연부락인 호동의 먹는 파는 전국적으로 이르이 널리 알려져 있다. 박정희 대통령 시절 고속도로를 지나던 대통령 영부인 육영수 여사가 이 곳에 내려 파를 사갔다고 한다.

자연부락의 이름과 그 유래를 알아보면 아래와 같다.

무실·웅곡

조선조 광해군 때 문병주라는 선비가 마을을 개척하였다 하며, 당시 마을 뒤에는 나무가 무성하고 나무 열매가 많다 하여 무실이라 했다고 하며 무성한 나무숲에 매가 많았다 하여 웅곡이라고도 했다(문병옥 53 외 4명).

빙서리·호동·덕곡

1609년 신촌 권동못 옆에 집단 마을이 형성되었으나 외침과 도둑의 행패가 심하여 감천 냇가의 기름진 땅으로 옮겨 큰 덕을 보았다고 하여 마을 이름을 덕곡이라 했다 한다(임무현 60 외 4명).

12) 대응동(大鷹洞)

이 고장은 김천시 북쪽의 변두리에 자리하였으며 북으로는 광덕산(廣德山 228)을 사이하여 어모면과 이웃하여 있다. 서쪽으로는 응봉산을 사이 하여 신음동과 이웃하여 있다. 88년과 91년 두 차례에 걸쳐 80만 평 규모의 공업단지가 이루어졌다.

자연부락인 묘광과 대보는 조선시대에 개령현 서면이었고, 1914년에 일본인들에 의하여 대광동으로 합치게 된다. 마침내 서면과 부곡면을 하나로 하여 개령면으로 들게 된다.

한편 매목, 느티골, 독정, 아홉사리, 새모산은 조선왕조 시절에 금산군 천상면(川上面)이었는데 1914년에 합하여 응명동(鷹鳴洞)이라 부르게 되고 다시 천상과 천하면을 합하여 아천면(牙川面)으로 들게 한다. 1928년에 와서 아천

면과 구소요면이 합하여 어모면에 들기에 이른다. 1983년 대응동과 응명동을
합하여 대응동이라 이르고 김천시에 들게 되었다.

법정동의 이름과 그 내력을 알아보면 아래와 같다.

(1) 대광동(大光洞)

묘광·대보·신곡의 자연부락으로 이루어지고, 광덕산을 배경으로 묘광과
신곡은 그 동남쪽, 대보는 등 넘어 남쪽에 있고, 대보마을 앞으로는 공업단지
가 들어섰다.

묘광·대보는 오래된 마을로 조선시대에는 개령현 서면이었다가 1914년에
합하여 대광동이라 하고 개령면으로 되었고 1983년 응명동과 통합, 대응동이
라 하여 김천시에 들게 되었다.

대보(大洑)

이 마을에는 높은 산도 없고 숲도 없어서 하천의 물이 부족했다. 그래서 수
리 시설로서 큰 보를 막아 저수했다가 사용했으므로 대보라는 동명을 갖게 되
었다 한다(박용운 70 외 3명).

묘광(妙光)

약 360년 전에 전재일 이라는 사람이 이 마을을 개척하여 묘광이라 이름지
었다 하며, 금릉군 개령면 대광동에 속했다가 1983년 2월 15일 행정 구역 개편
때 김천시로 편입되었으며 현재로 죽산 전씨가 많이 살고 있지만 각 성이 모
여 마을을 이루고 있다(박용운 70 외 3명).

신곡(新谷)

과수원을 개발하기 위해 처음 집이 하나밖에 없는 외딴집이 들어섰으나 점
차 이 곳으로 이주해 오는 가구가 늘어나 새로이 형성된 마을이라 하여 신곡

이라 부르게 되었다 하며, 지금은 각 성이 모여 살며 과수 지배를 많이 하고 있다. 83년 2월 15일 행정 구역 개편으로 김천시에 편입되었다(박용운 70 외 3 명).

(2) 응명동(鷹鳴洞)

김천시의 가장자리 삼애원(三愛院)에서 북으로 난 고개길 언덕너머에 있고 마을 북쪽은 공업단지가 만들어졌다. 서쪽은 응봉이 가로막았으며, 아홉사리 · 새모산은 매목과는 멀리 떨어져 서쪽 산너머 3번 국도 길가에 외따로 있다.

매목 · 느티골 · 독정 · 아홉사리 · 새모산 등의 자연부락으로 이루어진다. 이들은 오래된 마을로 조선시대에는 금산군 천상면이었는데, 1914년 통합하여 응명동이라 하고 신설된 아천면에 속했다가 1928년에 어모면 소속이 되고, 다시 1983년에 대광동과 통합, 대응동이 되어 김천시에 들게 되었다.

자연부락의 이름과 그 유래를 알아보면 아래와 같다.

느티골 · 너투골 · 괴동

옛날 이 마을에 큰 느티나무가 있었는데 느티나무가 있는 골짜기라고 해서 느티골 · 너투골로 부르게 되었으며, 한자로는 괴자와 동자를 써서 괴동(槐洞)이라 했다고 한다. 성산 이씨들이 살고 있다(박용운 70 외 4명).

독정이 · 독정(獨井)

독정이 또는 독정이라고 하는 맑은 샘이 이 마을에 있다고 하여 붙인 이름이라 하며, 순흥 안씨가 많이 살고 있다(박용운 70 외 4명).

매목 · 응명(鷹鳴)

한길에서 마을로 넘어 오는 고갯길 옆에 숲이 우거져서 항시 매가 울고 있었다고 하여 마을 이름을 매목이라 했다가 응명으로 고쳤다고 한다. 밀양 박씨·보주 하씨가 많이 살고 있다(박용운 70 외 4명).

13) 양천동(陽川洞)

이 고장은 김천시의 남쪽 고성산 동쪽에 펼쳐진 감천 냇가의 들을 안고, 한편으로는 고성산 남쪽 기슭에 사방이 산으로 둘러 싸였다. 동쪽은 감천을 사이하여 감천면과 이웃하고 남쪽은 산을 사이하여 구성면과 이웃한다.

양천동의 자연 부락은 상리·음지·중리·하리는 하로(賀老) 마을이다. 3번 국도에서 2킬로 떨어진 고성산 남쪽에 사방이 산으로 둘러싸인 골짜기에 흩어져 있다.

새터는 시가지에서 2킬로 떨어진 3번 국도변에 있고, 장승배기는 새터에서 남으로 3백미터 지점 국도변에, 안정개는 장승배기에서 조마로 갈라진 4백 미터쯤에서 남으로 다시 갈려 들어간다.

상리·음지·중리·하리새터·새동네·장승배기·안정개 등 자연부락으로 이루어진다. 새 동네는 병자년(1936) 홍수로 갈대가 유실되자 이 곳으로 옮겼다. 조선시대에는 고가대면이었는데, 1914년에 모두 합하여 양천동이라 하고 감천면에 들게 하였는데 양곡(陽谷)과 노천(蘆川)에서 한 자씩 딴 이름이다. 1983년에 김천시에 속하게 되었다.

옛날에는 양곡·음지·중리·하리가 있는 골짜기를 일괄하여 하로라 했는데 3씨 사대부가 함께 사는 양반촌으로 3정승 6좌랑이 난 곳이라고 전해진다.

상리와 음지 중간 바른편에 옛날 와계동(臥溪洞)이 있어 "애기"라 불렀고, 하리 마을끝 동쪽에는 동성동이 있었는데 지금은 모두 없어졌다. 동사무소를 1991년 중리에서 새터로 옮겼다. 여기 애기란 이름은 와계의 소리가 잘못 발음이 되어 굳어진 것으로 보인다.

자연부락의 이름과 그 유래를 알아보면 아래와 같다.

가래 · 새마을 · 노천

원래는 장승백 서남쪽 500미터 지점인 야산 중턱에 위치하여 갈대가 많고 시내가 있는 마을이라 하여 노천이라 했는데 1936년의 수해로 동네가 없어지고 현재의 마을로 옮겨 새마을이라 부르게 되었다 한다(하윤철 58 외 3명).

개울내기 · 새터 · 신기

새 터를 잡아 새로 생긴 마을이라 하여 새터 · 신기라 하게 되었으며 개울내기란 그 동네 옆으로 흐르고 있기 때문에 개울내기라 불렀다(홍석현 66 외 3명).

상리 · 양곡

양천동 국도변 입구에서 약 2.5킬로 떨어진 곳에 마을이 자리잡고 있는데 사방이 산으로 둘러싸인 양지바른 곳이라 하여 양곡이라 부르게 되었으며 또한 제일 윗쪽에 있는 동네라고 하여 상리라고도 부르게 되었다(진재원 64 외 3명).

안정계

마을 뒷산에 정무공을 안장하였고 그 동네 남쪽에 푸른 내가 동쪽으로 흐르고 있다 하여 이 마을을 안정계라 불렀다 한다(김학수 66 외 3명).

음지

국도변 입구에서 서북쪽 2킬로 지점에 자리잡고 있으며 동네 터가 저지대에 속해 있고 또한 양지가 아니라 하여 음지라고 불렀다 한다(이동신 69 외 3명).

장승백

국도변에 5, 6가구의 술집으로 이루어진 동네로서 옛날 교통이 발달되지 못했던 때에 오가는 길손들이 많이 머무는 곳이기 때문에 거리를 표시하는 장승이 섰던 마을이라 하여 장승백이라 부르게 되었다 한다(김은한 62 외 3명).

중리

양천동에서 가장 중심지에 자리잡고 있으며 위로는 음지·상리 마을이 있고 아래로는 하리·새터 마을이 있어 그 중 가운데 마을이라 하여 중리라 부르게 되었다 한다(정판구 69 외 3명).

하리·하로(賀老)

양천동의 제일 아래쪽에 있는 마을이라고 하여 하리라 했다 하며, 하로라는 이름은 당나라의 예부시랑 하지장(賀知章)이 늙어 벼슬에서 물러날 때, 왕이 감호일곡(甘湖一曲)을 주었다고 한다. 당시 이 마을이 감호면이었는데. 여기 감호라는 말이 김천의 별호인 감호(甘湖)와 같아서 이 마을 이름을 하지장의 옛 일에서 따다가 하로라 했다는 것이다. 또 일설에는 고려 말엽에 금산 안렴사였던 화순인 최원지가 이성계의 혁명(1392)으로 고려왕조가 망하자 가족을 데리고 고성산 아래에 있는 구암사에서 숨어살다가 절이 없어졌는데 그 자리에 숨어살았다고 한다.

그 뒤 태종 때 병조참의 훈작을 받게 되고 세 아들과 손자들이 높은 벼슬에 오르자 뭇사람들이 최원지를 하례 받을 노인이라는 뜻에서 하로라고 존칭했다. 이로 인하여 마을 이름이 하로라고 불리게 되었다 한다(최원수 60 외 4명).

3. 이 고장의 인물

임천강(任千江)

자신의 어려운 신분을 뛰어넘어 과감하게 사회 정의를 몸소 실천한다는 것은 쉬운 일이 아니다. 임천강은 본관이 나주이고 김천역의 일을 맡아보는 역무원이었다. 그는 조선 선조 때의 사람으로 당시 사회적 신분제도 아래에서는 미천한 역리였지만, 신분제도를 개혁하여 꿈에도 생각하지 못한 과거에 참여할 수 있는 길을 터놓았다. 참으로 기회를 공정하게 나누어야하는 세상이 옳다고 주장을 하여 이를 관철하였으니 이 얼마나 가상한가. 오늘날로 이르면 말 그대로 신 지식인이었다고 할 수 있다.

이러한 과감한 그의 행동은 목숨을 내걸어야만 했었기에 같은 계층의 역리들은 몸을 사려 한 사람도 상소에 참여하는 사람이 없어 혼자서 23년 동안에 걸친 투쟁 끝에 이루어 놓은 쾌거라 하겠다.

그는 뜻이 깊은 사람으로 항상 천민계급을 한탄하고 있었는데, 그 꿈을 성취하여 과거를 거쳐 이조참의라는 높은 벼슬까지 올랐지만 사회에서는 근본이 천민 출신이라 하여 마을 향지에서도 그를 대수롭지 않게 취급하고 있으며 다만 연조 귀감에서만 그의 노력을 기록하고 있을 뿐이다. 진실 앞에 평등한 것이고 자신의 능력을 객관적으로 발휘할 수 있는 사회가 좋은 세상인데 이를 외면한 당시의 사회 분위기도 꽉 막힌 상황이었던 것으로 보인다. 히딩크적인 사고를 갖는다면 이는 마땅히 개선되어야 할 사안이었다.

그에 대한 출생과 졸년은 알 수 없음이 아쉬울 따름이다.

한명구(韓命耉)

한명구는 김천역의 역무원이었다. 이 인좌가 무신란을 일으켰을 때 그 괴수 정희량이 거창에서 난을 일으켜 거창을 점령한 다음 지례. 금산을 향하여 진격하면서 우두령(牛頭嶺) 고개를 점령하고 있었다. 희량이 전령을 김천역에 보내어 김천역의 3등 말 여러 필을 빼앗아 갔다. 김천역의 역무원들이 전령의 명령을 거역하지 못하고 겁에 질려 말을 내어 주었던 것이다.

명구가 이 소식을 듣고 분을 참지 못하고 아들 조카들을 이끌고 10리 밖까지 달아난 전령을 추격하여 말을 다시 빼앗아 돌아왔다. 명구가 말 다루는 마정들에게 이르기를, "비록 너희들은 무식하고 천한 몸이지만 군신간의 도덕도 모른단 말이냐" 하고 꾸짖었다. 김천역이 역적의 반란으로 인한 화를 피한 것은 한명구의 힘입음이라 하겠다.

편강열(片康烈)

이 곳 남산 마을에서 대한제국이 망하고 일본의 강점에 항거하는 독립운동을 하고 애국애족의 빛나는 공을 세웠던 편강열(片康烈) 선생에 대하여 살펴보도록 한다.

선생의 본은 절강(浙江), 호는 애사인데 시조는 중국 절강에서 임진란 때 유격장으로 조선에 파견되어 평양 공략과 울산에서 전승하고 큰 공을 세웠다. 울산 층 바위 위에 정왜승첩비(征倭勝捷碑)가 세워진 명장이며, 그가 조선에 귀화하고 후손은 대대로 무공을 이어받아 강렬의 조부는 무과를 거쳐 사과, 평정부사를 지냈고, 아버지는 한말 국운이 위태로워졌을 때 고향에서 양진의숙이란 학당을 세우고 구국정신과 항일사상을 가르친 분이다.

선생의 4형제 모두가 나라를 위하고 겨레를 생각하는 위국진충(爲國盡忠)의 가풍 속에서 1892년 태어난 곳은 황해도 연백이었다. 1907년 대한제국의 군대가 해산되니 전국에서 일어난 의병은 항일 독립전쟁으로 발전하여 여러 곳에서 일본군과 충돌하였는데 이 때 강렬은 16세 어린 나이로 울분을 참지 못하고 이 강년 의병대장의 본거지인 태백산 의진으로 달려갔다.

이 대장은 16세 소년의 당돌한 행동이 기특하기도 하고 의심도 가서 곁에 두고 거동을 살피니 청장년보다 오히려 용감하고 침착함이 뛰어난지라 그를 소모장으로 발탁하였다.

때 마침 1908년 3월에 전국 의병들은 산발적인 항쟁을 그만 두고 일대 종합군을 편성하여야 한다는 경기도 의병대장 허위의 제창에 따라 각 도 의병 대장들은 이 인영을 13도 창의 대장으로 추대하고, 그 해 11월을 기하여 각 도 70여 의병군을 양주에 모아 12만 대군을 편성하여 일본이 장악하고 있는 수도 탈환에 합의하고 때를 기다렸다.

기약한 날이 다가와 충청도 의병대장 이 강년은 양주 출신의 선봉장으로 17

세의 편강렬을 임명하고 백여 명을 선발대로 인솔케 하여 약속한 날에 맞추어 동해안을 돌아 강릉을 거쳐 양주로 향했다. 양주에 약속대로 당도한 의병은 충청도의 이강년군, 경기도의 허위군, 경상도의 신돌석군 등 만여 명에 불과하였다.

이 의병마저 오랜 행군으로 지쳐 있는데 피로를 풀 겨를도 없이 미리 이곳에서 대기하던 일본군과 접전하게 되었다. 편강렬 선봉장은 "여러분, 민족과 국가를 위해 최후의 일인 최후의 일각까지 후퇴말고 싸워라"고 부하 군졸을 독려하면서 적진에 뛰어들어 싸우기를 3일간 계속하다가 중과부적으로 패하고 강렬은 적탄에 맞아 중상을 입고 태백산 본진으로 돌아갔다. 다친 몸을 치료하며 재기를 기다리고 있던 중 1909년 봄에 손위형인 수열이 본진으로 찾아와 하는 수 없이 연백군 봉산면 본가로 돌아왔다.

1910년 공부를 핑계로 평양으로 가서 숭실 학교에 다니면서 다시 동지규합에 나섰으나 일본 경찰은 양주 전투 때의 선봉장이던 사실을 알고서는 요시찰 인물로 점찍어 끈질기게 감시하고 있었다.

때마침 일본의 데라우찌 총독 암살사건이 일어났다. 1910년 12월 압록강 철교 준공식에 참석하려는 데라우찌 총독을 안 명근이 선천역에서 살해하려다가 미수로 끝난 사건인데, 일경은 이를 핑계로 민족 독립 운동자를 일망타진하려는 계략을 꾸몄다. 새해 신정을 기하여 전국에 손을 뻗쳐 윤치호, 김구, 양기탁, 편강렬 등 105명을 기소하였다.

이것이 이른바 105인 사건인데, 편강렬이 21세에 옥에서 풀려나자 국권회복운동에 몸을 받치기로 결심하고 연백군 본가에 내려가 일찍 선친이 경영하던 양진의숙에서 교편을 잡아 청소년을 규합하여 독립사상을 가르치고 무술을 연마하였다.

그러나 일본경찰은 매일 같은 감시 때문에 목적을 이룰 수 없게 되자 1914년 가까운 친척이 살고 있는 금릉면 진목동 5촌 당숙 집으로 내려와 이곳을 본거지로 국권회복운동을 벌였는데 그의 본격적인 운동은 이곳에서부터 시작되었던 것이다.

첫 사업이 개령면 덕촌동 이 공진의 집에 서당을 개설하고 대구의 우국지사 곽 돈 선생을 사부로 모시고 청년 30여명을 모아 항일 독립사상을 가르치는 한편 직지사 뒤 삼성암에 데리고 가서 피나는 훈련으로 무술을 가르쳤다.

그의 무술과 용맹한 힘은 2미터 40센티의 장신에 어울리는 초인적이었다. 혼자서 화물기차를 끌었고 한 팔에 장정 네 사람을 주렁주렁 매달아 강물을 건네 주었으며, 아무리 큰 초가집 이엉도 막대기에 끼워서 힘들이지 않고 지붕에 던져 올렸다.

몸집은 컸지만 무술로 익힌 몸은 빨라 웬만한 지붕 위를 사뿐사뿐 뛰어 넘었고, 보통사람 키 높이의 빨랫줄을 어린이 고무줄 놀이하듯 이리저리 뛰어 넘었으며, 김천 남산동에 있었던 경천사 마당에 서있는 2미터 높이의 석탑을 모듬 발로 뛰어 넘었다.

5년 간 김천에서 무술을 연마하고 동지를 규합하면서 때를 기다리는데 1919년 3.1 운동이 일어났다. 그는 이곳보다 동지들이 많은 연백으로 달려가 동아일보 지국장의 신분으로 위장하고 황해도 일대에서 지사들을 규합하려고 동분서주했다.

이 명서가 조직하는 구월산대 조직에 참여하고 이를 넓혀나가는 한편, 상해 임시 정부 연락원으로 있던 편강렬의 아우 덕렬을 상해로 밀파하여 국내외 연합전선을 구축하려다가 구월산대가 노출되어 강렬은 그의 중형 부열 등 6명과 함께 일본경찰에 구금되었다. 구월산대와의 확실한 물적 증거를 잡지 못한 일본 경찰은 가택수색 에서 "독립신문" 한장을 압수해가고 강렬은 해주 법원에서 1년 2개월의 옥살이를 치렀다.

국내에서는 이미 노출된 몸이라 활동이 어려워 1922년 봄에 중국으로 건너갔다. 고문으로 심한 상처를 입고 회복도 되지 않은 채 산해관에 머물면서 만주에서 활약하고 있는 김정관, 양기탁, 남정, 김이대, 백남준과 연락하고 그들의 협조로 의성단이란 독립운동단체를 조직하여 단장에 취임하였다.

만주를 무대로 단시일 안에 세력을 확장하여 일본 요인의 저격, 장춘에서 일군 습격, 봉천에서 시가전을 벌이는 등 전투를 전개하는 한편 국내에 특공대를 밀파하여 일본기관을 폭파하려고 폭발물 반입 등 의성단의 활동은 신문에서 크게 보도되었다.

그가 만주로 간 목적은 만주에 흩어져 있는 여러 독립운동 단체를 한데 묶어 큰 단일체를 구축하여 일본을 국내에서 몰아 내자는 데에 있었는데, 유력 단체들의 행동통일을 위하여 길림성에서 광복당, 적기단, 광정단, 삼의당, 통의부, 국민회, 농무회, 대동회, 서로군정서, 북로군정서 등을 소집하여 통일회를 조직하기에 이르렀다.

다시 한 걸음 나아가 상해의 안창호, 남북만의 양기탁, 이범식 등과도 연락이 닿아 하얼빈에서 모이기로 하고 주동자 편강렬이 그곳으로 갔다가 일본의 밀정 김성근의 밀고로 체포되고 말았다. 김성근은 그 사실을 안 이범석 장군에게 사살되었다.

1924년 9월 신의주로 압송되어 강도, 살인 등 죄목으로 7년형을 받았는데 이희주, 이희철, 김지건, 허헌, 최진 등 국내 변호사가 다투어 무료 변론을 받았고, 1925년 1월 평양 복심원에서 열린 공판정에서는 기마 경찰대까지 동원되어 삼엄한 경계를 폈었다.

공판계류 중 왜경은 강렬을 회유하기를 독립운동에서 손떼면 도지사 벼슬을 주겠느니 했지만, 차라리 단두대의 이슬이 될망정 항복하여 왜놈의 신하는 되지 않겠다고 물리쳤다.

최종재판인 복심 법원에서 7년형 언도가 내리자 앙천대소 하면서 "힘이 모자라 네놈들 앞에 섰지만 뒤에 두고 보자" 하고 그 기개를 꺾지 않았다. 옥중에서 나무 젓가락 만드는 노역을 하는 동안 고문의 후유증과 먼지투성이의 호흡으로 목에 인후병이 걸려 병세가 위독하였으나 풀려나지 못하고, 고문으로 얻은 척추병까지 겹쳐 되살아날 가망이 없게 되었다.

발병 1년 2개월 만인 1927년 4월 병보석으로 풀려났다. 시설이 좋은 일본인의 병원으로 입원을 권유하니 죽었으면 죽었지 왜놈병원에서 치료받고 살아날 생각은 없다고 거절, 선천의 미동병원에서 1년반 치료받았으나 가망이 없게 되자 아우 덕렬의 집에서 치료하다가 만주의 안동 적십자 병원으로 옮겼으나 며칠을 지나지 못하고 1927년 12월 6일 친지들이 지켜보는 가운데 일생을 마감하였다. 유언하기를, "내가 죽거든 만주 땅에 묻고 조국이 광복되지 않는 한 왜놈이 판치는 고국에는 이장하지 말라"고 하면서 조국광복의 한 많은 비원을 안은 채 이역만리에서 37세의 아까운 나이로 세상을 마쳤다. 유해는 만주 안동현 진강산 기슭 장군봉에 묻히고 해방 후 62년에 건국공로 훈장 복장이 추서되었다. 김천 남산공원에는 1980년 선생의 순국기념비가 세워졌다.

사람은 가도 그가 남긴 불굴의 정신과 겨레 사랑의 흔적을 우리들 마음 속 깊이 오래 오래 메아리칠 것이다.

백귀선(白貴璇)

선생의 본관은 수원, 고려 말의 사람으로 벼슬은 승정원 승지였다. 이성계가 혁명으로 왕위에 오르자 두 임금을 섬길 수 없다 하여 할아버지 금릉 부원군의 봉군지인 이 곳 금산동으로 낙향하였다. 조선 조정에서 여러 번 벼슬을 내릴 목적으로 불렀으나 끝내 사양하고 후손들 또한 벼슬하지 아니하고 향리에 종사하였다.

선생이 김천에 살 때 서산 사람 부성부원군 정윤홍과 해풍인 김효신과 행동을 함께 하여 후세 사람들은 이들을 일컬어 이들을 절개와 의리를 지킨 고려의 3충절이라 불렀다.

정윤홍은 봉계로, 김효신은 봉산면 신암동 행정으로 내려와 정착하여 각각 그 마을의 자리를 잡는다.

백시형(白時珩)

선생의 본관이 수원으로 현종 5년(1664) 김천 금산동에서 태어나 금산군의 군수를 지켜 주는 호장이 되었다. 천성이 청렴결백하고 부모에 대한 효성이 지극하여 어릴 때 어머니를 여의고도 어른 못지 않게 예의 범절이 뛰어났으며 홀아버지 모시기를 더욱 지성껏 하였다.

아버지마저 돌아가신 후에는, 어쩌다가 별다른 음식이라도 얻게 되면 부모

생각에 문득 목이 메여 눈물을 흘리고 먹지 못하니 보는 이가 다 감동하였다. 그 음식을 작은 아버지께 드리고 부모 섬기듯 하니 그 정성에 마을 사람들은 칭찬하였다 한다.

평생에 좋은 옷 한 벌을 입지 않았으며 몸가짐을 단정히 하였다. 1708년에 작고하여 묘소는 어모면 은석동 정각산에 있다.

시형의 맏아들 봉주는 1698년에 태어났으며 자라서는 40년 간을 통영군의 아전으로 있었다. 자신이 맡은 직무에 조금도 어긋남이 없었고 행실이 숙연하였으며 다만 한잔의 술, 한 그릇의 죽이라도 형제간에 같이 나누었다고 한다.

40세 되던 해, 이인좌의 무신란이 일어나자 향리들을 모조리 목베라는 격문을 적으로부터 받아와서 횡포를 부리는 자를 목베고 난을 진압하는데 공을 세워 공훈록에 기록이 되었다.

시형의 차남 봉양은 아버지 못지 않은 효자였다. 1700년에 출생, 9살에 아버지 상을 당하여 슬퍼하고 채소만 먹고 견디어 몸이 극도로 허약해지자, 어머니가 고기라도 좀 먹고 기운을 차리라 권했으나 "아버지가 평생 고기를 잡숫지도 못 했는데 제가 어찌 먹겠습니까" 하고 입에 대지 않았다.

정작 어머니가 병을 얻어 앓다가 돌아가시자 상복을 한번도 벗지 않고 묘 옆에 오막살이를 하면서 조석으로 성묘를 게을리 하지 않기를 죽을 때까지 계속하였다.

영조 38년(1758)에 별세를 하였으니, 그의 묘는 황금면 죽전리 호엄산에 있다. 1776년에 나라에서는 효자의 상징인 정려(旌閭)를 내리고 통정대부의 품계를 주었다.

시형의 손자 상정도 할아버지 아버지의 효성을 본 받아 1748년에 태어나서 겨우 이를 갈 나이 때부터 효성이 나타났다. 그 무렵 어머니가 알지 못할 나쁜 전염병에 걸려 자리에 누웠는데 어른과 같이 곁을 떠나지 않고 병간호를 하였다. 보람도 없이 어머니가 돌아가시자 몇 번을 기절했다.

상정은 일찍이 풍뢰당 정 목 선생의 문하에서 공부하고 천지인의 삼극도(三極圖)를 그려 천리를 이해하고, 선유의 정론으로서 삼극간요를 편찬하였다.

스스로 실천하여 정 목은 그의 정미한 소견을 칭찬하였다 한다.

1817년에 별세하니 나라에서 가선대부 동지의금부사 오위도총부 부총관의 벼슬을 내리고 묘소는 어모면 은석동에 있다.

전만령(全萬齡)

다수동 새실 마을에 잘 알려진 인물로는 전만령 선생이 있다. 당시로는 미곡동이라 불렀다. 자연을 읊은 선생의 글이 전해 온다. 하였으되,

> 세상일은 모두 3척 가얏고에 실렸고
> 사람의 한 평생은 한잔 술에 담겼다네.
> 서쪽 정자는 강 위에 뜬 달이요
> 동쪽 누각은 눈 속에 핀 매화로다

이 시는 5백 년 전 풍류객 성산이 남긴 것이다. 공은 조선조 성종 대를 전후해서 김천 다수동 오늘의 미곡동에서 살았는데 자는 중수, 호는 뢰옹으로 본관은 성산이다.

성산백 수간공의 5세손으로, 수간은 고려 말 공조판서를 지내고 성산백으로 봉해졌으나 고려가 망하고 조선이 들어서자 불사이군의 결의를 지켜 야은 길재와 뜻을 같이 하고 성주에 내려와 숨어살았다. 그가 살던 마을은 사세은와를 뜻하여 사와동이라 부르게 되었는데 목은 이색이 공을 찾아와 "일말의 성산, 이곳이 어느 곳인가, 남쪽으로 와서 두문동을 다시 보겠네"라 하여 수간공의 기개를 읊기도 하였다.

뢰옹공은 이런 집안에서 좌부승지 번의 둘째 아들로 태어나 1486년(성종 17년)에 성균생원으로 벼슬길에 나아갈 수 있었으나 학문에 전심하여 경학에 정통하였고 특히 시문에 뛰어났다. 만년에는 행실과 문장으로 세상의 존경을 받아 1506년(중종 원년)에는 정부에서 지평 벼슬을 내려서 불렀으나 병을 핑계로 사절하고 나아가지 않았다.

이와 같이 속세 영달에는 티끌만큼의 관심도 없이 오로지 학문과 시문에 전념하는 한편 술과 거문고로써 평생을 안빈낙도하면서 살았다.

위의 시에서 공의 어디 한 군데 매이지 않고 청청한 기품을 느낄 수 있다. 중종이 이 시를 전해 듣고 문장이라 찬탄하니 이 지방 사람들은 그 후손을 가리켜 문장공의 후예라 부르기도 하였다.

이 시는 악보와 여지에도 수록되어 널리 오르내렸을 뿐 아니라 중국에까지 알려진 명시이다. 향년 52세에 작고하여 묘소는 백옥동 여의항에 있었으나 담배원료 공장 건립으로 이장되었고, 그의 묘비 글은 송시열이 지었고, 이장 때에 백자 10여 점이 유품으로 출토되었다.

금극화(琴克和) 형제

이 마을에는 예부터 형제애로써 널리 알려진 사람으로는 금극화(琴克和) 형제가 있다. 선생의 본관은 봉화(奉化)이며 고려 말엽의 사람으로 김천 양천동 하로에 살았는데 형제간의 애살 깊은 우애로써 김천 향지(鄕誌)에 올라 오늘에 이르고 있다.

선생은 고려 우왕 11년(1358) 문과에 급제하고 감사를 지냈으며 97세의 장수를 누렸다.

그의 형 극비가 죽자 그 아들이 어려 조카 대신 3년상을 모시고, 조카 유를 아들과 똑같이 길러 문과에 합격하여 관제사에 이르게 하였다. 유 또한 숙부에 대한 효성이 지극하였다. 유의 아들도 문과를 거쳐 한림을 지내고 경차관으로 부임할 때, 글 친구인 김종직이 이별을 아쉬워하면서 시를 써주었다.

벽진(碧珍) 이 소녀(李少女)의 효행

이 마을에는 효녀로 전해 오는 이 소녀(李少女)의 이야기가 있다.

소녀는 중종 39년(1544) 김천 양천리 마을에서 아버지 이유와 어머니 거창 이씨 사이에서 아들은 없고 두 딸의 맏이로 태어나니 청렴 결백한 청백리 이

약동의 증손녀이다.

어릴 때부터 영리하고 효성이 지극하여 아들이 없는 집안의 사랑을 독차지하며 자랐다. 어머니가 시집오면서 많은 재산을 상속받고 들어와 주변에서 이를 탐하는 사람이 많았는데, 소녀가 16세 되던 해 어느 날 밤에 화적들이 얼굴을 종이로 가리고 횃불을 밝히면서 집안에 침입하여 부모를 칼로 쳐죽이므로 소녀는 엉겁결에 마루 밑으로 들어가 숨었다.

"죽는 날까지 불공대천의 원수를 꼭 갚으리라"고 벼르니 섬광 같이 머리를 스치는 기지가 떠올랐다. 아픈 줄도 모르고 손가락을 입으로 깨물고 선지피가 흐르는 손을 내흔들어, 재물을 끌어내어 운반하느라 오르락내리락 하는 도적들의 바지 뒤쪽에 뿌려두었다.

도적들이 집에 불을 질러 아버지가 누워 있는 방안까지 불이 번져 시신에 불이 붙기 시작하였는데도 어린 동생은 아무 것도 모르고 아버지 시신 위로 가까이 가고 있었다.

소녀는 술 단지를 가져와 방바닥에 던져 우선 불을 끄고는 장농에서 수의를 꺼내어 시신에게 갈아 입혔다. 날이 밝자 이웃과 친척들이 모여들기 시작하여 소녀는 슬픔을 삼키고 줄을 잇는 문상객들의 바지 뒤쪽의 핏자국을 살폈다. 아니나 다를까 외가 집 친척들 가운데 피묻은 바지를 입고 온 사람이 몇 사람 있는 것을 확인하고 남 몰래 심복 하인을 시켜 관가에 고하도록 시키고 그 이름까지 알렸다.

이들은 삽시간에 일망타진되었지만 외가 친척의 도적들은 잡히게 된 까닭을 알지 못하였다. 한 소녀의 지극한 효성과 침착한 슬기로 아버지의 원수를 갚게 되었다. 나라에서는 효행이 높은 사람에게 내리는 정려(旌閭)를 내리고 7년 뒤에는 진사 이인제에게 시집가서 후사가 없는 친부모의 제사를 모셨다. 참으로 슬기롭고 효행이 높아 후세 사람들에게 본이 될 만하다.

김진옥(金振玉)

예부터 김천 고장에서 널리 알려 전해오는 효자이며 의협심이 강한 사람을 살펴보도록 한다. 김진옥은 금산군의 아전이었다. 어려서부터 일찍이 아버지를 여의고 어머니와 함께 외롭게 자랐다. 어머니를 정성껏 모셨다.

옳지 않은 일을 보고서는 참지 못하는 의협심이 강한 사람이었는데 때 마침 이인좌의 난 때에 정희량이 합세하여 거창을 함락시켰다는 소식을 듣게 되었다. 가만히 있을 수가 없었다. 자진하여 금오진에 몰래 들어가 보니 적진의 장교가 평소 잘 아는 사람이었다. 잘 알아듣도록 신하의 도리와 역적의 말로가 어떠한지에 대하여 간절하게 타일렀다. 다시 격문을 붙이니 이에 감동을 하여 항복하는 사람들이 반을 넘게 되었다.

기패관이 되어 누더기 옷으로 갈아입고서 엿장수로 변장을 하여 적의 진영으로 파고 들어갔다. 이튿날 새벽이 되자 산에 올라 북을 치면서 고함을 치니 적이 크게 놀라는 것을 보고, "희량은 천하에 둘도 없는 역적이다. 너희들은 나라의 신하로서 그 도리를 저버리고 멸망을 자초하는가. 이 자리에서 나라를 위한 사람은 왼쪽 소매를 벗고 적을 위한 사람은 오른 쪽 소매를 벗어라." 하니 우왕좌왕 하다가 희량을 비롯한 3명이 항복을 하니 모두가 투항을 하였다. 이로써 양무공신에 기록되고 오위장 벼슬을 받게 되었다.

박문성(朴文成)

박문성(朴文成)은 금산군의 호장이었는데, 평소 몸가짐이 바르고 정직하였다. 조선조 선조 때 어느 설날이었다. 동헌에 근무하면서 근무하는 태도가 바르고 반듯하여 평구도 찰방에 특별한 임명을 받았고, 영조 때 이르러 무과에 급제, 월송만호 벼슬에 올랐다.

그의 증손인 경의(慶儀)도 금산군의 호장이었다. 이인좌의 난 때, 적으로부터 관원들을 처치하라는 격문을 받아들고 날뛰는 자가 금산동 언장지 서편에 있는 용금문을 열어놓고 앉아 기다릴 때 목을 베어 이를 물리쳤다. 이로써 반란이 확대되기 전에 미연방지한 공으로 군기사주부로 특별 승진하였다.

이거인(李居仁) 부자

이 마을의 인물로서 앞의 분들과 함께 이거인(李居仁) 선생을 들 수가 있다. "그 아버지에 그 아들"이란 말은 이거인과 그의 아버지 호성을 두고 하는 말인 듯하다. 아버지를 닮아 장부의 기상을 타고 1431년 하로 마을에서 태어났다.

무술이 뛰어나 26세에 과거에 급제, 안주·해주·공주·제주·전주 등지의 수령으로서 다스렸고, 전라좌수사, 경상우수사 및 병마절도사는 무장으로서 군사를 통솔한 곳이다.

아버지 호성은 주로 북쪽 변방에서 국토방위에 큰 공을 세운데 반하여 선생은 남쪽 변방을 지켰던 것이다.

선생은 무예와 용맹성을 지닌 반면, 정이 많고 온화한 성품을 지니기도 하였다. 지방관으로서 혹은 장수로서 지방으로 부임하여 그 곳을 떠날 때에는 함께 일하던 부하들이나 백성들이 한결같이 눈물로써 헤어지는 석별의 정을 나누었다. 이는 다정다감한 그의 성품일 뿐 정사의 공정하고 엄격한 탓도 있었기 때문이었다. 그러기에 당대의 명신 어세염 같은 분도 내로라 하는 높은 벼슬아치들의 면담은 거절하면서도 선생과는 함께 어울리기를 즐겼다 하니 문무를 겸비한 위인임을 잘 나타내 준다. 중종 2년(1507) 76세로 별세하니 묘소는 함안에 있다.

이약동(李約東)

하로 마을 태생으로 청백리가 된 이약동의 이야기를 살펴보기로 한다.

선생이 자손들에게 청렴결백하게 살 것을 가르치는 내용의 글이 전해 온다.

> 내 살림 가난하여 나눠 전할 것 없고
> 오직 있는 것은 쪽박과 낡은 질그릇 뿐
> 황금이 가득한들 쓰기에 따라 욕도 되거늘
> 차라리 청백함으로 너희에게 전함만 못하랴.

이약동(李約東)은 본관이 벽진, 자는 춘보 호는 노촌이다. 태종 16년(1416)에 현령을 지낸 아버지 덕손과 어머니 고흥 류씨 사이에서 양천의 김천 하로 마을에서 태어났다.

일찍이 강호 김숙자의 문하생으로 영남 사림파의 종주인 강호의 아들 김종직을 비롯한 조위 등과 연령 차이가 있으나 깊은 교분을 쌓았다. 26세에 진사과에 합격, 36세에 문과에 급제하고 벼슬길에 올랐다.

그의 관직은, 사담직강을 비롯하여 감찰(38세) 황간 현감 사헌부지평(42세), 이듬해 어버이 봉양을 위하여 벼슬을 사직했다가 청도 군수(43세), 다시 어버이 병간호로 사임, 어버이 돌아가시자 48세에 탈상하고 의전과 종부사정(50세)으로 당상관이 되고, 구성부사로 나아갔다가 병으로 사임, 복직하여 제주목사(55세), 경상좌도수군절도사(59)세 대사간(62세) 재직 중 천추사로 중국에 갔었다.

경주부윤(62세) 호조참판(67세) 전라도관찰사(71세) 한성부윤(72세) 이조참판, 개성유수(74세)를 제수 받고 청백리로 기록되었다. 지병으로 사퇴, 다시 지중추부사(75세)를 받고 기로소에 들었다. 나이가 많아 벼슬을 그만두고 이듬해 고향으로 돌아왔다.

공이 세상에서 존경을 받는 까닭은 40여 년 간의 공직생활에서 추호의 사심 없이 결백했다는 점이다. 앞에서 자손을 훈계하는 계자시(戒子詩)에서 보듯 76세로 고향에 돌아왔을 때는 비바람을 막을 수 있는 오막살이 집 한 채뿐이었다고 한다.

1493년 78세로 세상을 떴는데, 나라에서는 동부승지 이자건을 예관으로 파견하여 제문을 하사하였다고 한다. 요즘 같이 부정과 부패로 하여 온 나라가 어지러운 때 큰 귀감이 된다고 할 것이다.

이호성(李好成)

청백리로 날 알려진 이호성(李好誠)의 사연을 알아보도록 한다.

이호성은 성산 사람으로 어릴 때 이름을 자성이라 했고 호는 동산이다. 태조 6년(1397)에 성주에서 현령 이녕선의 아들로 태어나 만년에 김천 하로 마을로 옮겨와 살다가 이곳에서 죽었다.

세종 9년(1427) 30세에 무과에 급제하고 사복시 직장 벼슬을 시작으로 병조판서에 이르는 동안 무장으로서 또는 행정관으로서 나라와 어버이에 대한 효를 위하여 평생을 살았다.

다음의 글은 서거정 선생이 이호성 선생의 학덕을 기리는 내용을 담은 것이다.

> 고을살이에 있어서는 으뜸으로 존경받고
> 적을 막는 묘책은 신과 같도다.
> 문과 무의 재주를 함께 갖추었고
> 공정하고 청렴한 덕은 이웃까지 미치는구나
> 나라 걱정 남쪽고을과 나누니 편안해지고
> 부모봉양 기뻐함이 부모계신 북당이 새롭구나
> 그대와 같은 충효 그 어디 흔하리
> 그 영광 이미 뭇사람 위에 솟았네

4. 이 고장의 문화재

김산향교(金山鄕校)

지정 : 경상북도 문화재자료 제257호 1992.7.18
위치 : 김천시 금산동(교동) 437번지
창건연대 : 알 수 없음

창건 연대는 고증할 길이 없으나 1127년(고려 인종 5년)의 조서(왕의 뜻을 알리기 위하여 적은 글)와 1392년(태조 1년)의 명으로 부, 목, 군, 현에 1교씩을 설립하도록 하고 향교의 흥폐로써 지방 관원의 고과에 1교씩을 설립토록하고 향교의 흥폐로써 지방 관원의 고과를 삼도록 하였는데 김산 향교는 그 어느 때의 창건인지 알 수 없다.

다만, 1592년 임진왜란으로 소실된 것을 1634년(인조 12년)에 김천시 조마면 강곡리 출신 진사 강설이 사재를 희사하고 유림의 도움을 얻어 대성전과 명륜당을 재건하고 나머지는 완성을 못한 채 세상을 떠나자 아들 여구가 어른의 유지를 받들어 널리 모금하여 동서재·동서무·묘문를 복원하여 향교를 재건하였다. 그 당시 중건 상량문을 창석 이준이 썼다.

김산향교는 중설의 향교로서 종래에는 공자를 주향으로 하고 배향으로 4성 안자, 증자, 자사, 맹자와 10철 즉 민손, 재옹, 단목사, 중유, 복상, 재경, 재예, 재구, 언언, 전손사와 6현 즉 주돈이, 정이, 장재, 정호, 소옹, 주희와 동방 18현 곧 신라 2현 설총, 최치원과 고려·조선시대 16현 안향, 정몽주, 김굉필, 조광조, 이황, 이이, 김장생, 김집, 송준길, 정여창, 이언적, 김인후, 성혼, 조헌, 송시열, 박세채를 모셔 왔다가 1949년부터는 공자를 비롯한 4성과 2현 등 중국의 7위와 우리나라 유현 18위만을 모시게 되었다.

그 뒤 제향(祭享)만은 유지되어 왔으나 향교 재산의 대부분은 학교조합에 이관되고 광복 후에는 성균관대학교 설립에도 수십 마지기의 전답을 희사하고 또 경상북도 유림회에 사업기금으로 논 수십 마지기를 희사한 나머지 7-8마지기는 토지개혁으로 없어지고 말았다. 그 후 망실되었던 밭 3두락이 있으나 고자가 무상 경작하고 있다.

6.25 전란으로 향교 비품과 문서는 분실되고 퇴락한 것을 1973년 현경길이 전교로 취임하여 6년에 걸쳐서 일대 중수를 하여 오늘에 이르고 있다.

유생 강학은 중설로서 50명을 수용하여 훈도가 교육을 담당하고 유생은 반드시 동서재에서 기숙하고 매일 조석으로 의관을 갖추고 식당에서 회식하며, 도기에 출석 표시를 하여 300일 이상을 숙식해야만 과거에 응시할 자격을 주었다. 과거 시험은 매우 까다로워 보통 수년에 걸쳐 소과에 응시하게 되며 응시하더라도 좀처럼 합격이 어려웠다. 향교의 개관에서 밝힌 바 있지만 소과에 합격되면 생원, 진사의 호칭을 얻고 성균관에 입학 자격이 주어진다.

사대부의 자제는 대개 7-8세 이전에 거의 마을마다 있는 서당에서 한문의 초보와 습자를 배우고, 15-16세 이전에 향교에 입학하여 수년에 걸친 수업을 마치고 소과에 응시하였다.

향교가 융성하던 조선 중기까지는 향교의 규율이 엄격하고 올바른 교육을 할 수 있었으나 중기 이후는 학풍이 문란해져 향교에 자제를 보내기를 꺼리게 되고 서원을 찾게 되었다.

1718년에 여이명이 쓴 필사본 금릉지(金陵誌)에 김산향교의 문란한 모습을 다음과 같이 적고 있다.

내가 어렸을 때 향교에 출입하면서 어른들의 인사하고 사양하는 예절을 보고 과연 인륜이 밝음을 알게 되었다. 그때부터 조심하는 마음이 생겨 비록 몽매한 나로서도 향교문을 들어설 때 의용을 바로 하고 앞뒤를 가려 태만한 생각을 못했는데 요즘 와서는 의론이 각각 달라 자기편 당의 그릇된 일도 엄호함은 동재뿐 아니라 서재도 마찬가지다.

전에는 동서재에 유생들이 5.6십 명에 불과했는데 지금 와서는 백여 명이 넘고 향사일과 문회 때에는 고성으로 떠들어대고 아무렇게나 앉아서 농지거리나 하며, 젊은 사람이 나이 많은 사람을 이기고 천한 사람이 귀인을 능멸하는 등 망칙한 일이 한두 가지가 아니다. 식자들 간에는 한심한 일로 여겨온 지 오래이다. 그간 폐단을 바로 잡으려는 사람이 한 둘 없었던 것은 아니나, 한두 손으로는 어찌할 도리가 없으니 한탄할 노릇이다.

교임을 택함에 있어서도 문필이 있는 사람을 골랐는데 그때에 와서는 배우지 못한 자들이 뽑혀 향교 문서에도 글귀가 맞지 않고 아무 곳에서나 뒹굴어 자고 하여 수치스러움이 이만 저만이 아니다.

18세기에 들어서면서 향교의 풍기가 문란해져 가는 모습이 여실하다.

일제 강점시대 교육기관으로서의 기능이 상실된 채 향사만을 행하여 오다가 1985년부터는 여름방학을 이용하여 중학생을 대상으로 하계 충효교육을 실시하고 있다.

김산향교의 관할은 구, 금릉군 봉산면, 대항면, 조마면, 감천면, 어모면, 감문면의 구, 위량면(은림, 구야, 금라, 남곡, 도명, 문무, 적하, 성북, 송문)으로 1924년 이전의 김산군 일원이었다.

원계서원

위치 : 김천시 부곡동 원동(음지 마을)
창건연대 : 1971년
소유자 : 야성 송씨 문중

조선조 말엽에서 성리학의 학맥을 오늘날까지 계승해온 근대의 성리학자이며 국권을 빼앗긴 일제의 강점기에 국권회복 운동에 투신한 독립유공자 공산 송준필을 모시고 있다.

송 공산은 야성 송씨로 일본이 우리나라를 합병하자 고향인 성주에서 3.1운동을 일으키고 파리 장서 사건에 연루되어 옥고를 치르고 난 뒤 일본 경찰의 감시를 피하여 1923년 이곳으로 은거하면서 학문연구와 후학 양성에 전념하면서 20년을 지내다가 1943년 8월 28일 향년 75세로 세상을 떠났다.

선생의 제자들이 1932년 이곳에 원계서당을 세우고 강학 장소로 삼았다가 스승을 제사하는 사당을 1986년에 세우고 숭덕사라 부르게 되었다.

하로서원

위치 : 김천시 양천동
창건연대 : 1984년
소유자 : 벽진 이씨 문중

1648년 창건하고 없어진 경렴서원을 복원코자 재향되었던 다른 문중과 협

의한 바 뜻이 일치하지 않아 벽진 이씨 문중에서 홀로 부담하여 서원을 복원하고 1984년 평정공 이 약동만을 위패를 봉안하고 매년 음력 3월 상정일에 유림들이 모시고 있다.

평정공 이 약동은 1451년(문종 1년)에 증광 문과에 급제하고 사첨시직장을 거쳐 1454년(단종 2년)감찰 황간 현감, 1458년 지평을 거쳐 선전관, 종부시정, 구성 부사, 제주 목사등을 지내고 1474년(성종 5년) 경상좌도 수군절도사를 거쳐 1477년 천추사로 명나라를 다녀왔다. 그 후 경주부윤, 호조참판, 첨지중추부사, 전라도 관찰사, 한성부좌윤, 이조참판, 개성 유수를 역임하고 1491년 지중추 부사로 벼슬길에서 물러났다

김천 징장

지 정 : 경상북도 무형문화재 제9호 1986.12.11
기능보유자 : 김일웅 1940년생

김천 약물내기는 6.25 전까지만 해도 이름난 유기의 고장이었다. 놋쇠그릇을 비롯한 놋쇠세수대야, 놋쇠양푼, 놋쇠요강, 징, 꽹과리, 수저에 이르기까지 놋쇠기구 일체를 이곳에서 생산했다. 이러한 놋쇠기구는 쇠망치로 두들겨서 만드는 「방자」가 널리 알려진 김천의 명물이었다.

6.25 전쟁 이후 놋쇠그릇은 스뎅 그릇에 밀려나고 지금은 쉽게 찾아볼 수 없게 되었지만 징과 꽹과리는 스뎅이나 플라스틱으로 대체될 수 없었기에 지금도 옛날 그대로 만들어지고 있다.

경북 무형문화재 기능 보유자인 김일웅씨는 4대째 함양에서 징을 만들어온 외조부 밑에서 6년간 기술을 익히고, 외삼촌과 김천에 내려와서 지금까지 40여 년간 징과 꽹과리를 비롯한 유기제품을 만들고 있다. 징의 생명은 소리에 있다. 만드는 지방에 따라 왕왕거리는 소리, 굽이치는 소리, 길게 울리는 소리, 끝이 올라가는 소리 등 다양하다.

제대로 된 징의 소리는 깊고 긴 여운이 있고 가슴 깊이 파고드는 호소력이

있는데, 김천 징의 소리가 바로 이런 특징을 갖는다. 징은 구리 160, 상납 43의 무게 비율로 녹여 만드는데 녹은 쇳물로 손바닥만한 "바다기"를 쇠판에 올려 높고 "앞매꾼" "전매꾼", "센매꾼"이 번갈아 메로 두들기는 도둠질을 한다. 직경 한자 정도의 넙적한 "초바다기"를 만든다. 지금은 세 매꾼 대신에 기계로 두들긴다.

바다기 3장을 포개어 한데 쥐고 달구어 두들겨 가장자리를 오그려서 징의 형태인 "이가리"를 만든다. 이가리를 대정이 불에 달구어 집게로 잡아 돌리면서 망치질해 바닥을 얇게 고르는 "싸개질"을 한다.

바닥은 가운데가 두껍고 중간이 얇고 가장자리는 보통으로 한다. 싸개질이 끝나면 불에 달구었다가 물에 담금질을 하여 강도를 조절하는데 이 "담금질"은 어두운 밤이래야 그 정도를 잘 알 수 있다. 이렇게 기본형태가 끝나면 곰망치로 두들겨 "울음잡기"를 하는데 첫시험인 "풋울음"이 끝나면 태문양을 돌려 새기고 손잡이 끈 구멍을 뚫어 끈을 맨다.

끈을 매면 소리가 또 달라지는데 다시 두들겨 "재울음"을 잡으면 작업이 끝난다. 재울음은 망치질 한 번으로도 딴판의 소리가 나는 예민한 작업이다. 김천 징은 황소 울음처럼 구성지고 끝을 길게 끌다가 끝이 올라가는 소리를 내는 것이 특징이다.

모 필 장

지 정 : 경상북도 무형문화재 제17호 1991.3.25
기능보유자 : 이팔개 1916년생

어느 문방사우라니 붓 없이 그림을 그리거나 글씨를 슬 수 있는 선비나 뜻 깊은 지사가 있었는가. 영신당 붓은 서예가나 동양화가들이 아끼는 명품이다. 거창군 주상면이 고향인 이팔개씨는 한평생을 붓으로 지내면서 이젠 붓 하면 이 팔개로 정평이 났다.

그가 붓과 인연을 맺은 것은 용두동에 있던 "이진희 필방"에서 붓 만드는 기술을 익히던 18세부터이다. 3년간 기술을 익히고 붓으로 성공하겠다는 굳은 결심으로 전국에서 이름난 부산의 "대신당 필방"으로 옮겼다.

2년 6개월 동안 붓 만드는 기술의 진수를 익히고 김천으로 돌아와 "영신당 필방"을 열었다. 그 때 나이 24세이고 오늘까지 붓에만 매달렸다. 젊은 시절에는 하루에 100-150자루의 붓을 매일 만들었는데, 지금은 나이 탓인지 20-30자루가 고작이라고 한다.

그가 만드는 붓의 종류는 초필, 인장필, 미간, 간필, 주름필, 중간필, 중간대필, 대필, 소각, 중대, 액자 등 12가지인데 털의 종류와 붓의 종류에 따라 제각기 과정이 다르다.

하나의 붓을 만드는데 75회가 넘는 잔손질이 가야한다는데 정교한 손 감각과 장인 정신이 좋은 붓을 만든다고 한다.

농소면(農所面)

1. 마을의 내력

감문소국(甘文小國)에 속하였으며, 조선시대로 들어와 신곡, 조곡, 봉현, 둔동, 노산, 호동, 응곡, 농소, 신촌, 지동, 율곡, 대방 등 14개 동을 관할하던 농소면은 개령현에 속하고 면사무소는 농소에 있었다. 또한 연명리는 신라시대 연명향(延命鄕)으로 개령현에 깊숙이 들어와 자리하면서도 금산현에 속하였다. 1906년 연명면으로 개편되어 본리, 조로, 송방, 입석 등 4개 동을 거느리고 개령현으로 이속되었다가 1983년 2월 15일 김천시에 편입되었다. 한편 농소리(용시)에 있던 면사무소는 1906년 개편시 월곡 1리(栗谷밤실)로 이전되었고, 1993년 1월 12일 북쪽 0.5킬로 어름에 새 청사를 건립하였다.

옛 금릉군의 동쪽에 자리하고 동쪽으로는 남면, 남쪽으로는 성주군 초전, 벽진면과 경계를 이루고, 서쪽은 감천면, 북쪽은 김천시와 이웃하여 있다. 남북으로 길게 뻗어 남쪽의 3분의 2는 산악지대이고, 북쪽의 3분의 1은 평야로 곡창지대를 이루고 있다. 남쪽에 있는 백마산(716미터)이 북으로 뻗으면서 백마산과 고당산에서 발원하는 율곡천이 면의 중앙부를 북류하면서 양 기슭에 평야지를 형성하고 남면 초곡리에서 감천에 합류한다.

한편 백마산과 동쪽에 있는 산대봉(465.8미터) 사이에는 연명천이 북으로 흐르며, 대체로 구릉지대를 이루어 과수원예가 발달하였다. 율곡천을 중심으로 월곡, 입석, 용암, 신촌의 대평야를 이루고, 김천에서 대구로 이어지는 경부선 철도와 경부고속도로, 4호선 국도가 동서로 가로지르고 있다. 특히 월곡, 신촌 평야의 농경지 정리를 1964년 전국에서 처음으로 실시하여 박정희 대통령을 모시고 준공식을 가져 농촌 근대화를 촉진하는 계기를 마련하였다.

농소면 자연부락 이름과 유래를 알아보자면 다음과 같다.

2. 마을의 이름과 유래

1) 입석리(立石里)

조선시대는 개령현 농소면에 속했으며, 1906년 금산군 연명면에 속해 있다가, 1914년 연명면이 농소면으로 통합이 되었다. 1936년 병자년 수해로 마을이 침수되어 반 이상이 양지 바른 곳에 옮겨서 이곳을 새터라 불렀으며, 1988년 동을 리로 바꾸었다.

율곡천이 마을 한가운데 흐르고 있으며, 선돌(立石)은 새터, 건너마, 담배이, 꿀뱀 등의 자연부락으로 구성되어 있고, 넓은 평야를 눈앞에 두고 있으며, 면사무소와의 거리는 2킬로로 국도 4호선이 마을 앞을 지나고 있다.

동쪽으로 마을 뒷산(303미터)이 들어앉아 있으며, 서쪽은 용암리, 봉곡 1리와 인접하고, 남쪽은 연명리와 남면 운곡이 이어져 있고, 북쪽은 월곡 1리와 남면 옥산과 접하여 있다.

선돌이라는 마을 이름은 많은 분포를 보이는바, 문화적인 기원으로 보면 거석문화의 표징으로서 부족장의 무덤을 이르는 경우도 있고, 태양숭배를 드러내는 경우도 있다. 그 대표적인 보기로 영양의 입암(立巖)을 들 수 있을 것이다.

자연부락의 이름과 그 유래를 알아보면 다음과 같다.

선돌 · 선둘 · 입석

마을 입구와 북서쪽 산에 암석이 하나씩 크게 솟아 있어서 붙여진 이름이다. 1914년 행정구역을 고칠 때에 봉곡동과 율곡동, 봉현동의 각 일부와 연명면 입석동 일부가 합하여졌다(이영희 79 외 5명).

달뱅이 · 애말리 · 외말리 · 팔미(八味)

팔미 들 서쪽에 있는 조그마한 부락으로 들 이름을 따서 팔미라고 부르고 있으며, 이 들 한 가운데 물을 대는 보에서 달뱅이가 많이 나와서 달뱅이라 불렀던 것이 세월이 흐르는 동안 달팽이로 바뀌었다. 또 외말리는 입석으로부터 바깥 마을이라고 하여 외말리라 한 것이 차츰 변하여 애말리라 부르고 있다(서순분 72 외 5명).

2) 신촌리(新村里)

조선시대부터 개령현에 속한 농소면의 마을로 본디는 싸리미, 사곡, 봉촌의 3개 자연부락으로 구성되어 있으며, 관동지 옆에 있던 사곡은 화적의 방화가 잦아 새로운 마을을 조성하여 그 이름이 신촌이 되고 사곡은 없앴다.

1978년 싸리미 21집이 현대식 주택으로 개량하고, 봉촌에는 11집이 마을구조 개량의 시범촌이 되었다.

싸리미, 신촌, 봉촌 3개의 자연부락으로 이루어지고 농소면의 가장 북쪽에 자리하는 감천과 율곡천이 만나 흐르는 넓은 들로 경지정리가 잘 되었다. 경부선 철도가 봉촌 마을을 지나고, 또한 경부고속도로는 싸리미, 신촌 중간을 동서로 가로지른다. 남쪽은 넓은 들로 월곡 2리와, 동쪽은 남면 초곡, 용전과 율곡천을 사이하여 맞닿아 있다.

서쪽은 김천시와 이웃하고 북쪽은 감천을 사이로 개령면 황계동과 인접한다. 이곳은 금릉군내에서도 넓은 평야지대에 속하고 쌀 생산을 주로 한다.

자연부락의 이름과 그 유래를 알아보면 다음과 같다.

농신촌 · 신촌

조선 중엽에 권동못 옆에 큰 마을이 있었으나, 외세의 침입과 화적떼의 등

살로 현재의 마을로 옮겨서 새마을을 만들었다 하여 신촌이라 하며, 마을 근처
에 농막이 있다 하여 농신촌이라 부르기도 했다(이상기 47 외 5명).

봉촌

처음에는 하천변에 이름 없는 마을로 두세 집이 살면서 화적떼를 대접하였
다 하여 봉촌으로 불러오다가 지금은 봉촌이라 부르게 되었다고 한다(전동소
65 외 5명).

싸리미

조선 영조 19년, 이웃 마을이 도적떼에 의해 나누어질 무렵 싸리가 많이 생
산된다는 싸리미 평야 이름을 따서 싸리미라고 부르게 되었다 한다(이윤영 61
외 5명).

3) 월곡리(月谷里)

월곡 1리는 밤실(栗谷), 월천 두 자연부락으로 구성되어 있으며, 율곡은 조
선시대에 개령현 농소면 율곡동이었으나, 1914년 율곡동과 농소리(용시), 남
곡(藍谷), 지곡(안못골, 바깥못골)을 통합하여 월곡동이라 하였으며, 1971년
율곡, 월천을 합하여 월곡 1동이라 하고, 1988년 동을 리로 바꾸었다.

천 년 묵은 은행나무가 있었던 것으로 미루어 보아 오래된 마을로 여겨지
며, 1510년 밀양 박씨 성표가 처음으로 입향하였고, 1720년 김해 김씨 처철이
선산 송림에서 이주하여 두 문중의 집성촌을 이루었으며, 완산 최씨도 일찍 마
을에 들어와 살았으며 그 집안에서 8대 진사까지 났다 하며 문중 재실인 율곡
재가 지금까지도 남아 있으나 후손은 거의 떠났다.

월천은 밤실에 살던 박희중이 1936년 병자년 수해로 집을 잃고 이곳에다 집
을 짓고 정착함으로써 마을이 이루어졌다.

농소면 소재지로서 초등학교, 금릉군 보건소 등이 있으며, 4번 국도가 마을

앞을 동서로 지나고 동쪽 가까이에 율곡천이 북류하면서 넓은 평야지를 형성하였다. 율곡천을 사이로 동쪽은 입석리, 서쪽은 김천시 덕곡동과 무등산을 경계로 감천면 김송동과 접하고, 남쪽은 용암리, 북쪽은 월곡 2리와 접하면서 김천에서 4킬로 떨어져 있다.

또한 율곡천 제방을 낮추어 도로를 만들어 성주 김수면과 감천, 조마면으로 가는 편이 편리하게 되었다. 지명의 분포로 보아 월(月)-이 붙는 이름은 달(達)-과 함께 높은 곳이거나 큰 곳 혹은 새로이 개척을 한 곳을 이르는 보기가 많이 있다. 여기서는 월천이 굽돌아 흐르는 어름쯤 해서 냇물의 작용으로 새롭게 생겨난 마을을 이룬 것으로 보인다.

자연부락의 이름과 그 유래를 알아보면 다음과 같다.

밤실 · 율곡

조선 영조 때 밀양 박씨가 집단으로 마을을 개척하여 살았고, 그 후 김처철이라는 선비가 선산 송림 율곡에서 이주해 와서 보니, 이 곳에도 밤나무가 많으므로 그 곳의 지명을 따서 밤실이라 불렀다 한다(박옥갑 51 외 5명).

지리서를 보면 밤은 중요한 먹거리로서 마을이름이 될 정도로 밤의 생산이 관심사였다.

월천동

밤실 북쪽에 있는 마을로 1936년 율곡마을이 병자년 수해로 침수되어 박희중 선비가 작은 내를 건너(越川) 새로 부락을 개척했다 하여 마을 이름을 동음의 한자로 월천동이라 적었다(박옥갑 51 외 5명).

용시 · 농신리

조선 인종 7년 의병 이정용이 임진왜란 후 당쟁 때문에 이곳에 은거하여 농사에 종사하면서 살았다 하여 농신리라고 한 것이 세월이 흐르는 동안에 용시라는 사투리로 부르게 되었다(박상식 41 외 5명).

남곡

김중식이라는 선비가 약 300년 전에 개척하였으며, 이 곳의 지형이 사방 산
으로 둘러싸이고 아담하다 하여 붙여진 이름이다. 이 마을 부근 구릉지에서는
과수원 단지가 형성되어 사과·포도·복숭아·자두가 많이 생산된다(이배우
48 외 5명).

안못골 · 내지

약 300년 전에 대홍수가 있어 못이 생겼는데 못의 안쪽에 있는 마을이라 하
여 안못골 또는 내지라고 불렀다. 이 마을에는 밭이 많아 사과·포도·자두 등
의 과일이 많이 생산된다(김영수 48 외 5명).

바깥못골 · 점못골 · 외지 · 옹점

못골 밖에 있는 마을이라 하여 외지라고 부르게 되었고, 또 이곳에 옹기전
이 있어 옹점이라는 이름도 같이 부르게 되었다 한다(전창기 42 외 5명).

4) 용암리(龍岩里)

조선시대에 개령현 농소면 소마리였으며, 1914년 이웃한 대방리와 소마(씰
미, 洗麻)를 합하여 용암동이라 하였고, 1971년 씰미를 나누어 용암 1동이라
하고, 1988년 동을 리로 바꾸었다.

농소면 가운데서 서쪽 끝에 있으며, 월곡 1리에서 율곡천을 따라 남쪽으로
500미터 지점 용암교에서 서쪽으로 갈려 들어가 약 600미터에 자리한 산촌 마
을이다.

씰미를 중심으로 하여 서쪽으로 아랫덤이 있고, 동쪽으로는 윗덤이 있으며,
윗덤에서 동쪽으로 샛덤이 있다. 앞들 율곡천 가에는 숲마을 과수단지가 있다.

자연부락의 이름과 그 유래를 알아보면 다음과 같다.

씰미 · 소마 · 세마

마을 근처의 토지가 비옥하여 예로부터 삼이 잘 되고, 마을 사람들이 길삼을 잘하여 마포 생산이 많았다. 이로 인하여 동민이 소마, 또는 세마로 불리어지게 되었다는 설이 있으며, 씰미의 유래는 알 길이 없다(이학술 78 외 5명).

숲

봉곡천 가까이에 있는 조그마한 마을로 인가가 들어서기 전에는 냇가에 울창한 숲이 있었다. 광복 후부터 개척하여 마을이 이루어졌으므로 마을 이름을 숲이라 부르게 되었다. 개척된 땅에는 사과나무를 심어 부근 일대가 과수원으로 변모되어 많은 사과를 생산하고 있다(김옥곤 71 외 5명).

대방골 · 대방

용암동 서쪽에 있는 부락으로 마을이 긴 방천의 끝자리에 위치하고 있다 하여 마을이름을 대방(大坊, 大防)이라 부르게 되었다고 한다(김재규 65 외 5명).

5) 봉곡리(鳳谷里)

가장 오래된 마을 샙띠(鳳峴)는 조선시대에 농소면 봉현리였으며, 우봉골 자연마을은 1945년 해방 후 일본 폐전에 모여든 봉곡민의 새 개발지역으로 난민을 정부에서 집을 지어주고 이곳에 정착시킨 마을이다.

1914년 일본인들이 행정구역을 조정할 때, 봉현리 사실(寺谷) 노산을 합하여 봉곡동이라 하였으나, 1971년 샙띠를 동으로 나누었으며, 1988년 동이 리로 바뀌었다.

면소재지에서 길을 따라 남쪽으로 3킬로 지점 내(川)를 건너면 우봉골 마을이 있으며, 샙띠이다.

동남쪽은 고방사를 안은 백마산(716미터)이 가로막아 성주군 초전면과 이웃하고, 서쪽은 응봉산(523미터)이 막아서서 감천면 무안리와 사이하며, 이 마을은 비교적 넓은 구릉지를 이루어 과수원이 발달했다. 마을 뒷산에 철새 백로가 여름철을 지낸다. 이로 보면 여기 봉곡의 봉(鳳)은 백로를 미화하여 적은 것으로 보인다. 김정호 선생의 지리서를 보면 날아다니는 모든 짐승은 모두가 새(鳥)였으니 새-사이로 보아 어느 지역의 사이를 기본적인 뜻으로 상정할 수 있다.

자연부락의 이름과 그 유래를 알아보면 다음과 같다.

샙디 · 샙띠 · 새티 · 봉현

옛날 이 마을 부근에 학이 많이 날아와 겨울을 났는데, 학이 많이 날아오면 마을이 흥하고, 적게 날아오면 동세가 쇠약해졌기 때문에 마을 사람들이 학을 보호했다고 한다. 샙디, 샙띠, 새티라는 이름도 큰 새 즉 학이 떼를 지어 살았던 데서 유래된 것으로 추정된다(최달권 73 외 5명).

우봉골

인가가 들어선 지 약 20년밖에 되지 않은 작은 마을인데, 우봉골이라는 골짜기 어귀에 위치한다고 우봉골이라 불리어지게 되었다(김이봉 75 외 5명).

사실 · 조곡

마을 부근에 큰 새 즉 학이 많이 서식하여 조곡이라고 불리어지게 되었다하며, 또 이 마을 부근에 고방사라는 절이 있는 바 이 절로 인하여 사실이라고도 일컬어졌다는 설이 있다(신주동 63 외 5명).

노산

사실의 서쪽 가까이 있는 마을인데 옛날에는 마을 근처에 갈대가 많아 노산이라고 이름지어졌다 한다(김락상 60 외 5명).

6) 연명리(延明里)

신라, 고려시대에는 개령현에 자리하면서도 금산군에 속한 연명향이었다. 조선시대 말기에 이르러 이웃한 숫골(水梧里, 松方), 입석동, 노곡동 등 4개동을 거느리는 연명면의 면소재지로 본리가 되었다.

1914년 연명면이 농소면에 들게 된다. 본리는 연명동으로 격하되고, 1988년 동이 리로 바뀌었다. 오늘날에는 연명리 마을에는 옛 면소재지의 발자취로 300~500년 된 고목과 석탑이 무너진 돌거북돌 등과 함께 마을 입구에 남아 있다.

4호선 국도변 팔미에서 남쪽으로 갈리어 3.5킬로 지점에 비교적 넓은 평지에 연명마을(本里)이 있고, 이곳에서 서쪽으로 1킬로 지점에 수오 마을이 있다. 마을 어귀에 초등학교가 있고 돌무덤의 서낭당이 포구나무 그늘이 만들어져 있다.

동쪽은 산대봉(비봉산 465.8미터)이 솟아 남면과 사이하고, 서쪽은 백마산이 솟아 북으로 뻗으면서 봉곡 1리와 사이하며, 남쪽은 좁은 골짜기로 노곡리로 이어지고, 북쪽은 입석리와 들판으로 이어진다.

자연부락의 이름과 그 유래를 알아보면 다음과 같다.

연명

옛날 이 곳 주민들이 큰 홍수를 당하여 배바골이라는 산에 배를 매어 목숨을 구했다 하여 부락명을 연명(延命)이라 불렀던 것이 세월이 흐르는 동안 어느 새 연명(延明)으로 바뀌었다 한다(이윤득 59 외 5명).

수골 · 숫골 · 수오

연명동 남서쪽에 있는 마을로 부락 앞에 큰 오동나무가 서 있었다고 하여 부락명을 수오(樹梧)라고 불러오다가 지금은 물수자 수오(水梧)라 부르게 되었다.

7) 노곡리(老谷里)

조선 중기까지는 개령현 농소면에 속한 노곡동이었는데, 그 뒤 금산군 소속의 연명면에 들게되고, 1914년 농소면에 합쳐졌으며, 1988년에 동이 리로 바뀌면서 노곡리가 되었다.

농소면 동남쪽 끝에 자리한 가장 오지 마을로 사방이 산으로 둘러싸이고 동쪽은 비백산(466미터)이 남면 송곡과의 경계를 이루고, 서쪽은 백마산의 줄기가 북으로 뻗으면서 봉곡리와 경계를 이룬다.

남쪽은 활굿재를 넘어 성주군 초전면에 이르고, 북쪽은 연명리로 이어지는 들판이 있으며, 논밭이 기름져 주민의 소득이 높은 포도와 마늘을 재배하고 있다.

자연부락의 이름과 그 유래를 알아보면 다음과 같다.

노리실 · 노루실 · 노곡

옛날 연명이 개녕군 연명면의 소재지일 때 관직에 봉직하고 있던 하급 관직 중 나이 많은 사람은 관직을 그만두고 이 골짜기에 모여 살도록 하였다고 한다. 그리하여 마을이름을 노루실이라 불렀다(김한식 82 외 5명).

3. 이 고장의 문화재

신흥사

위치 : 경상북도 김천시 농소면 봉곡 1리 15번지
창건연대 : 신라 홍덕왕 9년 (서기 834)
창립자 : 도의선사

이 절은 신라 홍덕왕 9년(834)에 도의 선사가 세웠다고 하며 그 후의 내력은 자세하지 않으나 1901년에 불에 탔다가 1959년에 복구되었다. 당시 건물은 법당인 극락전과 산신각 그리고 2동의 요사채가 전부이다.

그 뒤 1993년 주지 윤지원 비구니에 의하여 불사를 일으켰는데, 정판석, 정판용 형제의 정성이 담긴 정재 500만원과 신도들의 성금 등 주지의 성심과 공력으로 대웅전을 신축하여 오늘에 이르고 있다.

고 방 사

위치 : 김천시 농소면 봉곡리 485
창건연대 : 신라전기

백마산에 있는 고방사는 전해오는 절의 현판기문에 따르면 아도화상(我道和尙)이 직지사와 함께 418년에 창건했다고 하나 다른 기록은 없다. 기록문에 의하면 1636년에 옥청 산인이 적묵당을, 현철 선인이 설선당을, 그리고 1656년에는 학능 선인이 청원루 5간을 창설하였고 지금의 절은 1719년에 계현, 수천 대사가 다시 중창했다는 것이다.

1981년 법전화상이 주지로 부임하여 절로 들어가는 진입로 개설, 감로당 이전에 이어 관음전 삼성각 향로실 사천왕문 범종각 청원루 등을 신축하고 보광명전을 복원했다.

이어서 관음보살상, 석조 약사여래입상, 석등, 범종, 괘불 신중탱화를 비롯한 16점의 탱화를 비롯한 16점의 탱화 등을 새로 조성하여 고방사는 중흥기를 맞게 되었다.

유물로는 1.8미터 지름의 홍고가 있었으나 파손되고 경판 52장이 관음전에 보관되고 있다. 원래 고방사는 지금의 자리에서 동남쪽으로 약 1킬로 떨어진 골짜기에 있었는데, 그 곳에 있는 약수가 유명하여 약수터라고도 부른다.

이 약수는 100일 동안 기도를 올리는데 부정한 짓거리, 육식, 다툼 등 금하는 일들을 엄수해야만 효험이 있다는 것이다. 이를 어기고 약수를 마신 사람은 효험은커녕 피를 토하고 급사한다고 전한다.

4. 이 고장의 전설

가. 못골 뚝배기

월곡 3리 지동 바깥못골에서 못쪽으로 조금 떨어진 곳을 점(店)이라 하는데 옛날 이곳에 옹기 가마가 있었다. 이곳에서 구은 옹기는 모양 없기로 소문난 못생긴 처녀를 못골뚝배기라 하였다 한다. 최근까지 바깥못골 사람들은 이곳에 사는 것이 창피해서 안못골에 산다고 했다 한다.

나. 40호(戶)의 불길함

용암 2리 대방은 옛날이나 지금이나 항상 39집이 산다. 옛날에는 도적이 자주 들어 집단으로 이를 막기 위해 다른 곳으로 이주를 서로 막았고, 사십 호가 넘으면 사자수(死字數)는 불길하다 하여 타지인의 입주를 막았다고 한다. 아마도 좁은 농토 탓으로 풀이된다.

남면(南面)

1. 마을의 내력

조선시대에는 개령현에 속한 옥산, 봉천, 오봉, 초곡, 운남, 용전 마을을 거느리는 적현면과 송곡, 운곡, 월명, 부상 마을을 거느리는 남면의 2개 면이었는데, 1914년에 합하여 남면이라 하고 10개 동을 관할하였다. 1916년 운남동 종상에 있던 적현면 사무소를 없애고 옥산에 남면 사무소를 신설하여 오늘에 이르고 있다.

금릉군 동쪽에 자리하면서 금오산이 막아서서 그 동쪽은 칠곡군과, 서쪽은 평야지에서 농소면, 남쪽은 비백산과 백마산, 성주군 초전면과의 경계를 이룬다. 북쪽은 서원동이 송곳같이 뻗어 그 끝이 감천에 이르고 그 건너편은 개령면과 이웃한다.

중앙부에 운남산(376.8미터)과 절골산(380.4미터)이 나란히 솟고, 남쪽에는 선대봉(465.8미터)과 사모실산(260.4미터)이 나란히 솟는 사이에 오리내(川)가 북으로 흐르면서 봉천동에 평야지를 이루고 오봉저수지가 만들어져 땅을 기름지게 하고 있다. 동쪽은 금오산이 높게 솟아 구미와 경계를 이루고, 서쪽 농소면과의 사이에는 송곡천과 율곡천으로 평야지가 발달하였다. 대체로 남면은 평야지대로 곡창을 이루고 있다.

이 고장을 이루는 마을의 이름과 그 유래를 알아보면 아래와 같다.

2. 마을의 이름과 유래

1) 옥산리(玉山里)

조선시대는 개령현 적현면에 속한 옥산동인데, 1914년 지산, 석정을 통합하여 옥산동이라 하고 남면에 속하였으며, 1916년 남면사무소를 운남동에서 이 곳으로 옮겼다.

1917년 옥산 마을을 분리하여 옥산 1동이 되고, 1988년 동을 리로 고쳐 옥산 1리가 되었다. 4호 국도변 팔미에서 북으로 갈려 들어가서 700미터 지점 평야지에 위치하는 남면 사무소 소재지로서 각종 기관단체가 있다.

동쪽은 노고봉(346미터)이 가로막고, 서쪽은 송곡천과 율곡천이 합류하면서 넓은 신강들을 안고 월곡동과 이웃하여 북쪽은 운남으로 이어진다.

자연부락의 이름과 그 유래를 알아보면 다음과 같다.

옥산

조선 중엽, 이 곳에 옥이 있어 옥산(獄山)이라 하였다가 조선 말엽에 옥이 철거되고, 이 마을 주민들이 옥산(獄山)이라는 말은 한자의 뜻이 좋지 않다고 하여 구슬옥자 옥산(玉山)으로 개칭하였다(권정순 78 외 4명).

모산 · 지산

약 1500년 전, 이 마을을 지나던 어떤 고승이 이 곳은 따뜻하고 아늑한 곳이므로, 동네를 이루면 번창할 수 있다고 하면서 마을 이름은 이 곳에 못이 있으니 지산이라고 하면 좋다고 하여 현재까지 지산으로 불리어지고 있다(임판준 72 외 4명).

2) 운곡리(雲谷里)

본디 개령현 남면에 속했는데, 1914년 운양동과 마곡동의 각 일부와 연명면의 송방동 일부, 그리고 농소면의 둔곡(屯谷) 일부를 합하여 운양과 마곡의 이름을 따서 운곡동이라 했다. 1988년 동을 리로 고치면서 운곡리가 되었다.

운양리, 돈곡리의 두 마을로 구성되었다. 둔곡은 남면 소재지에서 2.8킬로 떨어진 4호 국도변 남쪽에 있으며, 운양리는 국도 북쪽 송곡천 냇가에 있다.

적은 평야를 제외하고는 산악지대로 동쪽은 국도를 따라 송곡리, 남쪽의 비백산이 서쪽으로 뻗어 입석동과의 사이를 이루고, 북쪽은 진골산과 운남산이 이어지면서 가로막아 운남과 경계한다.

자연부락의 이름과 그 유래를 알아보면 다음과 같다.

운양

이 마을은 양지에 위치한 곳이라 하여 운양이라 하였다. 면 소재지 옥산에서 남동쪽으로 2.8킬로 떨어졌고, 인근 부락 등곡과의 거리는 500미터이다.(이재우 71 외 4명).

등골·등곡

조모씨가 이 곳을 개척하였고, 마을의 앞뒤가 산으로 둘러싸여 있으며, 개령현에 속해 있었다. 1914년 행정 구역을 고칠 때, 이 곳을 구름이 머무는 큰 골짜기라 하여 운용이라 불렀다고 한다(위미술 81 외 4명).

3) 송곡리(松谷里)

조선시대에는 개령현 남면이었는데, 1914년 솔방(松坊), 살구점, 마곡(麻谷)을 합하여 송곡동이라 하고, 1917년에 솔방, 살구점을 분리하여 송곡 1동이 되었다.

남면소재지에서 동으로 4호 국도를 따라 5킬로 어름 길가 남쪽에 솔방마을이 있고, 이곳에서 남으로 갈리어 400킬로 어름에 살구점이 있다.

남쪽으로 산대봉과 북쪽으로 절골산이 막은 골짜기를 동서로 4호 국도가

지나는 산간지대에 구릉지를 이루고 있다. 동쪽은 부상 고개를 넘으면 부상리,
서쪽은 운곡리와 접한다.

자연부락의 이름과 그 유래를 알아보면 다음과 같다.

솔방 · 주막거리

약 950년 전 한모씨가 이 마을을 개척하였는데, 이 마을을 개척할 당시에
마을 주변에 솔이 많다 하여 솔방이라 불렀고, 마을 앞길은 옛날 성천 지방에
서 개령으로 가는 통로로서 주막이 많이 있었다고 하여 주막거리라고 하게 되
었다(김광준 82 외 4명).

살구짐 · 자기점

이 곳은 살구나무가 많은데, 살구꽃이 많이 피는 곳이라 하여 살구짐이라
하였고, 또 옛날에 이 곳에서 토기를 구웠다고 하여 자기점이라고 한다(정만
양 80 외 4명).

안솔방

이 곳은 솔방과 인접한 곳으로 솔이 많았고 개천과 능선을 중심으로 안쪽에
있었던 마을이라 하여 안솔방이라 하였다(김일출 78 외 4명).

진골 · 마곡

마을 뒷편에 산이 있고, 이 산에서 뻗어 내린 아주 긴 골짜기에 마을이 자리
한다. 그래서 진골이라 하였고, 고려 말엽 이 곳에 마곡사가 있어 마곡이라고
도 불리어지고 있다(호문 80 외 4명).

4) 월명리(月明 1里)

조선시대에는 개령현 남면에 속한 신전인데, 1914년에 이웃한 운봉리, 동릉

을 합하여 월명동으로 개편하고, 1917년 신전을 나누어 월명 1동으로 했다.

면소재지인 옥산 1리에서 4호 국도 동쪽 9.5킬로 어름에 있는 남북 저수지 옆에 있다.

금오산과 영암산이 남북을 가로막아 좁은 골짜기가 동서로 숨통을 트고 마을 북쪽 아래로는 못이 있다. 905호 지방도로가 남쪽 성주로 통하는 갈림길에서 가깝다.

동쪽은 칠곡군과 이웃하고, 남쪽은 성주군과 인접하는 금릉군 동부에 자리한다.

자연부락의 이름과 그 유래를 알아보면 다음과 같다.

섶밭 · 말고리 · 신전

전에 숯을 굽던 밭이 있었다고 하여 섶밭이라 하고, 옛날 개령을 넘어 가려면 이 곳을 지나게 되는데 어떤 고을 원님이 이 곳을 지나다 날이 저물어 유숙하고 간 곳이라 하여 말고리라 한다(김영탁 69 외 4명).

운봉

백운산과 금오산 중간에 있는 마을로 그 지대가 높아 이 곳에서는 구름이 쉬어서 넘어가며 구름이 덮여 햇볕을 잘 볼 수 없다고 하여 운봉이라고 했다. 추풍령으로 가는 고개이며 30집 정도의 영월 엄씨가 살고 있다(김호영 80 외 4명).

동릉 · 상릉

동네 뒤에 있다고 하여 동릉이라고 불렀고, 달이 동쪽에서 뜨는 것을 보고 편히 살 곳이라 하여 상릉이라 불렀다(위일량 77 외 4명).

하릉

마을이 상릉 아래에 있다고 하여 하릉이라 하였다. 운봉과의 거리는 1킬로 정도이며 현재는 10집 정도로 성주 학구와 부상 학구로 갈려져 있다(위무량 69 외 4명).

5) 부상리(扶桑里)

1450년 무렵 이조 문종 원년에 김모씨가 마을을 개척하였다 하며, 신라시대부터 부상이라 불리었으며, 우륵이 부상에서 나는 뽕나무로 가야금을 만들었다 한다. 조선시대 초기에는 이곳에 부상역을 두었기 때문에 역촌이라고도 불렀다. 1914년에 인근의 모산골(池山谷), 사모실(池谷) 등 작은 마을과 지경리를 합하여 역시 부상동이라 하고, 1971년에 부상, 모산을 사모실을 따로 분리하여 부상 1동이 되었다. 1988년에는 동을 리로 고쳤다. 1957년부터 4일 9일에 장이 섰었는데, 지금은 없어졌다.

부상은 남면 소재지(옥산 1리)에서 동으로 12.6킬로 떨어져 4호 국도변에 있고, 사모골, 모산골은 부상에서 남으로 2킬로 떨어진 골짜기에 있다. 마을 동쪽 국도변에 남북지가 있고, 부상 마을에 초등학교가 있으며, 앞산에는 백운암이 있고 산에 가로 막혔다. 언덕배기로 신라시대부터 얼마 전까지 누에치기로 이름이 났었다.

자연부락의 이름과 그 유래를 알아보면 다음과 같다.

역말·부상

옛 개령군 남면의 지역이었으며, 조선 시대 부상역이 있었으므로 역말이라고 하였고, 또 뽕나무가 많아서 부상이라고 하였다(김성기 72 외 4명).

모산골·모산곡

부상 남서쪽 골짜기에 있는 마을로 골 안에 못이 있고, 산이 있다 하여 모산골이라 하였다(진수익 64 외 4명).

사모실·사곡

부상 남서쪽에 있는 마을로서 옆 마을인 모산골을 거꾸로 부른데서 사모실이라 하였고 사모실 앞 동쪽에는 옻샘이 있다고 한다(진병문 65 외 4명).

지경

김천시 남면과 칠곡군 북삼면의 경계에 있는 곳이라 하여 지경이라고 불렀다. 부상 동쪽에 자리한 마을이다(윤유중 66 외 4명).

6) 오봉리(梧鳳里)

조선시대에는 개령현 남면에 속한 오수동, 봉곡동이었는데, 1914년에 갈항동과 통합하여 오봉동이라 했다. 1971년에 모래동, 봉곡, 갈손, 오수, 원골을 오봉동에서 분리하여 오봉 1동이라 하고, 1988년 동을 리로 고쳤다.

연봉천 냇가와 골짜기에 흩어져 있는 모래동, 봉곡, 갈손, 오수, 원골 마을로 이루어졌다. 동은 제석봉의 남 주맥이 막아 대성동과 경계하고, 그 골짜기에 갈손, 오수 마을이 있으며, 남은 금오산과 절골산이 맞닿으면서 그 사이의 갈항 고개를 넘으면 부상에 이른다. 중앙에는 연봉천을 막아 오봉 저수지를 만들었다.

자연부락의 이름과 그 유래를 알아보면 다음과 같다.

원골·원곡

봉곡 북쪽에 있는 마을로 옛날에 서원이 있었던 곳이라 하여 마을 이름을 원골 혹은 원곡이라 불렀다. 인근 봉곡과의 거리는 1킬로이며 현재 28가구에 114명이 살고 있다(박암수 78 외 4명).

봉곡

마을 뒤의 골짜기가 봉의 형국 같이 생겼다고 하여 봉곡이라 한다, 남면 소재지인 옥산에서 8.3킬로 떨어진 부락으로 주로 이씨·김씨·나씨 등이 살고 있다(나승백 63 외 4명).

오수

나부정이라는 선비가 임진왜란 때 이곳에 피란 와서 개척한 마을인데, 다섯 골짜기가 이 마을을 둘러싸며 물이 흐르고 있으므로, 마을 이름을 오수라 했고, 또 이 곳에 샘을 파서 물을 먹으면 나병이 낫는다고 하여 나병 환자들이 여기에 모여 살면서 마음껏 물을 마셨다고 한다(나갑봉 77 외 4명).

강항 · 갈항

약 1600년 전 김상집이라는 선비가 마을 개척 당시 칡덩굴이 많아서 붙여준 이름이기도 하며, 또한 신라 시대 갈항사라는 사찰의 이름을 따다 붙인 마을 이름이다. 칡은 옛적의 주요한 옷감이었으니 실-칡의 대응으로 보아 옷감을 짜는 실로서의 구실을 하였다. 갈항사의 3층 석탑은 현재 경복궁에 소장되어 있으며 국보 99호로 지정 관리되고 있다.

씨집메 · 삼가촌

약 60년 전, 이 마을을 개척할 당시에 세 집만 살았다 하여 삼가촌이라고 불렀으며, 옥산에서 동으로 7.7킬로 떨어졌고 이웃한 우장과의 거리는 1.1킬로이다. 현재 16집에 87명이 살고 있다(김사준 67 외 4명).

세-시(씨)로 보아 셋에서 소리가 바뀌어 굳어진 경우이다.

쇠바탱이 · 우장

이 곳은 금오산에 풀을 베러 갈 때 소를 매어 두던 곳이라 하여 우장이라 하고, 남면 옥산동에서 동으로 9킬로 떨어져 있으며, 현재 5집에 27명이 살고 있다(백옥출 65 외 4명).

7) 봉천리(鳳川里)

조선시대는 개령현 적현면에 속한 연봉리이다. 그 이전에는 우리말로 설개라고 하고 한문으로 설광으로 적었다. 1914년에 샘골(泉洞)과 합하여 봉천동이라 하고, 남면 관할이 되었다. 1971년 연봉을 나누어 봉천 1동이 되고, 1988년 동을 리로 고쳤다.

남면 소재지에서 북으로 6킬로 떨어진 평야지대로, 동쪽은 연봉천(오리내)이 북으로 흐르면서 넓은 봉천들이 이루어지고, 내 건너는 제석동이고, 남쪽은 낮은 산이 들 가운데에 앉았고 서쪽은 들로 봉천 2리(泉洞)로 이어지고, 북쪽은 대신리와 이웃한다.

설-살-사이의 대응으로 보아 지역을 경계하는 사이로 흐르는 냇물을 이르는 것으로 보인다.

자연부락의 이름과 그 유래를 알아보면 다음과 같다.

설개이 · 설광 · 연봉

1350년 조모씨가 이곳을 개척하여 눈빛 같이 희고, 아름답고, 고운 마음씨를 가진 사람들이 살았다 하여 설자, 광자를 따서 설광이라 불렀다고 한다(56 외 4명).

새암골 · 천동

1952년 박모씨가 임진왜란 당시 피란 와서 이 마을을 개척하였으며, 마을 주변에 하천이 없어 작은 우물을 많이 파서 농사를 짓는 곳이라 하여 천자를 따서 천동이라 불렀다(박세규 66 외 4명).

8) 초곡리(草谷里)

조선시대에는 개령현 적현면에 속한 초곡인데, 1914년 서원마을을 합하여 초곡동이라 하고 남면에 편입되었다. 1988년 동을 리로 고쳤다.

남면 소재지에서 북으로 4킬로 떨어진 야지에 있는 초곡, 서원 마을이다.

초곡의 동쪽은 비봉산이 가로막고, 서쪽은 율곡천이 북으로 흘러 감천에 합류한다. 서원마을은 송곡같이 남면의 북단에 뻗어 끝이 감천에 닿았다. 남서에 동북으로 고속도로와 경부선 철도, 구미-김천으로 가는 길이 지난다.

자연부락의 이름과 그 유래를 알아보면 다음과 같다.

셀 · 초실 · 초곡동

고려 때 정모씨가 이 마을을 개척할 당시 억새풀이 많다 하여 셀 또는 초실이라 하였고 조선 때 셀을 한자로 표기해서 초곡이라 부르게 되었다고 한다(지춘돌 64 외 4명).

풀을 새라고도 이르는바, 초곡-새골의 대응이 가능하다.

서원

조선시대 선비들이 이 곳에 집을 지어 책을 읽고, 글을 짓고, 강론하던 곳인데, 서원의 이름을 따서 이 마을을 서원이라 부르고 있다(송상우 57 외 4명).

9) 용전리(龍田里)

1460년 이조 세조 5년 밀양 박씨인 박수언이라는 선비가 이 마을을 개척하여 용밭이라고 불렀으며, 그 후손이 집성촌을 이루고 있다. 조선시대에는 개령현 적현면이었으며, 1914년 행정구역 개편으로 김천군 남면 용전동으로 칭하고, 1949년 행정구역 개편에 따라 금릉군 남면 용전동으로 되고, 1988년 동을 리로 바꾸었다.

면 소재지로부터 3킬로 떨어진 마을로서 옥산과 초곡의 갈림길인 뚱고개에서 1.5킬로 지점에 위치하고 있으며, 서쪽으로 자연 마을 우래가 있고, 북쪽으로는 1킬로쯤 종상이 있으며, 금오산 초등학교를 옆에 끼고 있는 마을로 특히

김천, 오봉간 버스노선인 도로가 마을 중앙으로 지나고 천동으로 가는 도로의
갈림길에 자리한다.

자연부락의 이름과 그 유래를 알아보면 다음과 같다.

용밭 · 용전

1460년 조선 시대 박수언이라는 선비가 이 마을을 개척할 당시에 밭에서 용
이 났다 하여 용자. 전자를 따서 용전이라 하였다(박정하 67 외 4명).

우래

마을이 길목에 있어 벗이 오고 가는 곳이라 하여 우래라 부르고, 옥산에서
북쪽으로 2.4킬로 떨어진 곳에 자리하고 있으며, 현재 30집에 주로 동래 정씨
가 살고 있다(박유하 62 외 4명).

10) 운남리(雲南里)

조선시대에는 개령현 적현면에 속한 종상동인데, 1803년에 부임한 개령 현
령의 이름이 종상(從上)으로 마을 이름이 수령의 이름과 같다 하여 마을 이름
을 경호동으로 바꾸었다가 퇴임 후 다시 종상으로 환원했다. 1914년에 종상을
주축으로 석정동과 이웃한 지산, 용전의 일부 지역을 합하고 운남산의 이름을
따서 운남동이라 하고, 1971년 종상을 나누어 운남동으로 하고, 1988년에 동을
리로 고쳤다.

면 소재지에서 북동쪽으로 4킬로 떨어진 야산지대에 있는 큰 마을이다. 마
을 남쪽에 용전에서 오봉으로 가는 길이 있고, 남쪽에 운남산이 막아섰으며,
동쪽은 봉천리와 이웃하고, 서쪽은 용전과 인접해 있다. 마을 동쪽 산모퉁이를
돌면 공동묘지가 있다.

자연부락의 이름과 그 유래를 알아보면 다음과 같다.

종상 · 경호

　신라 진흥왕 때 강정년이라는 선비가 이 마을을 개척할 당시에 용이 용전에서 나와 이 곳으로 갔다 하여 종상이라 하였는데, 1803년 개령현 현령의 이름이 종상이므로 음이 같다 하여 달리 경호로 고쳤다가 그 현령이 퇴임하자 다시 종상이라 불렀다(이근배 72 외 4명).

돌정지 · 석정

　1596년 임진왜란 때 수원 백모씨가 이 마을을 개척하였으며 마을 중앙에 돌로 된 우물이 있었다 하여 돌정지 또는 석정이라 불렀다(백종기 64 외 4명).

3. 이 고장의 문화재

석조 석가여래좌상

지정 : 보물 제245호 1963.1.21
위치 : 김천시 남면 오봉리 65
연대 : 통일신라시대
규모 : 석불 높이 1.5미터 어깨폭 1.1미터

　갈항사 터에 남아 있는 석불인데, 오른팔과 오른쪽 둔부가 일부 파손되었다. 1978년에 석불의 보호를 위한 보호각이 세워져 있다. 두드러진 눈, 긴 코, 작은 입, 둥글고 풍요로운 얼굴에 신비스런 미소가 사실적으로 묘사되었다.

　파손의 정도가 심하여 바른쪽 엉덩이와 팔이 떨어져 나갔고 무릎 밑은 땅에 묻혀 있다. 그러나 남아 있는 부분만으로도 이 불상이 우수한 조각품임을 알 수 있다. 이 석불과 함께 있었던 두 석탑은 서울 경복궁에 옮겨져 국보로 지정되었다.

삼국유사에 따르면 신라 승려 가귀가 총명하여 도리를 알아 승전법사의 법맥을 계승하여 심원장을 지었는데 그 심원장에는 승전법사가 해골 화석 80개를 초석으로 하고 화엄종의 갈항사를 지었다 하고 그 산문의 여러 무리를 거느리고 불경을 강론했다 한다.

갈항사 삼층석탑

지정 : 국보 제99호, 1962
위치 : 서울 종로구 경복궁

김천시 남면 오봉리 갈항사(葛項寺)에 있던 두 탑 중 동탑은 1916년에, 서탑은 1921년에 각각 서울 경복궁에 옮기고 1962년에 국보로 지정했다. 동탑과 서탑의 구조와 양식이 같고 3층인데 기단은 2층으로 되어있다.(좌-서탑, 우-동탑)

두 탑의 상하층 5단은 여러 장의 돌로 짜임새 있게 짜여졌고, 동탑은 윗 지붕이 깨어졌으나 탑신과 옥개를 잇는 옥신과 지붕은 한 돌로 된 것이 특이하다.

두 탑을 옮길 때 서탑에서 청동관, 도기조각, 부패한 종이조각 등이 나왔다.

4. 이 고장의 전설

가. 날개 돋친 아이

옛날 정씨 집안에 날개 돋친 아이가 났는데, 장차 장사가 되어 역모할 것이
라 하여 그 아이를 바위 밑에 생매장했다 한다.

나. 바위남산이 마지막 희망봉

남쪽 영암산(鈴岩山)과 북쪽 금오산의 윗 부분 같은 높이에 양쪽 모두 바위
남산이 있다. 옛날 천지개벽이 있었을 때 세상이 물이 잠기고 꼭대기에 바위만
큼 남았다고 한다.

다. 산성 군사들의 쇠마당

오봉 2리 우장(牛場)마을은 옛날 금오 산성 군사들이 군량미를 각 지방에
서 이곳까지 소로 운반한 뒤 가파른 산에는 사람이 지고 올라가면서 소를 이
곳에 두고 갔다 한다.

라. 시미기 고개

오봉 2리에 있는 고개로 금오산성에 군량미를 운반하는 소를 잠시 쉬게 하
고 풀을 뜯어먹게 한 곳이라 시미기(쇠먹이)고개라 한다.

마. 친구를 만나던 봉우재(逢友峰)

봉천 2리 천동마을 뒤 비봉산(飛峰山)은 봉우재라고도 한다. 인근 마을에서
시집간 색시가 음력 3월 삼짇날이 되면 곱게 차려 입고 갖은 음식을 장만하여
이 산에 올라 지난날의 동무들과 그리운 회우를 하면서 하루를 지냈다. 이 풍
습은 6.25 전쟁 이전까지 이어져 왔었는데, 엿장수 등 남자들이 오르게 되자
이 풍습이 없어졌다.

아포면(牙浦面)

1. 마을의 내력

옛 기록에 의하면 삼한시대 아포가 반란을 일으켜 감문국이 군사 30명을 동원 토벌작전을 세웠으나 감천에 홍수가 범람하여 회군하였다는 기록으로 보아 아포가 신라이전부터 존재한 것으로 보인다(牙浦叛 大發兵 三十人 夜渡甘川 水見水漲而退).

조선시대는 개령현 아포면이 문곡, 미관, 봉명, 황소, 신촌 공쌍, 구암, 명례, 보신, 송변, 양산동 11개 동과 동면 대동, 동신, 작동, 마암, 덕계, 동촌, 남촌, 아야, 칠산, 숭산, 상송, 금계, 회성, 대증, 신기동 15개 동을 거느리는 행정구역이 2개 면을 합하여 금천군 아포면으로 1914년에 고치고, 아포면(旧) 사무소는 문곡동(인 2리), 동면 사무소는 작동(봉산 2리)에 있었으나, 1916년 이를 없애고 면 중앙지점인 국사동(阿也)으로 옮겼다.

또한 이동을 인동, 의동, 예동, 지동, 대신, 봉산, 제석, 국사, 송천, 대성동, 10개 동으로 개편하였고, 1958년 4월 16일 교통 편리한 국사 2리 126번지로 현 청사를 옮겼다.

남서부에 있는 봉우산(340미터)을 중심으로 동서 양쪽으로 구릉야산지가 이루어지고, 동남부는 효자봉(561미터)을 중심으로 제석봉(512미터), 국사봉(480미터) 등 높은 산맥이 남쪽을 가리고, 감천이 동서쪽으로 길게 흐르면서 그 옆은 비옥한 외송, 역들, 원창, 제석, 보신의 넓은 들판이 펼쳐져 김천 제일의 농업지대로 경지율 36퍼센트 논과 밭의 비율은 63 : 31로 이루어진 지역이다.

　면의 가운데로는 철도와 고속도로, 904호선 지방도로(김천-구미)가 동서로 나란히 지나고, 그밖에 아포와 선산 사이의 도로와 아포와 감문면 사이의 도로가 동쪽과 중앙지대에서 남북으로 나란하게 지나는 농업 위주의 곡창지대이다. 최근에는 인삼을 많이 재배하여 높은 소득을 올리고 있다. 교통이나 제반 자연환경이 좋은 고장이다.

　옛날 금릉군 동북부에 위치하며 동쪽으로 구미시, 동북쪽으로 선산군 고아면과 경계를 이루고, 서북쪽은 감천을 경계로 감문면과 개령면이 접하며, 서남쪽으로 남면과 사이하고 있다.

　아포의 아(牙)가 앞에서도 일렀듯이 아-엄의 걸림을 보인다. 마침내 어무-엄-아금(今)-감(甘)이라는 대응성을 떠올릴 수 있다. 이로 보면 아포는 감천내의 파생형으로 보인다.

2. 마을의 이름과 유래

1) 인리(仁里)

　조선시대에는 본디 개령현 아포면(旧) 미관리라고 불렀다. 1914년에 미관, 문곡, 야동, 봉명, 황소동을 합하여 김천군 아포면 인동으로 고쳤다. 1917년에 미관동을 인 1동으로, 1988년에 동을 리로 개칭하였다.

　아포면 소재지에서 서북쪽으로 2킬로 떨어진 언덕지대로 95퍼센트가 과수원이며, 마을 전역이 황토질이다. 동쪽은 언덕으로 인 2리와 접하고, 서쪽도 구릉지대이나 400미터를 지나면 넓은 원창 평야가 있다. 남쪽은 마을 앞에 저수지가 있고, 가까이에 국사동과 접하고 북쪽은 야산으로 이어지면서 의 1리와 인접한다.

　마을의 1킬로 남쪽에 경부고속도로와 904호선(김천-구미간) 지방도로가 동서로 지나가고 있다. 아포면과 감문면 사이 도로가 남북으로 관통되었다.

자연부락의 이름과 그 유래를 알아보면 다음과 같다.

살꼬지 · 미곶 · 미환

약 600년 전 김천가라는 사람이 살 자리를 이 곳에 정하였는데 해마다 흉년
이 들어 식량은 없고, 쌀이라곤 실에 꿰어 놓을 정도로 귀하다고 하여 이 마을
이름을 살꼬지 · 미곶 · 미환이라고 부르게 되었다 한다(황종익 65 외 4명).

문곡 · 연실

약 1700년 전 화순 최씨가 원래 인근 야동에서 살다가 이 곳으로 이주하여
서당을 차려 문곡이라 불렀고 또 마을 옆에 연못이 있어서 해마다 연꽃이 만
발하여 그 열매가 볼만하므로 마을 이름을 연실이라 부르게 되었다(최영식 47
외 4명).

불밋골 · 야동

연대는 확실하지 않으나 창녕 성씨 · 화순 최씨 · 밀양 박씨가 마을을 개척
하였는데 마을 뒷산이 불무처럼 생겼다 하여 불밋골 또는 야동이라 부르게 되
었다고 한다. 1970년대부터 인삼 재배에 성공하여 이 마을의 소득을 높이고 있
다(성화경 76 외 4명).

표준말로는 풀무라 하는바 불과 물을 줄여서 불무 혹은 풀무로 굳어진 형태
이다. 불밋골의 분포는 합천 야로 지방에 가장 많다.

연모산 · 연지

약 1700년 전 화순 최씨가 이주하여 마을을 개척하였으며 마을 앞에는 연못
이 있고, 주위는 구릉산지로 둘러싸여 있는데 연못과 산으로 이루어진 마을이
라 하여 연모산 또는 연지라 부르게 되었다 한다(최재학 43 외 4명).

봉명

약 1700년 전 인동 장씨 9대조가 이곳에 정착할 때, 뒷산 불상곡에서 봉황새가 울었다 하여 마을 이름을 봉명이라 부르게 되었다(최재혁 47 외 4명).

2) 의리(義里)

조선시대에는 개령현 아포면(旧)에 속한 신촌, 공쌍동이라 하였다. 1914년에 신촌, 공쌍동을 합하여 김천군 아포면 의동리라 고쳤다. 1971년에 신촌을 의 1동으로 나누었다. 1988년에 동을 리로 고쳐 불렀다.

면 소재지에서 아포, 감문간 도로 북쪽 2킬로 어름에 자리하고, 동쪽은 인동 야산 구릉지이며, 남쪽은 제석평야에 이어 연봉천을 동쪽 경계로 하며 서쪽으로 봉산동, 역들평야 동쪽으로 이 마을 원창평야와 3평야가 연결되어 군내 제일의 평야지대이며, 감천이 서동쪽으로 흐르고 냇가에 이루어진 평야는 김천의 기름진 곡창이다.

자연부락의 이름과 그 유래를 알아보면 다음과 같다.

신촌

약 300년 전 곽씨가 이 곳에 처음 정착할 당시는 3집이 살고 있었는데, 한 집 단위로 한 마을이라 불렀다고 한다. 그 후 3집을 합하여 새로운 마을이란 의미로 신촌이라 칭하였다. 1979년도에 자립 마을이 되었으며, 아포면 우수 새마을로 지정되었다(최원태 48 외 5명).

공쌍

약 300년 전 중국에서 온 장씨와 곽씨 두 씨족이 이 곳에 정착하여 살았는데, 과거를 보아 장씨·곽씨 두 분이 모두 급제하였다 하여 마을 이름을 공쌍이라 불렀다 한다. 1979년도에 자립 마을이 되었으며, 아포면 우수 새마을로 지정되었다(김향 52 외 4명).

3) 예리(禮里)

조선시대에는 개령현 아포면 구암, 지사, 신기, 명례, 서당동이라 하였으며, 1914년에 행정구역 개편으로 구암, 지사, 신기, 명례, 서당을 합하여 김천군 아포면 예동리라 고쳤다.

1971년에 구암, 지사, 신기동을 예 1동으로 나누었으며, 1988년에 동을 리로 고쳤다.

면 소재지에서 북쪽으로 2.5킬로 어름에 동북 사이로 선산군과 경계를 이룬 면 끝 마을로 야산 구릉지대라 밭이 논보다 많고 가뭄이 심한 고장이다. 동서 남북 사방이 구릉지와 전답으로 마을의 경계를 이루고 있는 마을이며, 아포, 선산간의 도로가 지나가고 있다.

자연부락의 이름과 그 유래를 알아보면 다음과 같다.

구암

옛날 이 곳에 거북 등처럼 생긴 바위가 있었다 하여 마을 이름을 구암이라고 부르게 되었다. 또 식수가 나지 않아서 고생을 하고 있는 터에 지나가는 대사가 가리키는 곳을 파니, 식수가 많이 났다고 한다. 그 전에는 해마다 정월 대보름이면 제사를 올렸다고 한다(박만형 52 외 4명).

거북을 더러는 거미 혹은 거무라고 이르는바 도처에 금뜸이 있던 당시의 지형을 보면 거북이와의 관련을 짐작할 수 있다. 이는 거북신앙을 드러냄이라 하여 좋을 것이다.

마룻절 · 지사

옛 날 이 곳을 지나가던 대사가 손가락으로 가리키어 절을 짓게 했다 하여 이 마을을 지사라고 부르게 되었다 한다(권일태 47 외 4명).

새터 · 신기

인근 마을인 선산군 고아면 외입동에서 예천 박씨가 이주하여 마을을 형성하였는데 새로운 터전이라 하여 마을 이름을 새터·신기라 불렀다(한일태 54 외 4명).

명례골 · 예동

옛날에 청천 한씨. 동래 정씨가 살았는데, 서당이란 마을에서 배운 서생들이 예의에 밝아졌다고 하여 이 마을 이름을 명례골이라고 부르게 되었다(한재동 69 외 4명).

서당

약 500년 전 이 곳에 서원이 있었으므로, 마을 이름을 서당이라고 부르게 되었다. 한 때 개령현에 속해 있을 때, 개령현에서 멀리 떨어져 있다고 원촌이라 불러 온 적도 있다고 하며, 이 곳에 옥터도 있었다고 전해 내려오고 있다. 마을 뒷산에는 낮에는 연기로써 밤에는 횃불로써 정보를 전달해 왔다는 봉수대가 있었다고 한다(이금출 48 외 4명).

4) 지리(智里)

조선시대에는 개령현 아포면 보신리와 송변리라 하였으며, 1914년 행정구역 개편으로 보신, 송변, 양산리를 합하여 김천군 아포면 지동이라 개칭하였다가 1988년에 동을 리로 고쳤다.

지 1리 북쪽은 감문면과 낙동강의 지류인 감천이 서동쪽으로 가로 흐르고, 감천 냇가에 넓은 보평 평야 지대인 보신리, 송변리로 이루어진다. 면 소재지에서 2.2킬로 북쪽에 있는데, 송변리와 보신리는 마을이 커져 한 마을로 되었다.

동쪽은 마을 앞을 백모천이 흘러 예 1리(구암)와 경계를 이루고 서쪽은 보평들에 있는 지 2리(양산)와 인접하고, 남쪽은 길을 사이에 두고 인 4리(황소)

와 인접하며 북쪽은 정녹골을 지나 예 2리(명례)와 이웃한다.

자연부락의 이름과 그 유래를 알아보면 다음과 같다.

고삽 · 보섭 · 보신 · 송변

조선 숙종 때 김해 김씨 김우인이 금산 하노로부터 들어와 살기 시작하면서 보평들 앞의 새마을이란 뜻으로 보신이라 불렀다 한다. 그 후 영조 때 예천 박씨가 선산 연홍으로부터 들어와 또 다른 마을을 이루고, 마을밖에 송림이 울창하다 하여 송변이라 불렀다 한다. 점차 마을이 커지면서 보신과 송변이 한 마을이 되자 합쳐서 지동이라 불렀으며 고삽으로도 통용되고 있다. 고삽이란 말은 전에 보섭이란 명칭의 발음이 바뀌어진 것이라고 한다(박정권 71 외 4명).

양산

지금으로부터 약 600년 전에 밀양 박씨가 이주하여 마을을 개척하였고, 또 약 200년 전엔 벽씨가 이주해 왔는데, 벽씨 문중에는 효자들이 많이 나와 효성을 기리는 의미에서 동리 어귀에 벽씨의 효자비가 세워져 있었다고 하나 지금은 글자가 마멸된 형체만 산기슭에 묻혀 있다. 현재, 이 마을에는 31가구에 150여명이 살고 있다(박준권 47 외 4명).

강정골 · 강호

마을 앞에 큰 호수가 있었고 뒤로 감천이 흐른다 하여 감정골이라 불렀는데 소리가 변하여 강정골 또는 강호라 부르게 되었다 한다. 감천을 사이에 두고 배시내 마을과 접하고 있는데 겨울철에 설치하는 나무다리 가교가 이 마을에서 김천과 선산으로 통하는 유일한 교통로였다고 한다(김한택 80 외 4명).

5) 대신리(大新里)

조선시대에는 개령군 동면 대동(한골)이었으나, 1914년에 대동과 동신동을 합하여 대신동으로 개칭하고 동면을 폐합하여 아포면 소관이 되었다. 같은 해 경부선 철도개통으로 대신역이 신설, 가구 증가로 2개 동으로 나누어지고, 1935년 대신 1동에서 또 한 동이 분리됨으로써 역전이 2동, 동신이 3동으로 나누어졌으며, 1988년 동을 리로 고쳐 부르게 된다.

대신 1리는 아포면 서쪽 끝 부락으로 동쪽은 건영산, 남쪽은 봉화산을 경계로 남면 봉천리(천동)와 초곡 1리, 서쪽은 덕산을 경계로 초곡 2리(서원), 북쪽은 개령면 서부리와 서동쪽으로 흐르는 감천이 면 경계를 이루고 있으며, 감천 냇가에 외송(바실) 평야와 대동지, 못밑들(평야)과 마을주변 산지하에는 농지가 흩어져서 논밭이 고루 형성되어 있다.

부락 북편에 경부선 철도와 김천-구미간 군도, 경부고속도로 등이 동서로 관통되어 교통상으로 편리하다.

자연부락의 이름과 그 유래를 알아보면 다음과 같다.

함골 · 대동

조선 말엽 개령군 동면에 속해 있었으며 개령초등학교 뒷산은 굶주린 호랑이가 개를 잡아먹으려고 움츠린 형상이며, 현재의 대신 2동 앞산은 개가 앉아 있는 형상인데, 개를 잡아먹으려는 범을 잡기 위하여 함정을 파놓았다 하여 이 마을을 함골이라고 불렀다. 그 후에 현재의 대신 1동을 대동이라고 부르게 되었다(이상배 67 외 5명).

역전

함골. 대동에 속해 오다가 일제 때에 경부선 철도가 개설되자 마을이 분리되었는데, 역이 있기 때문에 역전동이라고 불렀으나, 1920년에 대신 2동으로 나누어졌다(이점모 62 외 4명).

시내이 · 동신

파평 윤씨가 신행이란 곳에서 처음 마을을 개척하여 살아 왔으나 주민들의 성품이 사납고 알력이 심하여 부락 터가 거세다고 현재의 마을로 이주하여 새 부락의 마을 이름을 동신이라고 불렀다.

시내이란 말은 파평 윤씨가 현재의 마을로 이주한 후에도 예전에 살았던 곳의 지명인 신행이를 그대로 따와서 계속 사용해 왔는데, 신행이의 발음이 바뀌어서 시내이로 되었다 한다. 대신이라는 말도 대동과 신행이의 각 머리 글자를 따와서 대신이라고 했으며, 마을이 생긴지는 약 400년쯤 되었다(윤원숙 61 외 4명).

6) 봉산리(鳳山里)

조선시대에는 개령현 동면 마암리라 칭하였으며, 1914년에 행정구역 개편으로 마암, 작동, 덕계리를 통합하여 김천군 봉산동으로 개칭하였다가 1971년에 마암리를 봉산 1동으로 나누었는데 1988년에 동을 리로 개칭하였다.

봉산 1리는 면소재지에서 서쪽으로 3킬로 지점에 위치한 동향 부락으로 서쪽에 비봉산이 마을 뒤인 서쪽만을 가로막았을 뿐 삼면은 평야가 전개되었고, 연봉천이 마을 앞을 남북으로 가로 흐르며 봉산들, 원창들로 이어진다. 마을 북쪽으로는 철도와 고속도로, 지방도로가 동서로 나란히 지나가고 있다.

자연부락의 이름과 그 유래를 알아보면 다음과 같다.

말바우 · 마암

손씨 2가구가 약 200년 전에 이 마을을 개척하였고, 마을 뒤에 큰 바위가 있는데 그 생김새가 말을 닮았다 하여 말바우 · 마암이라 부르게 되었다 한다. 원창벌의 머리 마을이며 경부선이 바로 이 마을 옆을 지나고 있다(장상택 64 외 3명).

우리의 지명 가운데에는 말과 걸림을 보이는 경우가 많은데 이는 기원적으로 우리민족이 말을 타던 기마 민족에서 비롯한 것으로 보인다. 말을 거룩한 짐승으로 보아 말이 있는 곳에는 지도자가 있었던 것으로 드러난다.

까치골 · 작동

약 300년 전에 신씨와 조씨가 이 마을을 개척하면서 마을 뒷산이 까치가 앉아 있는 모습과 흡사하다고 하여 까치골이라 부르게 되었다고 한다. 조선 시대에 개령현 동면사무소가 있었던 마을이며 지금은 작동이라 부르고 있다(김상명 65 외 5명).

새터 · 새마을

1936년 병자년 수해로 인하여 작동에서 살던 김경술이 이 곳에 이주하여 처음 정착하였으며 2년 후 김해 김씨가 이주하면서 새터 · 새마을이라 부르게 되었다 한다. 1960년대 말 경부 고속도로 공사로 인근 주민들이 편입 이주하여 마을이 더욱 번성하게 되었으며, 사과 · 포도 등 과수 재배가 성하다(백도룡 64 외 4명).

초산동

1969년 경부 고속도로가 개설되면서 철거된 작동 주민 나채성 외 5가구가 이 곳에 이주하였으며, 주위에 풀이 많아 마을 이름을 초산이라 부르게 되었다 한다(나월룡 64 외 4명).

취락동

작동 주민 19가구가 경부 고속도로 접도 구역내의 불량 건물로 지적되어, 정부의 지원을 받아 1977년에 이전 건축한 마을인데, 취락동이라 이름지었다(나상훈 61 외 4명).

덕계

마을의 개척 역사는 확실하지 않으나 마을 앞을 흐르는 냇물이 논농사를 주로 하는 이 마을의 수원이 되었던 바 이 마을을 덕되게 하는 내라 하여 덕계라 부르게 되었다 한다. 감천을 옆에 끼고 있는 이 마을 앞의 원창벌은 김천에서 쌀 생산지로 유명한 곳이다(김춘식 61 외 4명).

덕계의 덕(德)-은 본디 크다는 뜻으로 큰내 혹은 큰 개울이라는 의미로 보면 된다.

7) 제석리(帝錫里)

조선시대에는 개령현, 동면에 속한 동촌동이라 하였으며, 1914년에 동촌, 남촌을 통합하여, 이 마을 뒷산 제석봉 이름을 따서 김천군 제석동으로 고쳤다. 1971년에 동촌을 금릉군 제석 1동으로 나누었으며 1988년에 동을 리로 개칭하였다.

1933년 1월 1일 금릉군 조례 1313호로 취락동인 진동이 제석 3리로 분리되어 나갔다. 제석동은 1, 2리로 분동은 되었으나, 이어진 마을이며, 동남쪽이 제석봉(512미터)과 국사봉(480미터)의 동쪽 산 넘어 대성동과, 남쪽은 남면과의 경계를 이루고, 동은 산지구릉으로 국사리, 서쪽은 연봉천과 하안 평야 지대로 봉산리와 접하고, 북쪽은 제석평야와 철도, 904호선 지방도로가 동서로 횡단하고 있으나, 의 1리 원창 평야와도 연결된 광활한 평야와 약간의 구릉지가 있는 큰 부락으로서 비옥한 농지를 가져, 쌀, 과일이 생산되며, 교통이 편리하고 구미공단이 가까워 차츰 근로소득이 높아지는 자연환경을 가진 마을이다.

자연부락의 이름과 그 유래를 알아보면 다음과 같다.

동촌

약 400년 전 반남 박씨가 성주에서 이주하여 이 곳에 정착하고 약 50여 가구가 돌성을 쌓아 성문을 두고 살았는데, 동편에 있는 마을이라 하여 동촌이라고 불렀다고 한다. 한편 박씨네가 살았다 하여 박샘골이라고 부르기도 한다(이사룡 56 외 4명).

오고미 · 남촌

약 400년 전 진주에서 정씨가 이주하여 정착할 당시에 마을 뒷산에 금까마귀가 앉았다 하여 오금리라고 불렀다 한다(박정수 57 외 3명).

진등

옛날에 이 곳이 긴 비탈진 고개였다 하여 마을 이름을 진등이라 불렀다 한다. 1979년 경부 고속도로 변의 주택 정비 계획에 따라 제석동의 24가구를 이주하게 하여 마을을 형성하게 하였다(장종수 38 외 2명).

8) 국사리(國士里)

조선시대에는 개령현 동면에 속한 아야리라 하였으며, 1914년 아야, 칠산을 합하여 김천군 아포면 국사동이라 개칭하고 면사무소도 아포면 문곡동(연실)에서 국사동으로 옮겼다.

1936년에 경부선 철도, 아포역이 신설되므로 역전 마을이 새로 이루어져 점차 발전되었고 1958년에 또 면사무소를 국사 2동으로 옮겼다. 1971년에 아야, 국사를 국사 1동으로 나누었고, 1988년에 동을 리로 개칭하였다.

면사무소인 국사동은 동남간쪽인 뒷산에 국사봉(관리봉 480미터)이 가로막힌 북향부락으로 동서로는 구릉지로 전지가 대부분이고, 북쪽인 앞은 경부선 철도와 904호선 지방도(김천-구미), 경부고속도로가 나란히 동서로 지나가고 있으며, 이 세 길 넘어 국사 3리쪽에 논이 흩어져 있고, 서쪽으로는 제석 1리, 국사 3리와 인 1리가 북쪽 동 경계로 형성되어 있다. 영월 신씨와 김해 김씨의 집성촌이다.

제석은 하늘의 신을 뜻하기도 하는바, 이와 국사를 지으면 국사-천신이란 말이 된다. 때로 국사-구스-굿으로 대응됨을 보면 하늘에 굿을 하여 빌었던 이름의 잔재가 아닌가 한다.

자연부락의 이름과 그 유래를 알아보면 다음과 같다.

애기 · 아야

원래 마을의 자리는 현재의 마을 등 넘어 독골이란 곳에 있었는데, 수재로 없어지고, 약 300여 년 전에 현재의 마을의 부자인 서씨 댁에 신득남이란 사람이 머슴살이를 하다가 그 집 사위가 되어 팔 형제를 두어 신득남의 후손 팔 형제가 마을을 이루게 되었다(신인식 74 외 4명).

칠산

전하는 말에 의하면, 마을 주위에 앞산·뒷산·당산·안산·비석등·아랫진등·웃진등 7개의 조그마한 산들이 있는데, 이 7개의 산들에 둘러싸여 있는 마을이기 때문에 칠산이라고 부르게 되었다 한다(황정기 56 외 5명).

9) 송천리(松川里)

조선시대에는 개령현 동면에 속한 숭산리인데, 1914년에 상송리, 금천리와 통합하여 송천동이라 하고, 1971년에 숭산리와 금천을 함께 분리하여 송천 1동이라 하고 1988년에 동을 리로 되돌렸다. 숭산에는 일찍이 선산 금씨, 남양 홍씨가 모여 살았고, 김천에는 은진 송씨, 밀양 박씨가 모여 살아 왔다.

아포면의 동단인 숭산, 금천 두 마을은 구미시와 선산군 고아면과 시군 경계를 이루는 야산 구릉과 평야이고, 남쪽은 김천 뒤 천선태산과 국사봉으로 이어져서 가로막히고 서쪽은 금계 마을을 접한 평야와 구릉지와 아포역까지 연속되었고, 북쪽은 이웃 상·하송 두 마을과 소산으로 둘러싸이고 중앙지는 경부선 철도, 904호 지방도(김천-구미간), 경부 고속도로가 동서로 병행 관통되어 농지가 적은 편이다.

자연부락의 이름과 그 유래를 알아보면 다음과 같다.

숭산

분지 마을로 주위에 산이 많고 지형이 웅장하고 거룩한 모습을 하고 있기 때문에 숭산이라고 불렀다 한다. 옛날 김첨지란 장수가 이 마을에 살고 있었는데, 마을 오리 밖의 도둑을 보고 활을 쏘아 적중시켰다 한다. 현재 김첨지 후손의 자취로선 몇 기의 고분들이 여기 저기 흩어져 있을 뿐, 그 외의 흔적은 찾아 볼 수 없다. 그리고, 지금부터 약 400년 전에 경기도 이천에서 홍석양이란 선비가 이주해 왔고, 또 약 300년 전엔 강릉 유씨와 선산 김씨가 이주하여 이 마을을 개척하였다(김재달 남 27 외 4명).

쇠내 · 금천

원래 마을 이름은 쇠내였는데 왜 쇠내라 하였는지는 알 길이 없다. 1914년 행정구역 변경 때 금천으로 바뀌었다. 이 마을의 뒷산으로 통하는 산길 소로는 대못 낚시꾼과 대성동 주민들의 유일한 교통로이기도 하다(김재현 남 73 외 4명).

김정호 선생의 지리서를 보면 쇠-새의 대응으로 풀이하고 있다. 이로 보면 새로 난 냇물이란 의미로 이해할 수 있다.

웃송내 · 상송

상송천의 천자를 줄여서 보통 상송이라고 부르고, 웃송내라고도 한다. 원래 송천동이란 명칭은 상송과 금천의 이름을 따서 송천동이라 했다 하며 마을 뒷산의 능선이 구릉으로 되어 있고 선산군과의 경계이며, 송내 고개는 아포 지역에서 옛 선산장과 안계장으로 통하는 최단의 교통로로 알려져 있다(김재선 55 외 4명).

아랫송내 · 하송

아랫송내는 아랫마을 송내라는 뜻으로 천자가 줄어서 하송이 되었다 한다. 그리고, 웃송내 · 상송과 아랫송내 · 하송을 합쳐서 송내 · 송천이라 부르고 있다(김재훈 60 외 3명).

금계

마을 뒷산의 지형이 마치 닭이 알을 품고 있는 듯한 형상을 하고 있기 때문에 금계라고 불렀다 한다. 마을 앞이 개방되어 있으면 마을이 없어진다는 설이 있으므로 약 300년 전 마을 앞 개인 소유의 땅을 동네 주민들이 공동으로 매입하고, 그 곳에 송림을 조성하여 개방됨을 막았는데, 현재에도 마을 주민들이 공동으로 관리하고 있다 한다(유재연 56명 외 4명).

대지

마을 앞에 한지란 큰못이 있는데, 큰못이 있는 마을이라 하여 동네 이름을 대지라고 불렀다 한다. 대지·한못은 아포면 중심지에 위치하며, 원래 택지로서 국사봉·효자봉의 정기를 이어 받은 명당자리로 고려 말엽(고려 중엽이란 설도 있음)에 한 판서라는 사람이 아들 팔 형제가 있었다.

모두 급제하여 명성이 높고, 권세가 당당하였으므로, 주위에서 이를 시기하여 한씨 부자가 반역을 모의하고 있다고 상소하여 조정에서 관원을 보내어 조사하게 하니 과연 택지가 명당자리라서 반역할 우려가 짙다 하여 많은 인부를 동원하여 택지를 파헤치니, 그 둘레가 약 500미터나 되어서 큰못이 되었다 한다. 이로 인하여 한못이라고 부르게 되었다(이영제 남 56 외 3명).

10) 대성리(大聖里)

조선시대에는 개령현 동면 회성리라 하였으며, 1914년 회성, 신기, 대증동을 합하여 김천군 아포면 대성동으로 고쳤다. 1971년 회성동(상회리, 하회리)을 대성동으로 개칭하였다가 1988년에 동을 리로 고쳤다.

대성 1리는 아포면 동남쪽 끝 마을로 면소재지에서 5킬로 떨어진 국사봉 지맥에서 동쪽(김천뒷산) 고개 넘어 산간 오지에 자리하고, 동으로 대성 저수지가 구미시와의 경계를 이루고 서쪽은 국사봉(480미터)과 제석봉(512미터) 연봉으로 막히고 북쪽 역시 서쪽에서 둘러싸여 사방이 산인 오지 마을로 농지가 협소한 편이다.

자연부락의 이름과 그 유래를 알아보면 다음과 같다.

윗회성 · 상회성 · 회성 · 효성 · 서회성

약 380년 전 임진란 당시 죽산 김씨 · 밀양 박씨 · 대망 강씨 등이 피란 와서 정착하여 마을을 개척하였으며, 산수가 좋고 일기가 온화하여 주위에서 많은 선비가 모여 수련하고, 성인의 왕래가 많으므로 회성이라 칭하였다고 전해지고 있다(김정순 55 외 4명).

대진 · 대증

약 370년 경 난을 피하기 위해 밀양 박씨가 이주하여 마을을 개척하였고, 마을 앞에 큰 내가 있으며, 그 곳에 나루터가 있었다고 하여 대진이라 불렀다 한다. 현재 이 마을에는 18가구에 91명이 살고 있다(박익수 58 외 5명).

새터 · 신기

약 50년 전 밀양 박씨가 온천동이라는 곳에서 이주하여 새마을을 개척하여 새터 · 신기라고 부르게 되었으며, 대성 못 공사로 인하여 수몰 지역이 된 마을 사람들이 일부 이 곳으로 이주하여 살고 있다(권대성 62 외 4명).

자거랏 · 자거래 · 신기

마을 주변에 자갈이 많다고 하여 처음에는 자갈터라고 불리어져 내려오다 가 나중에는 자거랏으로 칭하여지게 되었는데, 1950년대에 대성못 개발 공사 로 인하여 수몰 지구로 변하여 현재 못이 되고 말았다(권오관 63 외 2명).

3. 이 고장의 전설

가. 우물을 파면 배서리가 망한다.

연실(蓮實)마을은 옛날 '배서리'라고 했는데 마을 안에 우물을 파면 마을이 망한다고 한다. 지금도 멀리 떨어진 들판에 옛 우물이 그대로 있다.

나. 화조대는 경건하게 지나야 된다.

인 4리는 봉소(鳳巢)마을인데 조선시대에 마을 한 가운데 '화조대'가 세워졌다. 이 때부터 이곳을 지나는 사람은 담배도 금하고 옷깃을 여미고 지나가고, 불미스런 행동을 한 사람은 멀리 돌아서 갔다고 한다. 여기서 화조는 과거에 급제하면 나라에서 내리던 꽃으로 만든 화관을 말한다.

다. 두 장씨의 제사터

옛날 장씨(蔣氏)와 장씨(將氏) 두 장사가 천근이 넘는 바위를 들어다 마을 복판에 놓고 돌 방아를 만들어 이웃 사람까지 방아를 찧게 하였으므로 그 방앗간 앞에 공덕비를 세우고 죽은 뒤에도 해마다 제사를 지냈다. 그 자리를 지금도 제지(祭地)라고 부른다.

라. 정세마와 정록(鄭祿) 골

왕세자에게 글을 가르치던 정세마라는 사람이 늙어 관직에서 물러나 묘자리를 찾는데 나라에서 띄운 연이 떨어진 곳이 명당이라 하여 그곳이 구암(九岩)마을 앞 정씨의 산소가 되었고, 지동(智洞)마을 북쪽들을 그에게 녹봉으로 내린 땅으로 정록골이라 한다.

마. 함골(函谷)의 지혜

대신 대동마을 동쪽의 산은 움츠린 개의 형상이고, 감천 건너 개령면 동부리의 마주 보이는 호두산은 호랑이 형상이어서 개가 호랑이에게 잡아먹히는 형국의 지형이 되기 때문에 이를 막기 위해 이 마을을 함곡(陷谷)이라 한 것이 함곡(函谷)으로 바뀌었다고 한다.

바. 깐치알과 부녀자

작동(鵲洞) 마을 뒷산이 까치형이라 하고 마을회관 앞에 조그마한 동산이 있어 깐치알(까치알)이라 했는데, 부녀자가 이곳에 오르면 까치알이 깨어져 마을이 망한다고 했다.

사. 길운절과 길지(吉池)

제석리에 사는 길운절(吉云節)이 제주도에 건너가 역적질 하다가 잡혀 그가 살던 곳에 집을 헐고 못을 팠는데 이 못이 길지이다. 모의를 하면서 탄로날 것을 염려해서 모의와 고변 간에 양다리를 걸치고 있다가 탄로 직전에 고변쪽으로 기울어 고변했다. 고변의 공로를 인정받아 연좌죄만은 면했으나 나라에서 길운절이 살던 집을 헐고 못을 팠는데 이를 길지라 한다. 이 때문에 개령현이 한 때 없어지기도 했다. 지금은 그곳을 매립하여 주택 단지가 되었다.

아. 제석동의 국가설

삼태봉(三胎峰)은 옛날 왕자의 태가 묻힌 곳이라 하고 '아노금골'은 옥이 있었다고 한다. 〈감문지(甘文誌)〉에는 감문국 세력권에 있는 아포가 반란하였을 때 30명의 군사를 보내어 진압하려다가 감천의 물이 불어 건너지 못했다고 했다.

반남 박씨가 조선시대 초기에 이곳에 정착하여 석성을 쌓았다고 구전되는데, 이러한 사정으로 미루어 이곳은 삼한시대 부족국가가 있었던 곳으로 추측이 가능하다.

한문안골의 반남 박씨가 처음 마을을 개척하여 석성을 쌓고 성문하나를 내어 한문안골이라 했다. 이러한 전설은 제석리가 아포국의 수도였음을 시사한다.

자. 포구나무걸

마을 서쪽 연봉천 가까운 길옆에 5백년 묵은 포구나무가 있었는데, 이곳이 서울과 부산간의 중간 지점이었다 한다.

차. 한지(韓池)와 한 판서

송천 3리 대지마을은 큰못인 한지가 있어 불려진 마을이다. 옛날 이곳에 살던 한(韓) 판서의 아들 8형제가 모두 과거에 급제하여 나라 안에 명성이 높아지자 아들들이 역적 모의나 할까 두려워 한 판서는 자기 집을 헐고 못을 팠다. 지금은 못을 메워 주거 단지가 되었다.

카. 버리고 간 석상(石像)

송천 3리 숭산(崇山)마을 앞 못뚝에 홀(笏)을 안은 2기의 석상이 있다.

경상도 어딘가에 있는 숭산이란 곳으로 이 석상을 운반해 가던 중 숭산이 아닌 이곳을 숭산이라 하는 바람에 운반하던 인부들이 이곳에 두고 갔다 한다.

타. 금계포란형(金鷄抱卵形)의 앞숲

송천 3리 금계(金鷄)마을 앞에 노송나무가 우거진 1정보 가량의 숲이 있다.

이 마을은 닭이 알을 품은 형상인데 앞이 트여 알을 깔 수 없어 우환이 잦다 하여 3백 년 전에 마을 주민이 공동으로 땅을 사들여 숲을 만들어 알을 순조롭게 까게 했다고 한다.

파. 고을 수령들이 모인 삼자암(三者岩)

대성 1리 마을 앞에 넓고 편편한 바위가 있다. 옛날 개령·선산·인동 세 고을의 수령들이 이곳에 모여 강론하고 화합한 곳이라 하여 삼자암이라 하고, 성자들이 모였다 하여 마을 이름은 회성(會聖)이라 했다 한다.

하. 온수정(溫水井)에서 지신제를 지내다.

대성 2리 온수 마을 남쪽 끝에 우물을 팠더니 더운물이 솟아 식수로 쓰지 않고 해마다 이곳에서 지신제를 지냈다 한다. 지금도 온수정(溫水井)이라 불리면서 보전되고 있으나 온수는 나지 않는다.

개령면(開寧面)

1. 마을의 내력

삼한시대 감문국이 이곳에 있었으며, 서기 231년에 신라에 병합되고, 557년에 감문주를 설치하여 기종을 군주(軍主)로 파견했으며, 687년에는 사벌주 밑에 개령군을 두고 그 밑에 감물현(어모현), 지품천현(지례현), 무산현(무풍현), 금산현을 두었다.

조선시대(1416년)에는 전국을 8도로 나누면서 개령현으로 격하되었다. 1592년 임진왜란 때에는 동부동 일대에는 왜군의 후방사령부가 설치되어 영남지방의 행정에까지 손을 뻗쳤다 한다.

1598년에는 길운절(吉云節)이 제주도에서 반란을 꾀하다가 잡혀 그가 살던 개령현이 없어졌다가 1609년에 유림의 상소로 다시 현이 되었다. 1869년 전국에 13도를 두면서 개령은 군(4등급)이 되었고 1914년(일제시대)에는 개령군에 속한 부곡면(7동)과 서면(11동)을 통합하여 개령면이라 하고 18동리를 9동으로 개편했다.

1983년에는 대응동이 김천시로 편입되어 8개 법정동 12개 행정동이 되었다. 김천시의 동북쪽에 감천을 따라 장방형으로 자리 잡고 있으며, 김천시내에서 면소재지까지 8킬로 떨어져 있다.

동쪽은 감천을 경계로 아포면, 서쪽은 어모면, 북쪽은 감문면, 남쪽은 김천시와 접하고 있으며 옛 금릉군의 중앙에 자리하고 있다. 김천시 동북에 인접하고 동북으로 흐르는 감천을 따라 길게 뻗으면서 감천 연변의 넓은 평야를 안

고 동쪽은 감천을 경계로 아포면, 서쪽은 어모면, 남쪽은 김천시 북쪽은 산 정
상을 경계로 감문면과 접하고 있는 김천의 중앙지대이고, 옛날 감문국이 자리
한 곳으로 유적지가 비교적 많고 910호선 지방도로가 남, 동북으로 뻗고 산지
보다 평야가 더 많은 편이다.

개령면을 이루는 고장의 이름과 그 유래를 알아보면 아래와 같다.

2. 마을의 이름과 유래

1) 황계리(黃溪里)

조선시대는 개령현 서면에 속한 황경동인데, 1914년 4월 행정구역을 대폭
통합함에 따라 오송과 합하여 황계동이라 하여 서면과 부곡면을 통합한 개령
면에 예속되었다가 1988년에는 동이 리로 변경되었다.

황경, 오송의 두 마을은 개령면 최남단 김천시 대응동과 접하고 남, 동, 북
3면에 감천연변에 발달한 노전들, 은지들이 펼쳐지며, 들 가운데는 동북으로
910호선 지방도로(김천-선산)가 지난다. 개령면 소재지와는 5킬로 거리인데
남쪽에만 낮은 구릉이 두 마을을 막고 있다.

자연부락의 이름과 그 유래를 알아보면 다음과 같다.

행경골 · 황경 · 황경곡

1805년 김명한이란 선비가 이 마을을 개척하였는데 큰 들판을 낀 고을이고
황토가 많다고 하여 황경이라 했다 하며, 이것이 변하여 오늘날에는 속칭 행경
골이라 부르고 있다(김동규 69 외 5명).

오송골 · 오송

황계동 서쪽에 위치한 마을이며, 임진왜란 때 이 곳에 큰 소나무 5그루가

있었는데 이 곳으로 피난을 하면 안전하다는 설이 있었다 하며, 그 때부터 마을 이름을 오송이라 부르게 되었다고 전해진다(신재수 47 외 5명).

구내주막

지금의 번개들 중에서 약 60헥타가 옛날에는 냇바닥으로 되어 있었고 들 위 부분에 있는 주막자리가 옛날에는 냇가였기 때문에 구내주막이라 불렀다 한다. 황계동의 입구로 번개들이 중심이며 농부들의 유일한 휴식처가 되고 있으며 현재 김녕 김씨 한 가구만 살고 있다(김동규 69 외 5명).

2) 신룡리(新龍里)

조선시대는 개령현 서면에 속한 상신, 중신이었는데, 1914년 총독부령에 의하여 행정구역을 대폭 조정함에 따라 오룡동과 합하여 신룡동이라 하고, 1988년에 동을 리로 변경했다. 옛날 중신 남쪽에는 하신 마을이 있었는데 없어졌고 농경지로 변했다.

개령면 소재지에서 서쪽으로 4.5킬로 떨어진 야산지대로 두 마을(상신, 중신)로 이루어지고 초등학교가 있다. 동쪽은 은지들이 있고 구야로 가는 군도(김천-감문)가 지나며 서부리와 접하고, 서쪽은 광덕산(200미터) 지맥이 가로막아 어모면과 접하고 남쪽은 황계동, 북쪽은 오룡동과 접한다.

자연부락의 이름과 그 유래를 알아보면 다음과 같다.

곰내기 · 웅락

약 500년 전에 라척이란 선비가 이 마을을 개척하였는데, 마을 앞산의 모양이 곰이 머리를 내민 것 같다 하여 곰내기라 이름지었으며 한자로는 웅락이라 썼다. 또 마을을 나누어서 중심되는 마을을 상신, 남쪽 마을을 중신, 상신의 아랫마을을 하신으로 부르기도 했는데 1914년 행정 구역 개편으로 신룡동으로 개칭하였다 한다(최병환 50 외 4명).

어모면의 능치, 능점과 함께 모두가 곰 토템을 드러내는 곰 숭배-조상숭배를 하던 관습이 지명에 되비친 것으로 보인다. 농경문화시기로 접어들면서 이는 거북-검(감)으로 바뀌어 쓰이게 된다.

오룡골

신룡동 중에서 북쪽에 위치한 마을로 약 1000년 전에 해주 오씨인 한 선비가 이 마을을 개척하였는데, 마을을 둘러싼 산에서 5개의 능선이 마을을 향해서 뻗어 있고 그 밑에 천연적인 못이 있다 하여 오룡골이라 부르게 되었다고 전해진다(김영삼 43 외 4명).

3) 덕촌리(德村里)

조선시대에는 개령현 서면에 속한 덕림동이었는데, 1910년 한일합방 후 총독부령에 의하여 행정구역을 대폭 조정함에 따라 산당, 자방과 통합하여 덕촌동이라 하고 신설된 개령면에 예속되었다. 1971년 행정구역 개편에 따라 덕촌1동으로 나누었고, 1988년에 동을 리로 변경하였다.

본디 독송은 "독슬"이었는데 한문으로 단송, 독송(獨松)으로 표기하였다. 터골은 기촌(基村), 대촌으로 적었다. 개령면 서단에 위치하고 면소재지에서 4킬로 떨어진 마을이다. 터골과 독송의 두 마을이 어모천을 사이에 두고 있다. 동쪽은 감문산을 경계로 동부리와 접하고, 서쪽은 덕촌분지를 벗어나면 어모면의 넓은 들이다. 남쪽은 은지들 끝 쪽으로 신룡리로 이어지고 북쪽은 취적봉(300미터)이 막았다.

자연부락의 이름과 그 유래를 알아보면 다음과 같다.

터골 · 기동 · 대촌

덕촌동의 중심 마을이며 임씨 왜란 때 함안 조씨가 이 곳을 개척하면서 마을터를 잡았다 하여 기동 또는 대촌이라 했다 하나 지금은 보통 터골이라 불리어지고 있으며 36여 가구에 함안 조씨·김성 나씨·밀양 박씨 등이 주로 살고 있다(조광우 52 외 4명).

독술 · 독송 · 약송

덕촌동의 남쪽에 있는 마을로 약 100년 전에 이 아무개란 선비가 이 곳을 개척할 때 마을 뒷산이 독수리 모양이며, 당시 대단히 큰 소나무가 서 있었다 하여 독수리와 소나무란 뜻을 합하여 약송이라 부르기도 했고, 고립송이라는 뜻으로 독송으로도 불렀으나, 지금은 속칭 독슬이라고 불리어지고 있으며 약 30여 가구에 김성 나씨·홍양 이씨 등이 살고 있다(나채문 55 외 5명).

산당

덕촌동의 북쪽에 있는 마을로서 박 아무개라는 이가 이 마을을 개척하면서 집들이 산 중턱에 자리 잡았다 하여 마을 이름을 산당이라 불렀다 하며 10여 가구에 여러 성씨가 살고 있다(우춘식 67 외 4명).

자방

덕촌동의 북쪽에 위치한 마을로서 1480년 경 오 식이란 선비가 이 마을을 개척할 당시에 실 짜는 방이 있었다 하여 자방이라 불렀다 하며 28가구 정도로 여러 성씨가 살고 있다(오상길 49 외 4명).

4) 서부리(西部里)

본디 부억리, 화목리, 우량리(죽전리)의 세 마을인데 마을이 커지면서 한 마을이 되었고, 조선시대에는 개령현 서면에 속했는데, 1914년 통합하여 서부동이라 하고 개령면에 예속시켰다. 1988년에는 동이 리로 바뀌었다.

개령면 소재지 남쪽에 호두산 밑으로 길게 늘어진 마을로 동쪽은 감천변에 발달한 넓은 들이 펼쳐지고 남북으로 910호선 지방도로(김천-선산)가 지난다.

동쪽은 감천 넘어 아포면 대신동이 바라보이고 서쪽은 호두산이 가로막고 우량동(죽전동) 뒤에는 죽림이 무성하고 북쪽은 동부리로 이어진다.

자연부락의 이름과 그 유래를 알아보면 다음과 같다.

버어골 · 벅골 · 백골 · 버골 · 안동네 · 부억골 · 부억동

현재 동사무소 서쪽 산 안쪽의 위편 마을로 1450년 경 모씨라는 선비가 개척하였다 하며, 주민들의 생활이 넉넉하여 부억동이라 불리어 왔다 한다. 60여 가구에 김해 김씨 · 수원 백씨 · 안동 권씨 · 이씨 · 손씨 등이 살고 있다(이맹조 60 외 5명).

하몰골 · 하묵골 · 하먹골 · 하목골 · 화목동

서부동에서 중심되는 마을로 동사무소에서 동쪽으로 뻗쳐 있으며 이웃과 친척 사이에 화목하게 지낸다 하여 화목동이라 불렀다 하며 이씨 · 김씨 · 문씨 등이 35가구 정도 살고 있다(윤석규 61 외 5명).

우랑동 · 우량동

주민들의 수준이 높고 좋은 마을이란 뜻에서 유래된 이름이며, 화목동 동쪽에 위치한 마을로 문씨 · 전씨 · 박씨 · 윤씨가 7가구가 살고 있다(윤석주 62 외 5명).

죽전동

화목동 북편에 있는 마을인데 오늘날도 마을 뒷산에 대나무 밭이 많다. 대나무를 심은 연대는 알 수 없고 죽전동이란 마을 이름은 대나무가 유달리 많아서 붙여진 것으로 보고 있다. 현재는 10여 가구이며 김해 김씨 · 임씨 · 박씨 · 문씨 등으로 분포되어 있으며, 다소 높은 지대인 마을 중심 부분에 우물이 있어 오늘날도 많이 이용한다(이용근 72 외 5명).

5) 동부리(東部里)

삼한시대(가야시대)에는 감문국이 이곳에 있었고 신라시대에는 감문주 개령군이 설치되었던 곳이다. 조선시대에는 개령현의 중심지로서 부곡면에 속한 화전리, 교동, 구교동이었는데, 1914년에 통합하여 동부동이라 하고 신설된 개령면에 편입되고, 1971년에 교동을 중심으로 한 비석걸, 화전리(옥전리), 와호동을 함께 나누어 동부 1동으로 하고, 1988년에 동을 리로 고쳤다.

개령면 소재지로서 각 기관이 들어서고 중학교가 있으며, 김천시에서 8킬로쯤 떨어져 있다. 910호선 지방도로(김천-선산)가 남북으로 뻗쳐 있어 교통이 편리하다. 동쪽 마을 앞은 넓은 들이 펼쳐지고 감천이 흐르고 강을 건너 아포면과 평야로 이어진다. 남쪽은 서부리가 가깝고 서쪽은 감문산이 막았으며 북쪽은 가까이에 양천리와 이웃한다. 삼한시대 감문국이 있었던 곳으로 금릉군 내에서는 유적지가 가장 많이 남아 있다.

자연부락의 이름과 그 유래를 알아보면 다음과 같다.

윗마을 · 윗골 · 조동 · 교동 · 교촌

오늘날 향교가 있는 위쪽 마을로서 한자어인 교동을 속칭 조동이라 부르며, 이 교동 맞은편 산이 마치 호랑이가 오른쪽으로 누워 잠자는 형상이라 하여 호두산이라고 하는데 이 호두산 윗줄기인 감문산 중턱에 계림사라는 고찰은 신라 눌지왕 3년 아도화상이 산세를 진압시키려고 창건했다고 한다. 15가구 정도 살고 있으며 남평 문씨 · 남양 홍씨 · 경주 이씨 · 김해 김씨 등이 주로 산다(강갑석 61 외 5명).

옥전동

옥지기들이 경작하던 밭으로 생각되는 동부동 북쪽에 있는 마을로 7가구에 보주 강씨 · 경주 이씨가 주를 이룬다(김덕이 67 외 5명).

정변동

동부동 남쪽에 있는 마을로 현재 단위 농협 남쪽 창고 앞쪽에 샘이 있어 지어진 이름이며 10여 가구도 안 되는 조그마한 마을로 김해 김씨·경주 이씨 등이 살고 있다(김영찬 63 외 5명).

조천·구교

원래 동부 2동 정원 뒷산에 향교가 있었는데 이 곳이 명당인지라, 선조시대 명상 유성룡의 혈족 중 한 분의 묘를 쓰기 위해 이 곳에 있던 향교를 감문산 중턱에 옮겼다 하며 그 자리에 큰 묘소와 비석이 안치되어 있는데 옛날의 향교터라 하여 구교라 부르며, 또한 조동에서 볼 때 해가 뜨는 마을이며 감천변이 가까이 있어 조천이라고도 불리어 오고 있으며 70여 호에 성산 배씨·김해 김씨 등 여러 성씨가 모여 살고 있다(배종건 60 외 5명).

6) 양천리(楊川里)

조선시대에는 개령현 부곡면에 속했는데, 1914년 총독부령에 의하여 신설된 개령면에 예속되고, 1988년 동이 리로 변경되었다. 개령면 소재지에서 500미터쯤 북쪽에 있고 옛 금릉군 내에서 가장 넓은 평야를 끼고 있으며, 동쪽에 감천이 북으로 흐르고 천변을 따라 910호선 지방도로가 지난다. 서쪽은 취적봉(300미터)이 막았고, 북쪽은 광천리, 남쪽은 동부 2리와 인접하고 있다.

자연부락의 이름과 그 유래를 알아보면 다음과 같다.

역말·양천·양천역

감천 냇가의 수양버들이 경치가 아름답기로 이름 나 양천이라 부르게 되었다 하며, 지금도 이 마을 앞 감천변을 따라 큰 수양버들이 많아 여름철 피서지로 이용되며 양천동 중앙 부분에 조선 때 개령 도찰방에 딸린 양천역이 있었는데 고종 건양 원년에 혁파되었다 하며 여러 성씨가 모여 살고 있다(이덕기

60 외 5명).

7) 광천리(廣川里)

조선시대에 개령현 부곡면에 속한 광한이었는데, 1914년에 횡천과 합하여 광천이라 하고 신설된 개령현에 들게 되었다. 1971년에 광한을 광천 1동으로 나누었고, 1988년에 동을 리로 바꾸었다.

개령면 소재지에서 북으로 1.7킬로쯤 떨어져 동쪽에 감천변에 넓은 광천평야를 낀 평야지대에 있다. 감천 따라 910호선 지방도로가 지나고 남쪽은 양천리와 접한다. 서쪽은 낮은 산이 뒤를 막고 북쪽은 남밭 골짜기를 사이로 광천 2리(횡천)와 인접한다.

자연부락의 이름과 그 유래를 알아보면 다음과 같다.

광어이 · 광한

병자호란 때 안 련이란 사람이 짓밟힌 조국을 비통히 여겨 개령 광한리로 낙향하여 들이 넓고 내도 광활하다고 붙인 지명이라 하며, 방언으로 광어이라고 하는 데 70여 가구에 순흥 안씨들이 주로 살고 있다(안병옥 63 외 5명).

빗내 · 큰마 · 횡천

낙동강의 지류인 감천에 비켜 흐르는 내가 동네 앞으로 흘러서 빗내라고 했다는 이야기와 동네가 감천에 비스듬히 있다고 빗내라고 한다는 설도 있으며, 새마와 중마를 구별되게 하기 위해 큰마라고도 부른다. 빗내 농악은 전국적으로 유명하며 70여 가구에 김녕 김씨 · 보주 하씨 · 청주 한씨 등이 많이 살고 있다(한상언 73 외 5명).

감천의 흐름이 마을에서 보면 빗겨 흐르는 모습으로 보아 그리 붙인 것으로 보인다. 강원도 횡성의 옛 이름도 횡천이었는데 그 이전의 이름을, 어사매 곧 엇매라 함을 보더라도 빗내는 빗겨 흐르는 내임을 짐작할 수 있다.

새마 · 주거리

빗내 앞에 있는 마을로서 처음에는 주막이 있어 주막거리라 했으나, 그 후 주택이 늘어남에 따라 새로 생긴 마을이란 뜻에서 새마라 부르게 되었다. 18가구에 김씨 · 하씨 · 엄씨 · 윤씨로 분포되어 있다(김오식 65 외 2명).

8) 남전리(藍田里)

조선시대는 개령현 부곡면에 속했는데, 아랫마(하촌), 웃마을(상촌)을 물로동이라 했다. 1914년 총독부령에 의하여 못안 불당골까지 합쳐서 남전동이라 하고 개령면에 예속시켰다. 1988년에 동이 리로 개칭되었다.

개령면 중앙에 자리하고 면소재지에서는 3킬로 떨어지고 먼 곳 대양묘까지는 6킬로이다. 동서로 길게 골짜기를 이루고 남북은 산이 가로막아 협곡을 이루었다. 동으로부터 못안, 아랫마, 웃마, 불당골, 대양묘의 5개 부락이다. 못안에서 대양묘까지는 5킬로쯤 되고, 관내 4개의 못이 있다.

자연부락의 이름과 그 유래를 알아보면 다음과 같다.

남밭 · 남전 · 물로동 · 물로리 · 불로리 · 적전

원래 물로동이라 불렀으나 소년들이 잘 죽어 조선 때 남밭으로 이름을 고쳤다고 하며 산에 나무가 적어 적전이라고도 불려지며 신선이 놀던 곳이라 하여 물로리 또는 불로리라고도 불려져 오고 있으며 약 60여 가구로 일선 김씨와 선산 김씨가 주로 살고 있다(김익병 62 외 4명).

웃마 · 상촌

남밭내(川)에서 위쪽에 위치한다고 웃마라 부르게 되었다 한다. 오늘날 포도 · 복숭아 등 산지 과수를 많이 심어 부촌으로 가꿔 가고 있으며, 선산 김씨를 비롯하여 최씨 · 서씨 등 20여 가구가 살고 있다(김익병 68 외 4명).

아랫마 · 하촌

남밭내(川)에서 아래쪽에 위치한다고 아랫마라고 부르게 되었다 한다. 근래에 자두밭 · 포도밭 등을 많이 조성하여 높은 소득을 올리고 있다. 선산 김씨들이 주축이 되며 이씨 · 송씨들의 각성이 있으며 30여 가구에 고풍의 풍습이 많이 남아 있고 인심이 좋은 마을로 손꼽힌다(김익병 68 외 4명).

못안 · 지내

마을 앞에 못이 있다고 하여 못안이라 부르게 되었으며, 이 못은 면적이 4000여 평으로 모든 산세와 지세가 이 곳에 모이므로 나라에서 역적이 난다고 광산 김씨의 소유인 땅을 지금부터 약 500년 전에 못으로 만들었다고 하며 10여 가구인데 주로 일선 김씨가 살고 있다(김흔병 60 외 1명).

3. 이 고장의 문화재

개령향교(開寧鄕校)

위치 : 김천시 개령면 동부리
      408번지
창건연대 : 미상 ·

1473년(성종 4년)에 개령 현감 정난원이 지금의 위치보다 남동쪽으로 떨어진 유동산 일명 관학산 밑 감천변에 창건했다고 하는데 조선 초기에 전국 군.현에 창설한 경위는 미상이다.

1522년(중종 17년)에 현감 태두남이 크게 수축하고 1563년(명종 18년)에 현감 윤희주가 중건했다. 임진왜란에 개령 주민들이 왜병을 영입했기 때문에 전란의 피해를 면했던 것이다.

계림사

위치 : 경상북도 김천시 개령면 동부리 434번지
창건연대 : 신라 눌지왕 3년(419년)
창립자 : 아도화상

감문산에 자리한 계림사는 신라 아도화상의 창건으로 전해진다. 창건 당시의 사적은 알 수 없고 다만 사중에 전해 오는 감주 계림사 개건기 또는 계림사 사적기(1954년 현판 필사) 등이 중요 사적으로 있을 뿐이다.

이들 기록에 따르면 민간에 전해지는 계림사 일대의 지형은 호랑이의 모습이므로 이를 진압하기 위하여 계림사를 건립하였다고 하였다. 이 같은 사실을 뒷받침하는 것은 절의 건립 또는 괘불의 조성에도 마을 사람 또는 향청의 인사들이 참여하고 있는 것으로도 알 수 있다.

물론 이 괘불은 같은 지역의 쌍룡사로부터 옮겨 온 것으로 되어 있지만 일단 그 보관장소가 계림사라는 것이 주목된다. 현재 그 괘불은 직지사에서 보관하고 있다. 뿐만 아니라 흥미로운 것은 지역의 향인들이 스스로 절의 경내에는 묘를 쓰지 않는 것으로도 유명하다. 즉 묘를 쓰면 동리의 우물이 변하므로 동리 사람들이 서로 감시하여 밀장을 금하고 있다는 것이다.

근세 계림사의 중건은 순조 4년(1840) 여러 계인이 중심이 되어 대웅전을 비롯하여 요사 즉 방랑과 공루를 확정하고 향연가등을 건립하였다.

빗내 농악

지정 : 경상북도 무형문화재 제8호 1984.12.29
기능보유자 : 한기식(1933년생)
전승지 : 김천시 개령면 광천 2리(빗내마을)

빗내 농악이 전승되고 있는 빗내 마을은 삼한시대 감문국에 속했던 곳으로, 넓은 개령들을 앞에 두고 뒤에는 감문 산성의 성터가 있고 군사를 동원할 때

나팔을 불어 신호했다는 취적봉이
란 산이 있다.

빗내 마을에는 옛 감문국의 나라
제사와 풍년을 비는 빗신제가 혼합
한 채동제 형태로 전승되어 동제
(음력 정월 6일) 때는 풍물놀이와
무당의 굿놀이, 줄다리기 등의 행사
가 행해졌다.

이들 행사가 혼합되어 진굿(진풀이)의 농악놀이로 발전하였다. 전국 농악
놀이의 대부분이 농사굿인데 반하여 이곳 빗내농악은 진굿으로 가락이 강렬하
고 가락의 굿판이 명확한 차이를 보인다.

모두 12가락은 질굿, 문굿, 마당굿, 반죽굿, 도드레기, 영풍굿, 허허굿, 기러
기굿, 판굿, 채굿, 진굿, 지신굿으로 구성되었고, 이 12가락은 긴 것과 짧은 것
의 119마치로 세분된다.

빗내 농악은 1961년부터 마을 무대를 벗어나 전국 민속 예술 경연대회 등
전국의 넓은 무대로 진출하여 대통령상을 비롯한 수많은 각종 상을 수상하여
빗내 농악의 우수성을 과시하고 있다.

4. 이 고장의 전설

가. 라(羅) 장군과 라벌들

신룡 1리 마을 동쪽에 있는 들인데, 옛날 라(羅)씨 성의 장수가 나서 국가
의 도적을 잡자 그를 기리어 라벌들이라 하였다.

나. 대적(大賊)들의 피해

덕촌 1리의 두 마을 앞 어모천(牙川) 북쪽에 있는 들인데, 옛날에는 이곳에

몇 집이 살았다 한다. 자주 도적들이 침범하여 마을이 없어지게 되었는데, 뒤에 대적들이라 부르기도 한다.

다. 나팔로 급보를 알린 취적봉(吹笛峰)

동부 1리 마을 뒤 감문산 북쪽에 솟은 취적봉은 옛날 감문국 시절에 나라에 큰 변이 일어나면 이곳에서 나팔을 불어 급변을 알려 군사를 모이게 했다 한다.

라. 감문국의 황실이 있었던 내황골(內皇谷)

광천 1리 양천 마을 뒤 골짜기에 내황골이 있는데, 감문국의 내황실(內皇室)이 있었던 곳이라 한다.

마. 북을 치던 당고산(撞鼓山)

광천 1리 양천 마을 뒷산인데 감문국 시절에 큰일이 있으면 이곳에서 북을 쳐서 알렸다 한다.

사. 원룡장군수(元龍將軍水)와 바위배기

광천 2리 빗내(橫川)마을 남쪽에 있는 산언덕에 '원룡장군수'라는 우물이 있다. 옛날 진동(陳童)이란 총각이 밤에 어른 묘를 지키는 여묘살이를 하고 있는데, 두 소년이 우물을 마시며 하는 말이, "내일까지만 마시면 승천한다." 하기에, 이튿날 진 총각이 이 물을 마시고 힘센 장사가 되었다. 천하장사가 된 진 총각은 마침 마을 앞을 흐르는 냇가에 다리가 없어 이곳에 징검다리를 놓으려고 큰 바위덩이를 메고 오다가 멜빵이 끊어져서 바위가 땅에 박혔는데, 그 바위는 아무도 움직일 수가 없어서 지금도 그 자리에 박혀 있다 한다. 그 후 마을 사람들은 바위가 박혀 있는 자리를 '바위배기'라 불렀다고 한다.

감문면(甘文面)

1. 마을의 내력

삼한시대에 지금의 문무동에 문무국이 있었다고 전하여 지고 있으나, 고증할 길이 없으며, 조선시대에는 개령현에 속한 곡송면(곡송, 신풍, 태성, 완동, 장기, 대오, 월류, 소재)과 금산군에 속한 위량면(나가, 금보, 구야, 상여, 송문, 성북, 상군, 하군, 적하, 부곡, 본리, 남곡) 및 개령현에 속한 북면(삼봉, 오성, 가척, 성촌, 광동, 명천, 하보, 대양) 등 3개 면이 있었는데, 1914년 북면을 곡송면에 합하고, 1934년 위량면과 감문면을 통합하여 감문면이라 하였다.

1983년 2월 15일 봉남동과 소재동이 선산군(선산읍)에 편입되었으며, 1988년 동을 리로 바꾸었다. 또한 위량면 사무소는 금라동에 있었으며, 곡송면 사무소는 북면과 합치기 전에는 광덕동(천동)에 있었다. 1919~1930년까지는 면사무소가 덕남동에 있었다. 1931년 태촌동으로 옮겼다가, 1934년 위량, 곡송면이 합면된 후 감문면으로 변경되어 면사무소는 두 면의 중간지점인 보광리 351번지에 세워 써 오다가 1992년 3월 6일 북동쪽 500미터 지점에 오늘날의 청사를 새로 짓고 옮기었다.

김천시 북부에 위치하며 동쪽으로 구미시 선산읍과 무을면, 북쪽으로 상주시 공성면과 경계를 이루고 서쪽은 어모면, 남쪽은 개령면과 감천을 경계로 아포면과 접경하고 있다.

북쪽에 있는 백운산(일명, 속문산, 618.3미터)은 남쪽으로 뻗고 있으며, 남쪽은 대양산(312.6미터)은 개령면 남전과 경계를 이루며, 백운산에서 발원한 감문천은 면 서쪽으로 흘러 개령면 서부에서 감천과 합류하고, 외현천은 면 중 앙부의 북남으로 관류하여 태촌(배시내)에서 감천과 합류하여 낙동강으로 흐 르고 있으며, 대체로 북부는 산간지대, 남부는 평야지로서 10년전부터 미곡을 탈피한 특수작물 참외, 토마토, 오이, 포도 등을 재배하여 주민소득이 높은 곳 이다.

2. 마을의 이름과 유래

1) 보광리(寶光里)

조선시대는 개령현에 속한 상보동, 하보동이었는데, 1914년 행정구역 개편 시 두 마을을 합하여 보광동이라 하여, 곡송면에 속하고, 1934년 4월 1일 곡송 면과 위량면의 합면으로 신설된 감문면의 소관이 되고 면소재지가 되었으며, 1988년 동을 리로 바꾸었다.

조선 선조 임진왜란 때 청주에서 한건이란 선비가 피란 와서 이곳에 정착하 게 되었으며, 그 후 1608년 길 가던 해주 오씨 명건이라는 선비가 한건의 딸과 혼인하여 이곳에 정착하여 집성촌을 이루었다.

327호선 군도가 마을 중심을 지나고, 면사무소가 있는 감문면 행정중심 지 역으로 1993년 31,803평의 농공단지가 조성된 지역이다. 동쪽 1킬로쯤 떨어져 하보가 있으며, 남쪽으로 대양산(312.6미터)을 경계로 개령면 남전과 접경을 이루고, 북쪽으로 보광산(238.9미터)을 경계로 삼성리와 인접하고, 서쪽은 금 라리, 동쪽은 대양 2리가 있으며, 마을 앞에 못이 있다.

2) 금라리(金羅里)

조선시대에는 금산군 위량면에 속한 나가동, 금보동이었는데, 1914년 두 마을을 통합하여 금라동이라 하였으며, 1934년 4월 1일 신설된 감문면에 속했고, 1988년 동을 리로 바꾸었다.

임진왜란 때 김이환, 이방 두 형제가 란을 피하여 이곳에 정착하여 집성촌을 이루어 마을이 형성되었다. 나가, 금보, 양지뜸, 웃뜸, 음달뜸 등 5개 부락으로 구성되어 있으며, 327호선 군도가 마을 앞을 서동으로 지나고 있고, 마을 앞에 못이 있다. 동쪽으로 보광리, 북쪽으로 남곡리와 접하여, 서쪽으로 구야리, 남쪽으로 개령면 남전과 접경하고 있는, 1910년 위량면의 면소재지이기도 하였다.

자연부락의 이름과 그 유래를 알아보면 다음과 같다.

나골 · 나가동

임진왜란 때 김이환 · 김이방 두 형제 선비가 피란하러 왔다 이 곳에 안착하였으며 개척당시 숲이 울창하고 수려하여 계곡과 산록에는 갖가지 꽃이 만발하여 금수강산을 이루어 신라와 가야의 명승지로 신라의 라와 가야의 가를 따서 나가동이라 불렀다 한다(윤덕원 71 외 5명).

3) 구야리(九野里)

조선시대에는 금산군 위량면에 속한 구야동으로, 마을 남쪽 끝에 오래되지 않은 새터를 합하여 1914년 구야동이라 하고, 1934년 신설된 감문면 소관이 되었으며, 1988년 동을 리로 바꾸었다.

조선 선조(1590년) 때 남양 홍씨가 이곳에 이주하여 개척하였으나, 후대는 없어지고 지금은 경주 이씨가 많이 살고 있다.

감문면 소재지에서 남쪽으로 2.4킬로쯤 떨어진 떨어져 있는 지역으로 동쪽은 취적봉 지맥이 서쪽으로 뻗어 개령면 남전리와 경계하고, 서쪽은 은림리, 남쪽은 자방 마을이 이웃하고, 북쪽은 금라리로 이어지고 마을 서쪽에 군도가 지나간다.

자연부락의 이름과 그 유래를 알아보면 다음과 같다.

구래실·구야곡

조선 선조 때 남양 홍씨가 마을을 개척하였으며, 마을 뒤 구봉산 밑에 아홉 가지의 큰 과실나무가 있었는데 이 마을에 흉년이 들 때마다 과실이 많이 열려 주민들에게 배고품을 잊게 해 주었다고 하여 구래실이라 불리게 되었다(윤갑종 65 외 5명).

4) 은림리(隱林里)

조선시대에는 금산군 위량면에 속한 상군동, 하군동, 본동이었는데, 1941년 이들을 통합하여 은림동이라 하고, 1934년 행정구역 개편에 따라 신설된 감문면의 소관이었으며, 1988년 동을 리로 바꾸었다.

마을 형성은, 상군의 경우 조선 광해군 때 수원 백씨가 처음 마을을 개척하였으며, 하군은 현풍 곽씨가 정착하고, 본리는 여흥 민씨가 정착하여 집성촌을 이루었다.

감문면 면 소재지에서 서쪽으로 3킬로 지점, 어모 경계에 있는 3개 마을(상군, 하군, 본리)로 이루어져 있으며, 감문천변에 발달한 평야지로 동쪽은 구야리, 서쪽은 어모면 군자리, 남쪽은 다남리, 북쪽은 도명리로 이어진다.

자연부락의 이름과 그 유래를 알아보면 다음과 같다.

굴미·군명·상군

감문면의 가장 서쪽 끝에 자리한 이 마을은 북쪽에 있는 백운산으로부터 남북으로 뻗은 두 갈래의 산줄기 사이에 자리잡고 있다. 조선 선조 때인 1590년경 수원 백씨가 처음 마을을 개척하여 군자와 같은 훌륭한 인물이 많이 나오기를 기원하는 뜻에서 군명이라 칭했다 하며 또 군명은 은림동의 상부에 위치하고 있다 하여 상군이라 칭했다 한다.

앞서 수원 백씨가 정착한 이 마을에 김해 김씨의 삼현과 후손인 가선대부 중추부사 동지 김제복이 현 금릉군 어모면 남산동으로부터 그의 실제 김제군과 함께 이주하여 200여 년을 내려오는 동안 벌족을 이루고 있으며 다른 성씨도 속속 이주하여 오늘날 100여 가구가 거주하고 있다.

전설에 따르면, 조선 때 수원 백씨 가문의 어떤 가난한 집에 태어난 사내아이가 생후 10여 일에 장군의 용태로 갑옷을 정장하여 뛰어난 무술로 집 안팎을 비호같이 다니며 위세를 떨치자 소문이 퍼질 것을 두려워한 그의 부모가 장군이 잠든 사이 그의 겨드랑 밑을 깃털침으로 찔러 절명하게 했다는 소문이 있었다.

후일 이 소문을 전해들은 일본인이 군명 마을에 용맹한 장군이 속출할 것을 두려하여 마을 양편에 남북으로 뻗은 두 줄기 산맥을 끊어 감문면과 어모면을 연결하는 지방도를 내었다(백팔문 72 외 4명).

하군 · 하군명

은림동에서 중심이 되는 마을로 군명의 아래편에 있다 하여 하군이라 부르고 있으며 이 곳에는 여흥 민씨가 많이 살고 있으며 특산물로는 왕골이 많이 생산된다.

사래 · 본리

하군의 남쪽에 있는 마을로 처음 마을을 개척한 것은 조선 인조 때 여흥 민씨라는 상당한 덕망과 학식을 갖춘 선비가 한양에서 내려와 이 곳에 은거하면서 마을을 조성하였다 하며 지금도 민씨 후손들이 많이 살고 있다(서정호 68 외 5명).

5) 도명리(道明里)

조선시대에는 금산군 위량면에 속하였으며 옛길이 난 마을이었다. 1914년 행정구역 개편시 도명으로 고치고, 1934년 신설된 감문면 소관이 되었으며, 1988년 동을 리로 바꾸었다. 조선 선조(1539년) 때 경주 김씨와 여양 진씨가 처음으로 이 마을을 개척하면서 정착하여 집성촌을 이루었다.

감문면 소재지에서 서쪽으로 5킬로쯤 떨어진 산간지대로 동쪽에 감문천이 흐르는 연변에 농경지가 동남에서 서북으로 펼쳐 있고, 남쪽은 앞산(259미터), 서쪽은 뒷골산(230미터), 샛골(320미터), 선박골산(340미터)이 병풍처럼 송림으로 싸여 있으며, 북쪽은 문무리로 앞은 노송과 수양버들로 에워싸여 자연의 아름다움을 만끽할 수 있는 전형적인 시골 마을이다. 1990년도부터 참외 재배로 소득이 점차 높아져 풍요로운 생활을 하고 있다.

자연부락의 이름과 그 유래를 알아보면 다음과 같다.

돌곰이 · 고도리 · 고도

신라 선덕왕 때 이 부락의 이웃인 문무국의 세력이 강하여 이에 대비하기 위한 순찰로가 이 마을에 있었으며, 또 마을 입구에 정자나무 40여 그루가 늘어서 있어 조선 때 과거 보러 가던 많은 사람들이 이 정자나무 그늘에서 쉬어 갔다고 하는 이야기가 전해 오고 있다.

순찰로 · 과거 길 등 옛 길과 관련이 많아 조선 선조 이후 마을 이름을 고도리라 칭했다 하며, 돌곰이라 부르는 들판이 고도리 앞에 있고 인가가 몇 집 있었다 하나 지금은 다 떠나고 마을이 없어졌다(진용관 55 외 5명).

6) 문무리(文武里)

삼한시대에는 문무국이 이곳에 있었다고 전해 오고 있으나, 고증할 문헌은 없으며, 전해 오는 말에 의하면 신라 선덕왕 때(780년경), 밀양 박씨가 상주에서 이곳에 와서 지형을 보니 앞산과 뒷산인 백운산의 지형이 매우 기이해서 문무국이라는 부족국가를 세우고 백운산에는 백운 산성을 쌓아 개척하였다.

고려와 이조시대는 금산군 위량면에 속한 상여동, 하여동이었는데, 1914년에 장전과 합하여 문무동이라 하고 1934년 행정구역 개편으로 신설된 감문국의 소속이 되었고 1988년 동을 리로 바꾸었다.

감문면 소재지에서 서쪽 7.4킬로쯤 떨어진 산간 마을로 상여, 하여, 장전의 3개 마을이고, 면적이 가장 넓으며, 마을 앞뒤에 옛 백운산 성지가 있으며, 서쪽은 어모면 구례, 북쪽은 상주군 공성면과 이웃하고 있으며, 옛날에는 재 넘어 공성장을 이용하였다고 한다. 참외, 채소, 화훼 등의 특수작물 재배를 하고 있다.

자연부락의 이름과 그 유래를 알아보면 다음과 같다.

여모 · 여무 · 여산골 · 여산

이 곳은 사방이 험한 산으로 둘러싸여 있고 수풀이 우거져 산에 많은 여우가 살아 마을의 가축 · 곡식 등에 많은 피해를 입혀 그 피해를 막기 위해 칼을 잘 쓰는 사람들이 모여 살았기 때문에 여무라 불렀고 문무국 개국 전에 여산 고을이 있었기에 여산골이라는 이름으로 불리어졌으며, 문무국 멸망 후에 상여와 하여를 합하여 여무라 불렀다고 전해오고 있다(이성준 50 외 5명).

일단은 문무의 무와 하여 상여의 여를 합하여 여무가 되었다고 볼 수 있으나 기원적으로 보아 어모의 소리가 바뀌어 여무가 된 것으로 상정할 수 있다.

7) 남곡(南谷)

조선시대에는 금산군 위량면에 속한 남곡이었는데, 1914년 행정구역 개편시 신설된 감문면 소관이 되었으며, 1988년 동을 리로 바꾸었다. 조선 선조 25년(1592) 임진왜란 때 경주 정씨 금오라는 사람이 상주 남실에서 피난 와서 정착하면서 집성촌을 이루었다.

감문면 소재지에서 5.8킬로쯤 서남쪽에 있는 산간지대에 자리하고, 백운산(618.3미터)이 동, 북, 서 3면을 둘러싸고 있으며, 남쪽으로는 골짜기를 따라서 도명리와 통한다.

자연부락의 이름과 그 유래를 알아보면 다음과 같다.

남실·남곡

조선 선조 26년 임진왜란 당시 경주 정씨 금오라는 사람이 상주 남실에서 살다가 이 곳으로 난을 피해 와 이 마을에 정착해 살면서 상주 남실의 이름을 따서 남실이라 불리어 오고 있다는 설도 있고, 백운산 남쪽 골짜기가 되므로 남실 또는 남곡이라 불리어졌다고도 한다(정기술 78 외 5명).

8) 송북리(松北里)

조선 중기까지는 내송문, 중기리, 외송문 마을로 이루어지는 속문리였는데, 말기에 송문으로 바뀌고, 1914년 성북동에 통합하여 송북동이 되었다가 신설된 감문면에 예속되고, 1971년 송문(송북)을 송북 1동으로 나누었고, 1988년 동을 리로 바꾸었다.

조선 선조 25년(1592년) 임진왜란 때 성산 배씨 경원이라는 시인이 피란 와서 이곳에 정착하여 그 후손이 집성촌을 이루었으나, 지금은 김해 김씨와 남양 홍씨가 많이 살고 있다.

감문면 소재지에서 북으로 7.7킬로 떨어진 최북단의 산간오지 두 마을로 구성되어 있으며 북쪽은 삼두봉(343미터), 서쪽은 백운산(618.3미터) 줄기로 병풍같이 둘러싸여 있는 한편 감문면의 최고봉에서 흘러내리는 하천이 마을 중심을 지나므로 가뭄에 대비할 수 있고, 언제든지 맑은 물을 가까이 볼 수 있는 아름다운 경관을 이루고 있으며, 금릉, 상주, 선산 3개 군의 경계지역으로 중요한 자리를 잡고 있다.

자연부락의 이름과 그 유래를 알아보면 다음과 같다.

송문

조선 선조 때 시인 배경원이 피란 생활 중 마을을 개척하였다 하며, 마을 뒤 백운산 소나무 숲의 풍경이 아름다워 송문으로 불리게 되었다 한다(홍동근 72 외 4명).

성북골 · 성북

조선 선조 때 이종성이라는 사람이 경북 안동에서 살다가 생활이 곤란하여 이 곳에 이주해 마을을 개척하였다 하며, 신라 선덕왕 때 쌓았다는 성터가 백운산에 있는데 성의 북쪽에 있는 마을이라 성북골이라 불렀다 한다(서정규 72 외 4명).

9) 금곡리(金谷1里)

조선시대에는 금산군 위량면에 속한 적하리였으나, 1914년에 부곡, 비실, 비곡의 이곡을 합하여 금곡동이라 하고, 1934년 행정구역 개편으로 신설된 감문면 소관이 되었고, 1971년 적하를 금곡 1동으로 나누었으며, 1988년 동을 리로 바꾸었다.

조선 선조 임진왜란 때 파평인 윤완이라는 선비가 한양으로 가는 길에 이 마을을 지나다가 혼자 사는 경주 김씨의 낭자와 결혼하여 이곳에 정착하여 후손이 집성촌을 이루고 있다.

면소재지에서 북으로 5.1킬로 떨어진 산간지대로 사방이 산으로 둘러 싸여 있고, 동쪽은 삼성리, 서쪽은 산 너머에 금곡리, 남쪽은 봉화산과 보광산이 가로막아 금라와 접하고, 북은 백운산 지맥이 가로막아 마을 뒤에는 다락논이 많고, 전형적인 산골 마을로 부락을 형성하고 있으며, 마을 앞은 논이 많은데, 물이 짧은 관계로 저수지가 많다.

자연부락의 이름과 그 유래를 알아보면 다음과 같다.

노래 · 적하

임진왜란 때 파평인 윤 완이라는 선비가 서울로 가는 길에 이 고을을 지나다가 혼자 사는 경주 김씨의 낭자와 결혼하여 이 마을을 개척하였는데 마을의 남쪽 · 서쪽 · 북쪽에 산이 높아 해가 일찍 지고 노을이 빨리 오기 때문에 노래라 불리어 온다고 한다(김종진 66 외 4명).

가매실 · 부곡

조선 선조 때 노씨 한 가구가 마을을 처음 개척하였는데 마을 모양과 지형이 가마솥처럼 생겼다 하여 가매실이라 불렀다 하며, 그 후 박 · 김 · 류씨 순으로 이주해 왔으며 현재는 김 · 류 · 서씨 등이 살고 있다(류희수 67 외 4명).

10) 삼성리(三星里)

조선시대에는 개령현 북면에 속한 삼봉, 외삼봉, 신기, 던돌마였는데, 1914년에 오성동을 합하여 삼성동이라 하고 곡송면에 편입되었으며, 1971년 삼봉 등 4개 마을을 삼성 1동이라 나누었고, 1988년 동을 리로 바꾸었다.

조선 선조(1589년) 때 구례 장씨 예복이라는 사람이 이 마을을 개척하였으며, 영월 엄씨와 더불어 집성촌을 이루고 있다.

감문면 소재지에서 3킬로 떨어진 평야지대로 삼봉, 외삼봉, 신기, 던돌마 등 4개 자연부락으로 던돌마에는 감문 중학교, 감문 농협, 감문 우체국 등이 있으며 농업과 상업을 병행하고 있다.

자연부락의 이름과 그 유래를 알아보면 다음과 같다.

삼봉

삼성동에서 중심이 되는 마을로 봉우리가 셋인 삼봉산 아래 있어 삼봉이라 부르게 되었다 하며 처음 장씨가 마을을 개척하였고 그 후 엄씨가 들어와서 주로 장씨 · 엄씨가 살았다 하나 지금은 여러 성씨가 모여 살고 있으며, 감문중학교 · 감문 단위농협 · 감문우체국이 이 곳에 있다(엄도만 66 외 5명).

오성

삼봉에서 서쪽으로 외현천을 따라 약 2킬로 올라가면 감문초등학교에서 세 갈래 길이 있는데 오른쪽 골짜기로 더 들어가면 이 마을인데 뒷산의 모양이 말 같다 하여 오성이라 칭했다 하며, 임진왜란 때 김씨·박씨·신씨 등이 피란 와서 살게 되었다 하나 지금은 각성이 모여 살며 1914년 행정 구역 조정에 따라 삼봉과 이 오성의 삼과 성을 따서 삼성동이 되었다 한다(김도근 70 외 5명).

11) 광덕리(廣德里)

광덕동이라 하고, 북면은 곡송면에 통합되었으며, 1934년 신설된 감문면에 예속되고, 1971년 가척을 광덕 1동으로 나누었고, 1988년 동을 리로 바꾸었다.

조선 단종(1454년) 때 강릉 유씨 2집이 이 마을에 정착하여 개척했으나, 지금은 열집 정도가 살고 있다.

면 소재지에서 7.1킬로 떨어진 산간오지 마을로 선산의 무을로 넘어가는 길목에 있으며, 서쪽은 오태산(451.6미터)이 서북을 막고, 동쪽은 광덕산(393.5미터)이 막아 분지를 이루고 있는 마을이다.

문수산에 문수사가 있었다고 한다. 문수사는 신라의 오래된 절로서 일정 때 금동보살이 출토되었다고 한다.

자연부락의 이름과 그 유래를 알아보면 다음과 같다.

개자·가척

조선 단종 때 강릉 류씨 두 가구가 가척 고개에 정착하여 살면서 가척이라 불렀다 하며, 일설에는 이 고개에 산적이 자주 출몰하여 부녀자를 희롱하고 곡식과 금품을 수탈해 가므로 고개를 넘어 현재의 마을로 이주하여 살면서 한치의 땅이라도 더 개척하자는 뜻에서 가척이라 불렀다고도 한다(류재선 56 외 5명).

숯골 · 탄동

고려 말 정희언이란 사람이 이 곳에 살면서 정씨는 화성이므로 화자를 따고 숯은 땅 속에 묻혀도 부패되지 않으므로, 충절과 효를 마을의 계명으로 삼는다는 뜻에서 탄동이라 불렀다 한다(정원 78 외 5명).

숯을 생산한다고 붙일 수도 있고, 숯-숫-슷-사이란 뜻으로 풀이할 수도 있다.

담안 · 장내

조선 숙종 때 평해 황씨 세 가구가 이 곳에 정착하여 삼 형제가 같이 살며 담을 세 가구가 같이 쌓고 대문을 하나로 함께 사용하였다 하여 담안 또는 장내라 한다(황점출 70 외 5명).

12) 덕남리(德南里)

조선시대에는 개령현 곡송면에 속한 신풍리였는데, 1914년 곡촌(시술)리와 통합하여 덕남동이라 하고, 1934년 행정구역 개편으로 김천군 감문면에 예속되었고, 1971년 신풍을 덕남 1동으로 나누었으며, 1988년 동을 리로 변경하였다.

이조 중엽(1507년) 동래 정씨가 이곳을 지나다가 양지 바르고 사람이 살기에 좋을 것 같이 이 마을에 정착하였으며, 지금은 김해 김씨와 전주 이씨가 모여 살고 있다.

면소재지에서 동쪽으로 6.2킬로 떨어진 평야지대로 동쪽은 감천변 태촌들로 이어지고 서쪽은 광덕리 앞들로 이어진다. 남쪽은 들을 건너 낮은 산이 들어 앉았고, 북쪽은 광덕산 지맥이 뻗어 덕남 2리와 인접하고 있으며, 마을 뒤 동북쪽으로 약 1.5킬로 지점에 광덕 저수지가 있어 마을 앞 들의 물 문제를 해결하므로 농업이 발달되어 미곡을 중심으로 농업이 발달하였다.

현재는 고소득 작물인 참외와 토마토, 특히 선인장을 재배하여 다른 마을보다 주민의 소득이 월등히 높으며 앞으로 마을의 진입로 확장, 포장이 완료되면 각종 원예작물 수송이 원활하게 된다.

자연부락의 이름과 그 유래를 알아보면 다음과 같다.

신풍

약 200년 전에 근처에 있는 선영을 수호하기 위해 몇 집이 살기 시작했는데 당시에는 리동의 명칭도 없었기 때문에 자나가던 세 사람의 풍수가 삼풍동이라 하자 하여 삼풍동이라 불리다가, 어느 해 마을에 대풍이 들어 새로이 풍요로운 마을을 이루었다 하여 그 때부터 신풍이라 했다고 전해지고 있다(김종선 61 외 4명).

시술 · 실술 · 곡송

마을 뒤에 광덕산이 있는데 산세는 험하지 않으나 여러 갈래의 긴 계곡이 뻗어 있고 넓은 산에는 소나무가 무성하다 하여 곡송이라 불리오고 있다 한다 (이동주 65 외 4명).

13) 태촌리(台村里)

조선시대에는 개령현 곡송면에 속한 태성리였는데, 1914년 완동, 장기(梨川)와 통합하여 태촌동이라 하였고, 1920년 곡송면 사무소를 이 마을로 옮겼으며, 1934년 행정구역 개편으로 김천군 감문면에 예속되고 면사무소는 폐쇄되었다. 1971년 태성을 태촌 1동으로 나누었고, 1988년 동을 리로 변경하였다.

조선 중종(1529년) 때 김해 김씨 정준이라는 사람이 이 마을에 정착하여 지금은 안동 권씨, 함안 조씨, 김해 김씨가 모여 살고 있다. 면소재지에서 6.1킬로 떨어진 면의 동쪽 끝에 있으며, 감천변 넓은 평야지에 들어앉은 탑산과 뒷산이 구릉을 이룬 곳에 위치한다. 동으로는 장시가 있는 "배시내"(梨川)와 접하고, 서쪽은 성촌리와 이웃하며, 남쪽에는 포장된 군도가 지나고, 북쪽은 뒷산을 경계로 덕남리와 접하고 있다.

자연부락의 이름과 그 유래를 알아보면 다음과 같다.

안마 · 태촌

마을 동쪽에 갈미샘이라는 샘이 있는데 약 200년 전에 이 샘을 중심으로 권씨네 몇 집이 삶의 터전을 마련했는데 당시의 동명은 태성마라 했으나 어느 해 대 홍수 때문에 세 갈래로 흩어져 살게 되었는데 그 중 가장 안쪽 마을로 들어왔다 하여 안마라 부르게 되었다 한다(천영일 55 외 4명).

왁사골 · 완동

옛날 탑산 밑으로 낙동 통로가 있었는데 그 당시 영남 지방의 상인들이 서울로 왕래하면서 이 길을 통과하였는데 상인들은 굴레고개에 있는 주막에서 하룻밤 묵으면서 술을 마시고 서로 자기 의견을 주장하면서 이 주막을 떠들썩하게 했다. 이렇게 밤낮으로 왁자지껄하다 하여 왁사골이라 불렀다 한다(김병현 59 외 4명).

배시내 · 이천

낙동강 지류인 감천이 김천에서 이 마을 앞을 지나 선산 쪽으로 흐르고 있는데 이 감천을 따라 배가 이 곳을 출입했다 하여 배시내라 부르게 되었다 하나 지금은 냇물도 줄고 육로가 발달하여 배는 찾아 볼 길이 없다(안유성 65 외 4명).

14) 성촌리(星村里)

조선시대에 개령현 북면에는 속한 북성, 명천, 명창 3개 마을이었으나, 1914년 이들을 통합하여 성촌이라 하고 곡촌면에 편입되었다가, 1934년 행정구역 개편으로 감문면에 속하였고, 1988년 동을 리로 변경하였다.

고려시대부터 세 마을에 개령 홍씨가 집성촌을 이루고 살았으며, 또한 약 200년 전에는 보은 이씨가 북성에 터전을 마련했으나, 지금은 모두 없어지고 김해 김씨가 모여 살고 있다.

면소재지에서 5.9킬로 동쪽 평야지에 위치하고 있으며 북성, 명천, 명창 세 마을이 길가에 나란히 있으며, 남쪽은 외현천을 낀 광천들이 펼쳐지고, 동쪽은 곡송들이고, 북쪽은 태촌 1리와 접하고 있는 넓고 수원이 풍부하여 벼 생산량이 많으며, 참외와 같은 특수 작물을 많이 재배하여 고소득을 올리는 마을이다.

자연부락의 이름과 그 유래를 알아보면 다음과 같다.

안태성 · 북성

약 200년 전에 보은 이씨가 터전을 마련했으며 마을 뒤에 산제당을 모시고 마을의 번영을 기원하면서 오랫동안 살아왔는데 이 산제당이 북극성과 직결된다 하여 마을 이름을 북성이라 칭했다 한다.

새터 · 바깥태성 · 명천

약 150년 전에 태촌동의 권씨가 처음 이 곳에 와서 살게 되었는데 새로 생긴 마을이라 하여 새터라 하며 또 마을의 동쪽에 맑은 샘이 있는데 어떤 가뭄에도 샘물이 마르지 않고 전 동민의 식수로 사용했으며 수정같이 맑은 물이 솟는다 하여 명천이라 부르게 되었다 한다(권오혁 60 외 4명).

돌모리 · 명창

이 마을의 서쪽에 내가 굽이쳐 흐르고 있는데 큰비가 내리면 이 곳에 많은 돌이 쌓여 마을 이름을 돌모리라 칭했다 하며 또 마을 사람들이 장수한다 하여 명창이라고도 부른다 한다(이성문 65 외 4명).

15) 대양리(大陽里)

조선시대에는 개령현 북면에 속한 대양동이었는데, 1914년 천동을 합하여 대양동이라 하고, 북면은 곡송면에 폐합되었으며, 1934년 신설된 감문면에 속하였고, 1971년 대리를 대양 1동으로 나누었으며, 1988년 동을 리로 바꾸었다.

조선 중종 때(1530년경) 보은군수를 지낸 김해 김씨 희목이란 사람이 이곳에 정착하여 마을을 이루었으며, 그 후손들이 집성촌을 이루고 있다.

감문면 소재지에서 2.6킬로 떨어진 동쪽 야산지대로 마을 앞에 큰 못이 있고, 못 밑에 동북으로 들이 있으며, 동쪽은 성촌리에 인접하고, 남쪽은 개령면 광천과 접해 있으며, 벼농사를 주업으로 하고 있으나, 과수 재배를 많이 하는 마을로 근래에 와서는 참외를 많이 재배하여 고소득을 올리고 있다.

자연부락의 이름과 그 유래를 알아보면 다음과 같다.

대이 · 대양

조선 중종 때 보은군수로 봉직하던 김희직이란 분이 이 곳에 정착하여 마을을 이루었는데 뒷산의 모습이 마치 학이 알을 품은 듯하여 10년내에 큰 인물이 태어나 마을이 크게 번성할 것이라 하여 대이라 불렀다 한다(김현국 79 외 6명).

샘골 · 새암골 · 천동

조선 숙종 때 김옥경이란 선비가 이 곳에 개울물이 끊임없이 흘러, 마을 앞 뒤 여러 곳에 샘을 파 보니 수량도 많고 수질이 좋아서 샘골 · 새암골이라 불렀다 한다(김동완 53 외 5명).

3. 이 고장의 전설

가. 공개 놀이 이야기

감문면 금라리 마을 서쪽 봉화산 아래에 있는 공개바위는 외국의 한 장수가 군사를 거느리고 와서 감문국을 침략할 구실을 만들고자 감문국의 장수에게 바위로 공개놀이를 제의했다. 두 장수는 공개놀이를 하는데, 감문국 장수가 실수하여 공개바위를 떨어뜨리자 외국 장수가 조롱했다. 이에 화가 난 감문국 장수가 바위로 외국 장수를 쳐죽여 외침을 막았다고 한다.

나. 위터재에서 잡은 왜적

송북 1리 송문에서 무을 상주로 넘어가는 고개인데, 원래는 왜퇴(倭退)재. 왜유치(倭踰峙)로 불렀다. 임진란 때에 이곳을 넘는 왜군을 포로로 잡아 왜적을 물리쳤던 곳이라 한다.

다. 총각의 원혼과 여우우물

옛날 광덕 1리 탄동에 사는 유씨집에 딸이 있어 서른 살이 되어도 시집을 못 가고 있었는데, 양산골에 사는 바보스런 총각과 정을 나누게 되자 아버지는 그에게는 딸을 줄 수 없다 하고 총각을 유인하여 낫으로 등을 쳐서 우물에 빠뜨려 죽였다. 그 후 비만 오면 그 우물에서 여우 우는 소리가 들려와 여우우물이라고 했다 한다. 광덕 저수지는 당시는 우물이었다 한다.

라. 탄동(炭洞) 임달의 꿈

옛날 단천교도(端川敎導)를 지낸 해주 정씨 유공(由恭)이 임달(林達)이 살고 있는 감문면 광덕 2리 탄동 마을로 이사를 와서 이웃하여 살았다. 임달은 기운이 세고 학문이 높았으며 풍수지리 또한 능통했다. 임달이 탄동의 산세가 좋은 까닭에 명당자리를 찾아 나선 어느 날 온 산을 종일토록 찾아 헤매다 지쳐서 문수봉(文修峰)에 있는 반반한 바위에 누웠다가 잠이 들었다. 꿈에 황룡과 흑룡 두 마리가 계곡에서 나오더니, 흑룡은 서쪽 산봉우리로 들어가고, 황룡은 동쪽에 있는 한벽정(寒碧亭) 위로 숨어들었다. 꿈을 깨고 일어나 생각하니 기이하기 짝이 없었다. 산을 내려온 임달은 유공을 찾아가 꿈 이야기를 했더니, 그는 흑룡은 임달이며 황룡은 자신을 의미한다고 말했다. 꿈대로 임달은 서쪽 봉오리 밑에 자리잡고, 정유공은 한벽정 아래에 자리를 잡았더니, 과연 두 집안이 번성하였다.

마. 왁자지껄한 왁사골

태촌 2리 완동(完洞)은 감천의 홍수로 인근은 수침이 잦았으나 이곳은 안전하다 하여 완동으로 불려졌다 하고, 이 마을은 왁사골이라고도 한다.

옛날 탑 산 아래에 있는 굴레고개에 주막이 있었는데, 보부상들이 숙식하면서 매일처럼 왁자지껄 떠들어 왁사골이라 했다.

바. 말 잘한다고 설대(舌大)

성촌 마을 앞 한길 가에 옛날 설대라는 마을이 있었는데 지금은 없어졌다. 개령 원이 민정을 살피려 이 마을에 들렀더니 동민들이 한결같이 입을 모아 마을 자랑을 늘어놓아 설대라 불렀다 한다.

사. 하덕 마을의 토성

이 마을 뒷산에 미륵바위가 있는데, 웃덕용 마을에서 미륵바위가 보이면 동네가 가난하게 되고, 은림리에서 보이면 처녀가 정신이상이 된다 하여, 미륵바위가 보이지 않게 흙으로 성을 쌓았다 한다.

어모면(禦侮面)

1. 마을의 내력

삼국시대에 고령가야의 연맹인 감문국의 영역하에 어모현(현 중왕리 봉하곡)이 있었으며, 문무왕 11년(671)에 어모현을 없애고 감문군으로 고쳤다. 금물현(今勿縣. 甘勿. 陰達縣)이라 하다가 경덕왕 16년(757)에 어모현을 음달곡부곡이라 하였으며 상주목과 오늘날의 성주인 경산부(京山府) 개령현에 속하였던 적도 있었다. 조선조 태종 13년(1413)에 정종(定宗)의 태(胎)를 봉안하였다 하여, 1416년 어모 금산을 합하여 금산군이라 칭하였고, 이 지방은 천상면, 천하면, 구소요면이 되었다. 1914년 금산을 김천군이라 개명하였고, 1920년 천상면, 천하면을 합하여 아천면이라 하였으며, 1934년 아천면과 구소요면을 합하여 어모면이라 칭하고 그 관하에 13개 동을 두었다. 1949년 김천시 승격으로 금릉군이라 하였고, 1971년 행정 23개 동으로 정하고, 1983년 김천시 확장으로 응명동이 시로 편입되어 법정 12개 동에, 행정 21개 동이 되었다. 1988년에 동이 리로 바뀌었다.

옛 금릉군 북쪽끝에 자리하며 동쪽은 감문면과 개령면에 인접해 있고 남쪽은 김천시에 접경하였다. 서쪽은 봉산면과 충북 영동군과 경계를 이루었으며, 북으로는 상주시와 경계를 이루고 있다.

어모면은 남북으로 길게 뻗어 있으며 대부분 산악지대에 걸쳐 있다. 난함산과 용문산의 발원인 어모천이 면 중앙부로 남쪽으로 흐르고 있고 또 3번 국도와 경북선 철도가 남북으로 중심부를 지나며 어모천 하류 연안에는 평야를 이루고 있다.

지명 변경의 과정을 보아 어모-감천-음달-금물이 같은 이름임을 볼 때 감(검)-검-어모의 과정을 거쳐 오늘에 이르고 있음을 상정할 수가 있다. 어모는 어머니임을 앞에서도 풀이하였는바 물과 땅신 곧 지모신을 드러내는 것이며 기원적으로는 능치(能治) 혹은 능점(能店)의 곰(能-熊)마을에서 비롯한 것이 뒤로 오면서 거북이와 접합되어 쓰이게 된 이름으로 볼 수 있다.

어모를 이루는 마을의 이름과 그 유래를 알아보면 다음과 같다.

2. 마을의 이름과 유래

1) 중왕리(中旺里)

마위전에 시장이 있었던 것으로 미루어 오래된 마을로 보이며 의성 김씨 진선이 1746년 봉하곡에서 이주하였고 김해 김씨도 일찍 정착하였고, 1874년 인천 채씨 은홍이 봉하곡에서 이주하였으며 김해 김씨 응식이 1921년 도암에서 이거하여 마을이 이루어졌다.

중왕 1리는 아천이 한 마을로 되어 있으며 조선시대 초에는 어모현이었으나 금산현에 정종태를 봉안하였다고 1461년 군(郡)으로 되니 어모현이 흡수되여 금산군 천하면이 되었고, 1914년 금산군을 김천으로 개명하고 1920년 천하면, 천상면을 합하여 아천면이 되면서 중중리, 하리(현 봉하곡)를 합해 중왕동이라 하고 면소재지가 되었다. 1934년 아천면과 구소요면을 통합하여 어모면이라 개칭하였고, 1949년 군을 다시 금릉이라 하였다. 1971년 아천을 중왕 1동으로 나누었고, 1988년 동을 리로 개칭하였다.

김천에서 북으로 8킬로 떨어진 면소재지 부락으로 3번 국도와 경북선 철도에 아천역이 개설되고 발달한 시골 상가지로 지서, 농협, 학교, 우체국, 보건지소 등 기관이 들어선 어모면 중심지이다.

동쪽에는 어모천이 남쪽으로 흐르고, 중왕 2리로 이어지면 남쪽은 남산리
요, 서로는 옥율리가 인접하고 북쪽으로는 동좌리로 이어진다.

봉악골 · 보악골 · 봉하골 · 아산골 · 중중리

신라 때 어모현의 소재지였고 뒷산이 봉황의 형상인데 그 밑에 있는 마을,
즉 봉 아랫골이라는 뜻으로 봉하골이라 하며, 중중리는 중왕동의 중심이기 때
문에 지어진 이름이고, 아천의 옛 이름이 아산이므로 아산골이라 했다 한다.
전주 이씨 · 나주 나씨 · 의성 김씨 · 평택 박씨 등이 60가구 가량 살고 있다(윤
종택 47 외 1명).

2) 옥율리(玉栗里)

이 마을에 500년 묵은 느티나무가 있는 것으로 보아 오래된 마을로 여겨진
다. 1654년 진주 강씨 선태가 연기 용호에서 들어 왔고, 1729년 정선 전씨 택룡
이 대항 세송에서 입주하였고, 1746년 밀양 박씨 광로가 거창 가북 홍감에서
입거하고 1819년 김해 김씨 태식이 도암본리에서 옮겨왔다. 1924년 김해 김씨
상영이 구성 양각에서 이주하였으며, 김해 김씨 일파도 일찍 들어 왔다. 율리
는 1630년 김해 김씨 응호가 상주에서 입거하였고, 1907년 성산 전씨 기장이
본면 상남에서 이거하여 마을이 이루어졌다.

옥률리는 노옥, 궁천, 율리, 대밭양지 4개 자연부락으로 구성되어 있으며 조
선시대에는 어모현이었으나 1416년 금산(김천)군 천상면에 속하였으며, 1920
년 천상면과 천하면을 합하여 아천면이라 하고 노옥, 궁천, 율리를 통합하여
옥률동이라 하였고, 1934년 아천면과 구소요면을 합하여 어모면이라 하였다.
1949년 군명을 금릉이라 하였고, 1988년 동을 리로 바꾸었다.

어모면 소재지 아천에서 남으로 3번 국도변에 대밭 양지마을을 지나 서쪽
으로 들어가면 상거에서 1.5킬로 산재된 3개 마을이다. 사방이 산으로 둘러싸
여 있으며, 서쪽은 문암봉(589미터)이 막아 있고, 김천시 문당동을 경계로 남

쪽은 남산 1리이며, 동쪽은 중왕리와 아천이 인접한다.

자연부락의 이름과 그 유래를 알아보면 다음과 같다.

노리기·노옥

진주 강씨와 김해 김씨가 많이 살고 있는 100여 가구가 넘는 큰 마을로, 강노옥이란 사람이 마을을 개척했기 때문에 노옥이라 하며 속칭 노리기라 부른다. 노리기란 강씨 노인, 즉 노리가 산다 하여 노리기라 했다 하며, 양계·양잠을 많이 하는 마을이다(강대봉 77 외 3명).

밤주골·율리

노리기 북동쪽 산기슭에 15채 가량의 집들이 있었는데, 옛날 김율리라는 사람이 이 곳에 집을 짓고 밤나무를 많이 심었다 하며 밤을 줍는 골이라는 뜻으로 밤주골이라 한다. 지금도 김해 김씨가 많이 살고 있으며 특히 양잠을 많이 한다(이팔봉 75 외 2명).

자랑내·긍천

노리기와 밤주골에서 내려오는 계천이 합수된 지점을 자랑내라 하는데, 이 곳에서 옛날 규석과 사금이 산출되었고, 또 강진휴라는 사람의 효자비도 냇가에 있어 자랑스런 내란 뜻에서 자랑내라 했다. 지금은 냇가에 한 집이 있고 100미터 가량 떨어진 곳에 양계장이 있고 5, 6가구가 살고 있다(이팔봉 75 외 2명).

대밭양지

자랑내 북쪽 모퉁이에 있는 마을로 대나무밭이 있어 지어진 이름이며, 김천·상주를 통하는 국도에 연접해 6, 7가구가 살고 있다(이팔봉 75 외 2명).

3) 남산리(南山里)

1612년 성산 전씨 순석이 감문 속문에서 이주하였고, 1785년 파평 윤씨가 들어와 상남마을이 이루어졌다. 지산은 1636년 능성 구씨 인리가 능성에서 이주하였고, 1840년 진주 강씨는 감문 이천에서 들어왔으며 1864년 김해 김씨 천식이 하남에서 이주하여 마을이 이루어졌다. 광야 마을은 1948년 진주 강씨 경학과 일선 김씨 수봉이 지상에서 이주하여 마을을 개척하여 이루어졌다.

남산 1리는 상남, 지산, 광야 3개 자연부락으로 구성되어 있으며, 조선시대에는 어모현이었는데, 1416년 금산현이 군으로 됨에 따라서 어모현이 흡수되고 천상면, 천하면, 구소요면으로 분리되어 상남은 천상면 소재지 마을이 되었다. 1914년 금산군이 김천으로 개명되었고, 1920년 천상면, 천하면으로 합하여 아천면이 되면서 하남, 길계를 통합하여 남산동이 되었고, 1934년 아천면과 구소요면을 폐합, 어모면이 그 관내에 속하였다. 1949년 군을 금릉이라 개명하였다. 1971년 상남, 지산, 광야를 남산 1동으로 나누었고 1988년 동을 리로 바꾸었다.

어모면 소재지에서 남으로 3킬로쯤 떨어져 산재된 3개 자연부락이다. 경북선 철도와 3번 국도가 마을 앞을 남북으로 지나가며, 동으로는 남산 2리, 서쪽은 김천시와 경계를 이루고, 북으로는 중왕리에 인접하고 서쪽은 옥율리로 이어진다.

자연부락의 이름과 그 유래를 알아보면 다음과 같다.

상남 · 하남

면소재지에서 남동쪽으로 1.6킬로 지점이며 상남은 본래 천상면 소재지였으며, 남상동중 위쪽에 있어 상남이라 하고, 성산 전씨 · 정선 전씨 등이 살고 있는 140가구 정도의 큰 마을이며, 하남은 상남에서 700미터 가량 아래쪽에 위치한 100여 가구 되는 마을로 김씨가 많이 살고 있다(전성희 64 외 2명).

모산 · 지산

이 마을에 등등못 또는 등대지 · 한지 · 대야지라 부르는 못이 있는데 시대
미상이나 이 곳의 아들 8형제가 모두 과거에 급제하여 크게 득세하니 나라에
서 반역을 우려하여 그 집을 헐고 못을 팠다 한다. 이 못으로 인하여 마을 이
름을 지산이라 했고, 모산은 못 안이 변음된 것이며, 등등지는 등등지의 변음
이고, 등등은 아들마다 등과했다는 뜻이며, 한지 · 대야지는 큰 못이라는 뜻이
다(김련규 56 외 1명).

상남 · 하남

면소재지에서 남동쪽으로 1.6킬로 지점이며 상남은 본디 천상면 소재지였
으며, 남상동 위쪽에 있어 상남이라 하고, 성산 전씨 · 정선 전씨 등이 살고 있
는 140가구 정도의 큰 마을이며, 하남은 상남에서 700미터 가량 아래쪽에 위치
한 100여 가구 되는 마을로 김씨가 많이 살고 있다(전성희 64 외 2명).

길기 · 질기 · 길계

하남에서 200킬로 가량 떨어진 곳으로 풍수지리설에 의하면 천하명당이라
한다. 길계는 좋은 계곡이란 뜻으로 붙여진 이름이고 길기는 길계의 변음이며,
질기 또는 길기로 부르며 15가구 정도의 작은 마을이다(김련규 56 외 1명).

4) 다남리(多男里)

예전부터 사람들이 살았다고 전해오며, 1688년 벽진 이씨가 하로에서 옮겨
왔으며, 1799년 일선 김씨 명주가 선산에서 들어와 살았으나 동산 마을은 벽진
이씨의 집성촌을 이루고 있다. 도동은 1711년 의흥 예씨 동일이 청도에서 이주
하였고, 1783년 밀양 박씨 수경이 영동 심천 고당에서 이주하였으며, 1914년
경주 이씨 규태가 선산 고아에서 들어와 마을을 이루었다.

다남 1리는 동산, 도동 두 자연부락으로 구성되어 있으며, 조선시대에는 어

모현이었으며, 1416년 금산군 천하면에 속했다가 1920년 천하면과 천상면을 합하여 아천면이 되고 진목, 오청을 통합하여 다남동이 되었다. 1934년 아천면과 구소요면을 통합, 어모면이라 하였으며, 1949년 군명을 금릉으로 하였다. 1971년 동산, 도동을 다남 1동으로 나누었고, 1988년 동을 리로 바꾸었다.

어모면 소재지에서 3킬로 떨어진 평야지대에 있는 마을이다. 동쪽의 어모천이 동남간으로 흐르고 그 연변에서 동산 앞에 다남평야가 펼쳐져 있으며 개령면과 감문면의 경계를 이루고 남쪽은 다남 2리에 인접하고, 서로는 남산리이며 동쪽은 어모천을 경계로 중왕 2리와 군자리가 된다.

자연부락의 이름과 그 유래를 알아보면 다음과 같다.

동사이 · 동산

고려말까지는 천하면에 속해 있었으며, 어모현 동쪽 산이라 해서 동산이 동사이로 변음되었고, 벽진 이씨가 많이 살고 있는 60여 가구의 마을로 예로부터 교육 수준이 높고 예의 바른 양반이라 하여 다른 이들의 칭송이 자자한 곳으로 지금도 예의 전통을 자랑하고 있다(이태원 72 외 4명).

도금모리 · 도구머리 · 도동

신라의 도선이 풍수지리설로 풀이해서 도금모리라 했다 하는데 도금산이란 뜻이며 15가구 가량에 예씨가 주로 살고 있다(이태원 72 외 4명).

참나무골 · 진목

1590년 무렵 이 심이 십승지의 하나로 지적한 곳이라 한다. 참나무가 많아 참나무골이라 했으며 독립 투사 편강열 의사가 한 때 거처한 곳이기도 하다. 초대 면장 최팔천이 자식 없음을 한탄하여 동명을 다남이라 개칭했다 하며, 편씨 · 박씨 등 40여 가구가 살고 있다(이태원 72 외 4명).

오청계

1820년 경 이 마을에 천 석을 넘기는 다섯 부자가 살았는데 마을 앞 계천 제방에 다섯 그루의 버드나무가 무성하여 마치 다섯 부자를 상징하는 듯하여 오청계라 불렀다 하며, 편씨 등 17가구가 살고 있다(이태원 72 외 4명).

5) 군자리(君子里)

하덕 마을은 500년 된 은행나무가 있고, 서산 정씨가 살았다고 전해 오는 것을 미루어 보면 오래된 고장으로 보인다. 1549년 밀양 박씨 대현이 임란을 피하여 조모를 데리고 금산에서 이주하였고, 1894년 정선 전씨 인우가 영동에서 들어와서 정착하여 마을이 형성되었으나, 박씨 집성촌을 이루고 평촌은 1708년 수원 백씨 봉래가 김산 구읍에서 입주하였고, 1805년 평산 신씨 영희가 인동 약목에서 입거하였으나 그 자손이 거의 떠나고 한 집만 살고 있다.

들말은 수원 백씨 동족 집성촌을 이루고 있다. 덕림은 편씨가 살았다고 전해오며, 1724년 경주 이씨 명철이 입향하였고, 밀양 박씨는 하덕에서 이거하였고, 김해 김씨도 일찍 입향하였다.

원당은 1946년 밀양 박씨 희대가 덕림에서 이주, 마을을 개척하여 형성되었다. 군자리는 하덕, 평촌, 덕림, 원당 4개 자연부락으로 구성되었으며, 조선시대에는 어모현에 속하였다.

1416년 금산군 천하면이 되었고 1920년 천하면, 천상면을 합하여 아천면이 되면서 하덕, 평촌, 덕림을 통합하여 군자동이라 하다가, 1934년 아천면과 구소요면을 통합, 어모면이라 칭하고 그 관내에 속하였다. 1949년 군명이 금릉이 되고, 1988년 동을 리로 바꾸었다.

어모면 소재지에서 동북쪽으로 2~3킬로 떨어져 있는 4개 마을이다. 하덕은 사방으로 산이 둘러싸여 있고, 3개 마을은 중왕평야가 펼쳐 있고 감문면으로 가는 군도가 있으며, 어모천이 서남쪽에서 동쪽으로 흐른다.

서쪽은 중왕 2리에 접하고, 서남은 남산 2리와 다남 1리에 이르고 동쪽은 개령면과 감문면의 경계를 이룬다.

자연부락의 이름과 그 유래를 알아보면 다음과 같다.

하덕

덕룡·덕림의 아래에 있다 하여 하덕이라 했고, 이 마을에 옥배미 집수정이라는 유적이 있는데 죄인을 수용하던 옥이 있던 곳으로 지금도 기와 파편을 볼 수 있다. 또 전설에 의하면 이 마을 뒷산에 미륵 바위가 있는데 웃덕용에서 미륵바위가 보이면 동네가 가난하게 되며, 감문면 은림동에서 보이면 처녀가 정신 이상이 된다 하여 인력으로 토성을 쌓았다 한다(박래복 64 외 1명).

들말·평촌

중왕평야 동쪽 끝에 자리 잡은 마을로 들에 있는 마을, 즉 들마을이 축약되어 들말이 되었다. 원래 이 마을은 현재 마을의 북동쪽 풍덕골이라는 골짜기에 있었으나 화적떼들의 횡포가 심해 이 곳으로 이주했다 하며 30여 가구에 수원 백씨가 주로 살고 특산물로 왕골을 많이 재배한다(박희철 65 외 1명).

들미기·덕림

이 마을은 본래 중왕평야에 있었으나 수해로 인해 매몰되고 새로 이 곳에 이주하여 이룬 마을로, 들미기는 들의 입구, 즉 들목의 변음이며, 덕림은 윗마을인 덕룡 마을 밑에 숲이 울창한 곳이라 하여 지어진 이름이다. 40여 가구에 밀양 박씨 등 각성이 살고 있다(백승만 61 외 1명).

6) 덕마리(德馬里)

오래 전부터 수원 백씨가 살았다고 전해 오며 1482년 서산 정씨 세린이 봉계에서 이거하였으나 후손이 거의 떠나고 현재 두 집이 살고 있다. 1627년 밀양 박씨 진동이 하로에서 입거하였고, 1639년 동래 정씨 경룡이 입향하였으며,

1735년 전주 이씨 언묵이 상주 화서에서 이거하였으며, 1784년 수원 백씨 동욱이 공성면 이화에서 입거하여 마을이 형성되었다.

덕마리는 상덕, 못안, 갈마 3개 자연부락으로 이루어져 있으며 조선시대에는 어모현이었는데, 1416년 금산군 천하면에 속하였다. 1920년 천하면, 천상면을 통합하여 어모면이라 칭하고 그 관내에 속하였으며, 1949년 군을 금릉이라 하였고, 1988년 동을 리로 바꾸었다.

어모면 소재지에서 군도를 따라 동북으로 4킬로 떨어진 곳에 상덕(덕룡), 못안 두 마을이 있고, 갈마는 면에서 3번 국도를 북쪽으로 1킬로 떨어진 마을이다.

마을 서편에 있는 갈마평야에 어모천이 남류하며, 동좌리에 인접하고 상덕, 못안은 갈마 고개를 넘으면 삼면이 산으로 가로 막혀 있고, 남쪽이 트이여 군자리에 이른다.

자연부락의 이름과 그 유래를 알아보면 다음과 같다.

덕용

구례동에서 산 너머 4킬로 떨어진 곳으로 박씨·이씨 등이 살고 있는 60여 가구의 마을로 뒷산이 덕이 있는 용의 형상이라 하여 덕용이라 했다 하며, 지대가 높아서 전답에 한발이 심하고 교통이 불편한 오지 마을이다(김묘룡 78 외 1명).

갈말·갈마

이 마을은 원래 덕용 평지에 자리잡고 있었으나 병자년 수해로 인하여 현 위치로 옮겨왔다 하며 마을을 둘러싼 산세가 목마른 말이 물을 찾는 형상이므로 갈마라 했다. 뒷산에는 움막골이라는 계곡이 있는데 임진왜란 때 움막을 치고 피란한 곳이라 한다. 30가구 가량에 평산 신씨가 주로 산다(박익범 65 외 1명).

7) 구례리(求禮里)

임란 당시 대홍수로 마을이 매몰된 일이 있다. 1709년 인동 장씨 대진이 선산에서 이주하여 집성촌이 되어 있고, 하현은 전에 윤씨가 살았다고 전하며, 1704년 순흥 안씨 봉흥이 대항면 왕대리에서 이거하였고, 연안 김씨도 일찍 입향하여 마을이 이루어졌다고 한다.

구례 1리는 신풍, 하현 두 자연부락으로 구성되어 있으며, 조선시대에는 1416년 금산현이 승군됨에 금산군 구소요면이 되어 그 관내에 속했고, 1914년 상현, 중현, 신현, 송정, 두원, 여남 유점을 통합하여 구례동이라 하였다. 1934년 구소요면과 아천면을 합하여 어모면이라 하였고, 1949년 군명을 금릉이라 하였다. 1971년 신풍, 하현을 합하여 구례 1동으로 나누었고, 1988년 동을 리로 바꾸었다.

신풍마을 서편으로 경북선 철도와 3번 국도가 남북으로 지나가고 있으며, 동쪽 20미터 지점에 신풍천이 남으로 흐르고 서쪽으로는 논밭에 둘러싸여 있다.

신풍천을 지나 북동으로 700미터 가면 산밑에 하현 마을이 있으며, 어모면 소재지에서 5.5킬로 떨어져 있다. 동쪽 산을 경계로 감문면 도명리에 이르고, 서남쪽으로는 들과 산을 경계로 도암리가 되며 북으로는 구례 2리에 인접한다.

자연부락의 이름과 그 유래를 알아보면 다음과 같다.

말무덤 · 신풍

이 곳은 약 50년 전에 면사무소가 있었던 곳이며, 옛날 이 마을 서쪽 골짜기에 찰방이 살았으며, 말이 죽으면 이 마을 중간의 구릉에 묻었다고 해서 말무덤이라 했고, 신풍이란 이름은 새로이 풍요로운 마을을 이루자는 뜻에서 지어진 이름이고 약 20여 가구가 살고 있다(장병태 60 외 4명).

상현 · 중현 · 하현 · 신현

이 곳은 감문면 문무동으로 넘어가는 고드리재에 윗고개·아랫고개의 두 고개가 있는데 윗고개 쪽 마을을 상현, 중간에 있는 마을을 중현, 아랫고개 쪽 마을을 하현이라 하고 신현은 중현 밑에 새로 생긴 마을이며, 주산물은 벼이지만 포도·자두 등의 과실과 양파·마늘을 많이 생산하고 손씨·안씨 등 각성이 산다(안락 65 외 4명).

솔정 · 송정

이 곳은 새로 형성된 마을로 뒷산에 소나무가 울창하여 솔정 또는 송정이라 하며, 주로 순흥 안씨가 많이 살고 주산물은 포도가 많이 생산되고 자두·복숭아 등의 과실과 양파·마늘 등을 많이 재배하며, 중현과의 사이에 구례초등학교가 있다.

여남

1520년 경 상산 김씨가 이주해 살면서 지형이 중국 용문산 고도인 여남과 흡사하다 하여 동명을 여남이라 하였으며 지금도 타성 한 집을 제외하고는 전부 상산 김씨뿐이며 봄마다 흰 왜가리가 찾아드는 50여 가구의 마을이다(김세종 72 외 4명).

놋점 · 유점

여남에서 북서쪽으로 1킬로 지점에 위치하며, 옛날 놋그릇을 만든 곳이라 하여 놋점 또는 유점이라 하며, 10여 가구에 각성이 살고 양봉을 많이 한다(강일희 60 외 2명).

8) 옥계리(玉溪里)

예부터 미륵당과 아래 웃마을이 있었다고 전해 온다. 1988년 2월에 평산 신씨 경두가 공성 영오에서 이거하였고, 밀양 손씨도 같은 해 7월에 영오에서 입거하였으며, 밀양 박씨 민호가 영동 심천 서금에서 영오로 이거하였는데, 아들 내언이 1889년 9월에 이주하였고, 1894년 3월에 동래 정씨 기동이 영오에서 입주하였으며, 경주 손씨도 일찍 입향하여 마을이 형성되었다.

옥계 1리는 미륵당 한 마을로 되어 있으며, 조선시대에는 어모현에 속하였는데, 1416년 금산군 구소요면이 되고, 1914년 한계(현 미륵당), 평성, 사촌, 봉대, 강변을 통합, 옥계동이라 하였고, 1934년 구소요면과 아천면을 합하여 어모면이라 칭하였다. 1949년 군명을 금릉이라 하였다. 1971년 미륵당을 1동으로 나누었고 1988년 동을 리로 바꾸었다.

마을의 사방이 산으로 둘러 싸여 있는 산간오지 마을이며, 어모면 소재지에서 10.5킬로 어름에 위치한 곳이며 북쪽은 상주 공성면 영오리로 경계를 삼고 있다. 서쪽은 능치 1리에 접하고 남쪽 아래로 내려가면 남북으로 통하는 군도가 유일한 교통이며, 그 도로를 따라가면 옥계 2리에 이어진다.

자연부락의 이름과 그 유래를 알아보면 다음과 같다.

미륵댕이 · 미륵당 · 한계

마을에 미륵석불이 있어 미륵댕이 또는 미륵당이라 하였고 한계는 한가로운 계곡이란 뜻으로 쓰이는 이름이다. 여기 있는 미륵불은 영험이 있어 1953년 무렵까지도 상주군 공성 · 모동 · 청리 등지와, 멀리로는 충북 영동 · 황간 등지서 불신자들이 많이 찾아 왔다고 한다(정만술 72 외 5명).

평성

평택 임씨가 처음 개척한 마을로 아천에서 8킬로 떨어진 곳이며, 마을이 들 가운데 있고 뒷산의 모양이 성과 같다 하여 지어진 이름으로 임씨 · 김씨 등 30여 가구가 논밭 농사 외에 양봉 · 포도 재배 등 복합 영농을 하고 있다(정만술 72 외 4명).

모래말·사촌

함안 조씨가 개척한 마을이며 모래가 많아 모래마을이라 했다 한다. 일설에는 1936년 수해로 마을이 모래더미가 되었다 하여 지어진 이름이라고도 하는데 모래마을이 변음되어 모래말이라 부르게 되었다(백승명 50 외 5명).

봉대

봉화대 밑에 있는 마을이라 하여 봉대라고 불렀다 하며, 일설에는 옛날 이 마을 송림에 봉이 서식하여 봉소(鳳巢)가 있는 대라는 뜻에서 봉대라고 부른다 하며, 5,6가구의 작은 마을이다(이무길 50 외 4명).

갱빈마·강변

평성 동쪽 냇가에 있는 마을로 윤씨·최씨·이씨 등 7가구가 살고 있다. 강변에 있는 마을이라 해서 강변마을이라 부르던 것이 변음되어 갱빈마가 되었다. 옥계동·능치동으로 들어가는 입구이며 용문산 기도원으로 통하는 도로변이기 때문에 교통은 비교적 편리하고 주로 농업에 의존하고 있으나 최근 복합영농으로 목축을 비롯하여 과수원 조성 등 소득 증대에 힘쓰고 있는 마을이다(강대봉 77 외 3명).

9) 능치리(能治里)

예부터 도요지가 많은 것을 미루어 보아 오래된 마을로 여겨진다. 1568년 평택 임씨가 처음으로 입향하였으나, 거의 떠나고, 몇 집만이 살고 있다. 1578년 경주 최씨 진반이 황금면 반수에서 이주하였다. 능청 마을은 1889년 밀양 박씨 형희가 공성 영오에서 옮겨와 살았고, 황산 여씨, 풍양 조씨 양문도 일찍 들어와 살았다.

능치 1리는 능점, 능청 두 자연부락으로 이루어졌으며, 조선시대 초에는 어모현에 속하였다. 1416년 금산현이 군이 됨에 따라 본현을 흡수하고, 금산군

구소요면과 아천면을 통합하여 어모면이라 개칭하고 그 관내가 되었다. 1949
년 군을 금릉이라 개명하고, 1971년 능청, 능점을 합하여 능치 1동으로 나누었
고 1988년 동을 리로 바꾸었다.

　어모면 소재지에서 북으로 10킬로 떨어진 산간오지에 있는 두 마을로 사방
이 산으로 둘러 싸여 있고 두 마을의 거리는 800미터 정도이며, 능청(能靑)에
는 초등학교와 보건 진료소가 있다. 동쪽은 옥계리에 인접하고, 북쪽은 깊은
골짜기로 능치 2리에 이어지고 서쪽은 충북땅인 황금면으로 이어진다.

　능치 혹은 능점, 능청에서 능(能)-계의 지명을 볼 수가 있는데 이는 곰을
뜻하는 말이다. 능치란 우리말로 곰재 혹은 곰티라고 풀이하면 옳을 것으로 본
다. 대구의 능성도 마찬가지라고 하겠다. 여기 곰에서 말소리가 바뀌어 어모가
된 점에 대하여는 앞에서 설명한 것과 같다.

　자연부락의 이름과 그 유래를 알아보면 다음과 같다.

능점(能店)

　옛날에 도자기점이 있어서 지어진 이름이며, 능점은 도자기로 능히 점(店)
을 이루었다는 뜻이고 능점은 도자기가 능과 같다 하여 붙어진 이름이라 한다.
또 계곡에 큰 담소가 있어 옥소라 하는데 물빛이 금빛 찬란하여 천지가 다 변
하는 듯하며 옥같이 맑은 소리가 난다는 뜻이라 하며 그로 인해 이 계곡을 옥
계라 한다(김종운 61 외 2명).

능청(能靑)

　능점 동쪽 숲이 우거진 곳이라 해서 능청이라 했고, 현재 능치초등학교가
있는 마을로 박씨·최씨 등 여러 성씨가 모여 산다(조남규 65 외 2명).

도치랭이 · 도치랑

　최근까지도 이 곳은 옻이 많이 생산되어 옻칠하는 행랑, 즉 도칠랑이라 하
던 것이 변음되어 도치랭이가 되었고, 1779년 무렵 박 치란 유생이 도치랑으로

고쳤다 한다. 연대 미상이나 이 곳에 사찰이 있어서 과거 준비하던 유생들이 공부를 했다 하며, 여기서 조금 내려오면 양질의 사기가 생산되었던 사기점골이 있다. 또 일설에는 용문산 입구에 자리잡고 있는 마을의 북동편에 바라봉이라는 봉우리가 있었는데 도침이라는 도사의 바리가 떨어진 발우봉의 속칭인데 그 후 세월이 지나 발우봉 아래 마을이 생겼는데 거기에 도침이 묻혔다 하여 도침랑이라 했으나 세월이 흐르면서 도치랑이라 부르게 되었다고도 하며, 밀양 박씨·김녕 김씨 등이 10여 가구가 살고 있다(김창옥 60 외 2명).

용문산 기도원

1800년 무렵 박 송이란 유생이 산세를 보고 용문산이라 한 곳이나, 1940년경 나운몽 목사가 입산하여 애향숙 기도원을 세우고 용문산이라 고쳐 부르게 되었으며, 그 뜻은 하느님은 그를 찾는 자는 누구나 다 용납하고 만나 준다는 뜻이라 한다.

면소재지에서 12킬로나 떨어진 심산유곡이나 300여 가구에 1000여 명이 상주하고 있으며 전국의 신도 3만여 명이 연중 행사로 기도 대집회를 연다(홍석표 외 1명).

10) 도암리(道岩里)

1720년 김씨 세우가 합천에서 옮겨와 처음으로 살기 하였으며, 1740년 성산 이씨 사신이 남면 연명에서 다시 이거하였고, 1810년 김해 김씨 노식이 정착하였다. 1825년 밀양 박씨 재근이 선산 무을에서 입주하였으며, 여양 진씨는 1840년에 입향하였으며, 1849년 밀양 박씨의 석호가 선산에서 이주하여 마을이 이루어졌다.

도암 1리는 비점 한 마을로 되어 있으며 조선시대 초에는 어모현인데, 금산현에 정종의 태를 봉안함으로 군으로 되어 어모현을 없애고 금산군에 흡수되었다. 이 고장은 1416년 구소요면이 되어, 이 마을이 면 소재지가 되었다. 1914

년 본리, 빈암을 합하여 도암동이라 하였고, 1949년 군을 금릉이라 하였다. 1971년 비점을 도암 1동으로 분동하고, 1988년 동이 리로 바꾸었다.

어모면 소재지에서 3번 국도를 따라 서북으로 4킬로 떨어진 곳이며 동쪽에는 비성천이 남으로 흐르고, 서편에는 경북선 철도가 있다. 철도를 건너면 장석광산이 보이며, 그 길로 들어서면 야산지대에 있는 마을이다. 서쪽 멀리 비성산이 덕마리에 이르고 남으로는 은기와 동리에 인접하고 북쪽은 도암 2리와 구례리로 이어진다.

자연부락의 이름과 그 유래를 알아보면 다음과 같다.

비점

40여 년 전까지도 양질의 옹기가 생산된 곳이며, 비점은 옹기점에서 유래된 이름으로 아천에서 2킬로 북동쪽에 위치하며, 밀양 박씨·성산 이씨·김해 김씨 등 80여 가구가 살고 있으며, 마을 입구에는 양질의 장석이 대량 출토되고 있다(이종희 73 외 5명).

구시리 · 본리

본디 이 곳은 구소요면의 소재지로 구소리였는데 차츰 쇠가 변하여 구시리로 불리게 되었으며 본리는 도암동의 중심 부락이라 붙여진 이름이다. 김해 김씨가 주류를 이루고 그밖에 여러 성씨가 모여 50여 가구가 살고 있으며, 여기서 1.5킬로 정도 올라가면 근년에 창건한 도암사가 있다(이종희 73 외 5명).

빈지바우 · 빈암

구시리에서 약 400미터 북서쪽으로 올라가면 빈암인데 뒷산인 난함산의 절벽 층암이 비가 온 뒤에는 번들번들 물기가 빛나는 빈지바위로 변하기 때문에 빈지바우라 부르게 되었고 한역하여 빈암이라 하며, 김해 김씨 등 각성이 10여 가구 살고 있다(이종희 73 외 5명).

11) 은기리(銀基里)

연대미상이나 신기는 전씨, 은석은 남씨, 봉항은 김씨가 각각 개척하였다고 전해온다. 1618년 김해 김씨 두산이 나주에서 신기로 1702년 인동 장씨 성웅이 상주 외남 내곡에서 은석으로 1711년 경주 이씨가 선산 무을에서 봉항으로, 밀양 박씨 광성어 용산에서, 1838년 김령 김씨 택진이 봉산 직동에서 봉항으로 각각 들어와 그 자손들이 각 마을로 이주해 살면서 마을이 이루어졌다.

은기리는 신기, 은석, 봉항 3개 자연 부락으로 구성되었으며, 조선시대에는 금산군 구소요면에 속하였다. 1914년 신기, 은석, 중리, 봉항 4개 부락을 통합하여 은기동이라 하였고, 1934년 구소요면과 아천면을 합하여 어모면이라 칭하고 그에 속하게 되었다. 1949년 군명을 금릉이라 하고, 1988년 동이 리로 바뀌었다.

어모면 소재지에서 북쪽으로 4킬로 떨어진 산간지대에 있는 3개 마을로 3번 국도가 마을에서 서쪽으로 면 도로로 갈려 들어가면서, 길옆으로 3킬로 거리에 자리하고 있다.

서쪽은 난함산(733)이 막혀 있으며, 북쪽으로는 도암리에 접하고, 남쪽은 동좌리에 이르게 되니 경북선 철도와 3번 국도가 된다.

자연부락의 이름과 그 유래를 알아보면 다음과 같다.

인수골 · 은수골 · 은석

불무골에서 약 300미터 내려온 곳으로 마을의 지반이나 계천이 온통 백색 암석으로 덮여 있어 본래 은석골이라 부르던 것이 변음되어 인수골 · 은수골로 되었다 하며 김해 김씨를 비롯하여 여러 성씨가 40여 가구 가량 살고 있으며 포도와 기타 과실이 많이 생산되고 표고버섯 지배와 양봉을 많이 한다(권원술 64 외 5명).

불무골 · 봉항

옛날 이 마을에 대장간이 있어서 불무골이라 했으며, 봉항은 봉이 알을 품은 듯한 모양 같다 하여 뒷산의 이름을 난함산이라 하고 마을은 봉황의 목에 해당한다 하여 봉항이라 이름지었다. 원래 이 마을은 약 300미터 남서쪽에 있었으나 병자년 수해로 마을이 매몰되고 많은 희생자를 내어 마을이 없어지고 현재의 위치로 이주해 살게 되었다. 김녕 김씨 · 경주 이씨 · 인동 장씨 등 30여 가구가 살며 표고버섯이 많이 생산된다(권원술 64 외 5명).

난함산의 이름에서 정보초점이 되는 부분은 함(啥)인데 이는 옛날 한자음이 '감'이었다. 감이란 감천의 감과 다르지 않아 물신 혹은 땅신을 이름이다. 곧 거북신을 품었다는 의미를 엿볼 수 있다.

12) 동좌리(東佐里)

오래 전부터 전씨가 살았다고 하며 400년 묵은 노목을 미루어 보아 오래된 마을로 여겨진다. 벽진 이씨가 하로에서 옮겨 살았고, 경주 김씨도 일찍 들어와 마을이 형성되었다고 한다. 1776년 영월 엄씨 광우가 상주 청리에서 이주하였고 1804년 성산 이씨 명희가 감문 황새올에서 좌동에 잠깐 머물렀다가 이 마을로 이주하였고 1830년 평택 임씨 성화가 김천 지좌에서 입향하였고 1850년 성산 배씨 이수가 개령 대광에서 이주하면서 마을이 형성되었다.

동좌리는 마존, 동리 두 개 마을로 이루어졌으며, 조선시대 초에는 어모현이었으나, 1416년 금산현이 군으로 되매 이 마을은 천하면에 속하였다. 1914년 김천으로 군이름을 고치고 1920년 천하면, 천상면을 합하여 아천면이 되고, 좌동을 합하여 동좌동이라 하였다. 1934년 아천면, 구소요면을 통합 어모면 동좌동이라 한다. 1988년 동을 리로 바꾸었다.

어모면 소재지에서 북쪽으로 800미터에서 2.5킬로쯤에 자리한 두 개 마을인데, 3번 국도는 동편에, 경북선 철도는 남북으로 통한다.

동리 마을 앞에 초등학교, 중학교가 있으며, 동남으로 큰 들이 있고, 어모천이 남쪽으로 흐르며, 서로는 은기리이고, 북으로는 도암 1리에 인접하고 동쪽은 덕마리에 이른다.

자연부락의 이름과 그 유래를 알아보면 다음과 같다.

마지미·마존

동리에서 남서쪽 1킬로 지점에 위치한 마을로 아천 뒷산과 동리 남서쪽 산이 마치 사다리같이 뻗어 있다. 마지미는 뫼지미의 다른 이름으로 뫼는 산이요, 지미는 언저리 또는 사이라는 뜻으로 산고 산 사이에 있는 마을이란 뜻이며, 마존은 음을 따서 한자로 표기한 것이다. 벽진 이씨 등 각성이 30여 가구 살고 있다(임대준 69 외 5명).

동뫼·동미·동리

면소재지 아천에서 2킬로 떨어진 곳이며 윗마을 은기동에서 동쪽 산밑에 있는 마을이라 해서 동뫼라 부른 것이 변하여 동미라고 부르며, 이 곳에 어모중학교와 어모초등학교가 있다. 마을에 큰 느티나무 네 그루가 높이 25미터 정도의 거목으로 장관을 이루어 여름철 동민의 피서지가 되며, 봄에 느티나무에서 새 잎이 동시에 피면 풍년이 들고 그렇지 않으면 흉년이 든다고 지금도 동민들이 믿고 있다(임대준 69 외 5명).

3. 이 고장의 문화재

은기리 마애반가보살상

지정 : 경상북도 유형문화재 제247호. 1990. 8.7
위치 : 김천시 어모면 은기리 산 22
규모 : 암벽고 4미터, 암벽폭 8미터, 불상고 2.9미터 동향 암면에 양각
연대 : 고려초기

넓은 바위에 높이 2.9미터의 불상을 양각한 마애보살상이다. 삼산관을 쓰고 오른쪽 어깨에 두터운 법의를 걸치고 연화대좌에 앉아 오른발을 왼쪽 무릎에 얹은 반가상이다. 수인은 오른손을 오른쪽 무릎 위에 손등이 보이도록 하여 가볍게 얹었으며 왼손은 손바닥이 보이게끔 왼쪽 무릎 위에 가볍게 놓았다.

형상으로는 연화대좌에 앉아 연화좌대에 한 발을 얹은 반가의 보살상이나 자세가 고대의 반가사유상에서 보여주는 반가상의 형식을 계승하면서 수인이나 법의는 불상에서 표현되는 양식을 나타내고 있다. 삼산관의 양식과 투박한 법의 표현으로 보아서 고려 초기의 작품으로 추정된다.

4. 이 고장의 전설

가. 오 형제와 오파산(五派山)

남산 1리에 있는 오파산은 성산 김씨 입향조의 명당 묘 자리를 이곳에 만든 이후로 그의 아들들이 5형제로 파를 이루었기 때문에 오파산(五派山)으로 불렀다 한다. 지금은 구화산이라 한다.

나. 미륵바위와 마을

군자리 하덕 마을 북쪽 용강산(龍岡山)에 미륵바위가 있는데, 덕림 마을에서 미륵바위가 보이면 마을이 가난에 빠진다 하고, 감문면 상군에서 보면 이 마을 처녀가 미친다고 하여, 토성을 쌓아 보이지 않게 했다 한다.

다. 도치랑과 옻나무

능치 2리 도치랑은 예로부터 옻의 명산지로 옻칠하는 행랑 즉 도칠랑(塗漆廊)에서 온 마을 이름인데, 1779년 박치라는 유생이 도치랑(道治郎)으로 고쳤다 한다.

라. 금붕어 천 마리의 짚은지이

동좌리 동리 마을은 옛날에는 짚은지이 혹은 깊은지이라 했는데 동리 앞들의 낮은 곳이다. 옛날 금오산에서 한 도사가 찾아와 이곳에 금붕어 천 마리가 있다 하여 아무리 찾아도 없었는데, 지금 와서 보니까 두 학교(어모중학교, 어모초등학교) 금붕어 천마리라 함은 학생을 두고 말한 것이라 하여 마을 이름의 예언성을 알 수가 있다.

봉산면(鳳山面)

1. 마을의 내력

봉산면은 구한말 신동, 인의동, 예지동을 관할, 김천군 파미면(波弥面)으로 칭하여 오던 중 1914년 조선 총독부령으로 충청북도 황간군 황남면에 속했던 덕천, 복전, 태화, 상금, 신암 광천동이 경북에 편입되면서 금산군은 김천군으로, 파미면은 봉산면으로 고쳐, 오늘에 이르렀다. 1973년 7월 1일(대통령령 제6542호) 지방행정 개편에 따라 본면 복전동이 대항면으로 다시 옮겨진다.

시의 서북부에 위치하며 동으로 김천시와 어모면, 서로 충북 영동군 매곡면, 남으로 대항면, 북으로 영동군 추풍령면과 인접하고 있다. 경부선 철도, 고속도, 국도가 면의 중앙으로 지나가고 김천시에서부터 7킬로 지점에 위치하여 벼와 포도 재배의 적지로서 403헥타의 단지가 조성되어 있다.

충북과 경계하는 지점에 추풍령 휴게소가 위치하고 있으며, 육로 교통이 집중되어 있어 군사적 요충지이다. 산지가 전체면적의 63퍼센트이며, 산세는 비교적 험준하여 700미터 이상의 준령이 3개소나 되며 낙동강 지류인 직할천이 감천으로 흐르고 있으며 주변에는 평야를 이루고 있다.

2. 마을의 이름과 유래

1) 신리(信里)

신리는 본디 봉계동으로 하촌으로 부르다가 고려 때(1373년) 하촌으로 나누어졌다. 그 후 1914년 김천군 봉산면으로 행정구역이 개편됨에 따라 봉계동이 신동, 인의 1·2동, 예지 1동으로 나누어져 오늘에 이르렀다. 그 동안 봉계동은 전통적인 반촌으로 일컬어지며 마을의 이름이 신리, 예지로 요약되고, 성씨의 분포도 연일 정씨의 집성부락이라고 할만하다.

신리, 예지 1리는 봉계라는 큰 한 마을로 군내에서 으뜸가는 반촌으로 예부터 현재까지 인재가 많이 배출되었다. 신리는 봉계 들머리에 있고 초등학교가 있다.

동쪽은 산이 막아 김천시 금산동과 인접하고 서쪽은 인의 1동의 송정이 있다. 남쪽은 장사례들 가까이에 경부고속도로가 동서로 지나가고 있다. 북쪽은 예지 1리에 인접하며 극락산(498미터)이 솟아 있다.

자연부락의 이름과 그 유래를 알아보면 다음과 같다.

송정

1452년 홍문관 교리였던 연일 정씨가 이 곳의 송림 속에 정자를 세우고 살았다 하여 송정으로 부르게 되었고, 이 정자는 1952년 임란 때 소실되었다 한다(김점술 48 외 5명).

하촌·신동

원래 금산군 파미면 봉계 고을 중에서 아래편에 있는 마을이라 하여 하촌이라 불러오다가 고려 때 부원군의 아들 사신의 끝자를 따서 신동이라 부르게 되었다 한다(정환복 72 외 5명).

2) 인의리(仁義里)

조선시대에는 금산군 파미면에 속한 중리였는데, 중리, 하리, 하촌, 송정 4개 마을을 통칭하여 봉계라 하였다. 1914년 중리와 상리를 합하여 인의동이라 하고 봉산면에 속하였다가, 1971년 중리를 인의 1, 2동으로 나누어 마을을 인의 1동으로 부르게 되었다. 1988년에 동을 리로 개칭하여 인의 1리 부르게 되었다.

김천시와 4.6킬로 떨어진 마을로서 동으로는 김천시 금산동과 접하고 서로는 본면 예지 2리, 남으로는 봉계천을 따라 예지 2리, 북으로는 극락산을 경계로 인의 2리와 인접해 있는 아름다운 마을이다. 흙은 사양토로 벼와 포도 재배에 알맞다.

자연부락의 이름과 그 유래를 알아보면 다음과 같다.

중리 · 인의일동

금산군 파미면 봉계 고을 중에서 가운데 위치해 중리라 칭해 오다가, 고려 공민왕 때 부성부원군의 아들 사인 · 사의의 끝자를 따서 인의일동으로 불리게 되었다. 중리라 부르게 된 것은 봉계를 분리하여 상리 · 중리 · 하리라 칭한 데서 유래되었다 한다(김두원 53 외 5명).

곧으네골 · 상리 · 직동

조선 숙종 때 통훈대부 정만용의 둘째 아들 파계 양수를 금산군 파미면 봉계 마을의 가장 윗마을로 분가시킬 때 곧게 올라가서 터전을 닦았다 하여 마을 이름을 직동이라 부르게 되었다 한다(손영근 47 외 5명).

새터 · 신기

조선 중엽부터 성씨가 먼저 정착했는데 지금은 여러 성씨가 모여 살고 있으며, 이 마을은 산으로 둘러 싸여 있어 도토리 수집과 포도를 재배하여 많은 소득을 올리고 있다(조용식 57 외 5명).

3) 예지리(禮智里)

예지리는 본디 봉계동으로 하촌(신리, 예지, 인의)으로 칭하다가 고려 때 (1373년) 상촌(인의 2동)으로 분리되었고, 그 후 1914년 김천군 봉산면으로 행정구역이 개편됨에 따라 봉계동이 신동, 인의 1·2동으로 나누어져 오늘에 이르렀다.

봉계동은 전통적인 반촌으로 일컬어지며, 마을의 이름도 인의, 예지로 요약 되며, 성씨의 분포도 연일 정씨의 집성부락이라고 할 만하다. 마을 뒷산으로 김천시 금산동(거문들)과 경계를 하고, 마을 앞에는 경부고속도로가 지나가고 있으며, 북쪽으로는 인의 2리 어모면 과 경계를 이루고 있다.

밤리 · 율리

장살들 가운데 새터 마을이 있었는데, 병자년 집중 호우 때 자취도 없이 매몰되었으며, 새터 마을에서 북동쪽 2킬로 지점인 밤쥐 모퉁이로 이주하여 정착하게 되었다. 이 곳은 밤나무 숲이 뒷산을 무성하게 싸고 있었기 때문에 율곡이라 부르게 되었다(김천복 63 외 4명).

선돌 · 입석

예지동에서 으뜸가는 마을로서 마을 앞에 바위 조각이 있는데 이것은 원래 한 개의 바위였다. 옛날 광주 이씨 집안의 한 정승 마님의 남편이 서울서 벼슬에 있어 서로 떨어져 살고 있었기 때문에 남편이 그립고 보고 싶어 생각다 못해 시주 온 스님에게 남편을 만날 수 있는 지혜를 가르쳐 달라고 간청을 했다.

쌀 한 말을 시주하면 가르쳐 주겠다 하기에 스님의 요구대로 들어 주니 마을 앞의 선돌을 조각내면 된다고 했다. 그 즉시 정승 마님은 석수를 시켜 선돌을 조각을 내버렸다. 그 날로 남편의 벼슬이 떨어져 낙향하게 되어 남편과 만나 생활하게 되었다. 그 후 이 바위를 정승바위라 부르게 되었는데 마을은 점점 쇠퇴해 버리고 내입석·외입석으로 갈라졌다고 전해지고 있다(류용종 45

외 5명).

여기 선돌이라 함은 태양을 숭배하는 신앙이나 부족장의 무덤을 뜻하는 일이 종종 있다.

안선돌 · 내입석

면소재지에서 북서쪽으로 약 3킬로 지점이고 입석마을 안쪽에 있다고 해서 붙여진 이름이다. 이 마을에는 창녕 조씨 · 진주 강씨 · 연안 이씨 등 37가구가 살고 있다. 그리고, 이 마을은 산지를 개간 밭을 조성해서 포도 · 과수 면적이 비교적 넓어 농가 소득이 크게 향상되었으며, 초지가 많아서 농우 사육 농가가 많은 마을이다(조규훈 48 외 4명).

4) 덕천리(德泉里)

마을 앞 땅 버드나무의 나이가 300년 정도인데 아마도 조선조 중엽쯤 마을이 생긴 것 같다. 지나던 길손이 마을 뒷산의 지형이 용의 등과 같이 생겼다 해서 용배라는 마을 이름을 지어 주었다고 한다.

가막산을 뒤로하고 남향으로 자리한 전형적인 농촌 마을의 표본이며, 마을 오른쪽으로는 낙동강의 지류인 태화천이 맑게 흐르고 마을 왼쪽에서 남으로 기운차게 뻗어 나아간 경부 고속도로와 태화천 사이에 펼쳐진 용배들에는 포도밭이 그림같이 단지를 이루고 있다.

농지가 기름져 벼와 포도 농사에 적지이며 그밖에 과수 재배와 특작물 재배를 주업으로 하는 농촌마을이다.

자연부락의 이름과 그 유래를 알아보면 다음과 같다.

샘재 · 신계 · 용배

1452년 경 경주 이씨 한 선비가 이 곳에 들러 쉬어 가면서 지세를 살펴보니 용의 등과 같다 하여 용배라 하게 되었다 하며, 용의 등이 되어서 샘을 파도

물이 날 수 없고 만일 물이 나면 뱀이 나온다는 속설이 있다. 그래서 이 마을
에는 샘이 귀하여 흘러내리는 자연수를 이용, 1974년 간이 상수도를 설치 급수
하고 있다(홍쌍금 54 외 5명).

도산

덕천동의 동쪽에 있는 마을로 현재 60가구 정도 거주하고, 주로 창녕 조씨
가 살고 있으며 이 마을 개척 당시 동제를 올리는 작은 산이 있다 하여 도산이
라 부르게 되었다.

5) 태화리(太和里)

태화 1리 봉명은 양지마을과 음지마을의 2개 자연부락으로 구성되어 있으
며 구한국시대에는 충북 황간군 황남면에 속하여 오다가, 1914년 조선총독부
령으로 행정구역 개편으로 인하여 경북 김천군 봉산면 태화동으로 고쳐 불렀
다. 1988년 5월 1일 금릉군 조례 제1021호에 의거 동을 리로 개칭하게 된다.

4호 국도가 마을 중앙으로 지나가고 있으며, 마을 중앙에 직지천 상류가 남
으로 흐르고 그 양안에 평야가 펼쳐 있다. 동쪽으로 덕천 2리와, 서쪽으로는
대항면 복전리와 접하고 남쪽으로는 덕천 1리와, 북쪽은 태화 3리와 이웃하고
있다.

국도변에 위치하여 교통이 편리하고 마을 전후로 산지세가 좋아 송림이 울
창하며 마을 중앙으로 직지천 상류인 맑고 깨끗한 청수가 남으로 흐르며 냇가
에 나무의 수령이 약 150년 된 땅버들 숲이 우거져 자연 경관이 빼어나다.

1994년 5월 봉산면내에서 제일 먼저 관광농원으로 입지선정이 되어 각종
사업 계획의 추진으로 일약 복지 마을 건설을 향한 청사진이 실천에 하나하나
옮겨지고 있다.

자연부락의 이름과 그 유래를 알아보면 다음과 같다.

가매기 · 가막리 · 봉명

옛날 이 곳에 가막사란 절이 있어서 가막리라 전해 내려오며 지금도 절터에 석탑이 남아 있다. 봉명이란 명칭은 현재 거주하고 있는 박완의 증조부가 경치가 아름다워 새들이 노래함을 뜻하는 봉명이란 두 글자를 돌에 새겨 지금까지 보존되고 있는데 그로 인해 유래된 이름이다(박 완 45 외 5명).

태피 · 태평

옛날 이 곳을 지나던 이름 없는 한 중이 개방이 고개를 넘을 때 고개 위에서 쉬며 바라보니 마을이 참으로 평화롭게 보여 과연 태평하구나라고 한 마디 한 것이 유래가 되어 태평이라 불리어졌다고 한다(김동기 77 외 5명).

평촌 · 하리 · 하리마

옛날 서울에 과거를 보러 가는 사람들이 이 마을 근처에 있는 개방이재를 넘나들었는데, 이 재에 도적이 많아 과거 보러 가는 이들이 금품을 빼앗겼으나 이 마을에만 오면 평화스러웠다고 해서 날이 저물면 이 마을에서 하룻밤 묵어갔다. 이 고을의 5개 부락 중 가장 아래 있는 부락이라 하여 하리 또는 하리마라 불렀다 한다(허태용 60 외 5명).

창말 · 창촌 · 하중리

옛날 이 곳에 건평 약 50평의 창고를 지어서 군사들의 군량미를 보관하고 달구지로 운반해 주었다 하며, 창고 주변에 있는 마을이라 해서 창말 또는 창촌이라 했다(배쌍분 48 외 5명).

6) 상금리(上金里)

의성 김씨 일가가 동리를 창설하여 지매골이라 하였으나, 후에 상리라 불렀다가, 1914년 행정구역 개편시 김천군 봉산면 상금동으로 고쳤다.

마을 앞 50미터 지점에 상금천이 남으로 흐르고 마을 앞뒤로 포도밭이 많은 평야가 펼쳐있고, 상금천 1킬로 지점을 경계로 동쪽으로 예지 2리 안선돌과 접하고, 서쪽으로 신암 1리와 남쪽은 태화 3리 창촌, 북쪽은 추풍령 작점리와 접경하고 있으며, 상금 2리 점리와 접하고 있다.

자연부락의 이름과 그 유래를 알아보면 다음과 같다.

상리

옛날부터 창말이라는 마을이 있었는데 고을의 가장 위쪽에 있다고 상리로 불리게 되었으며, 최초의 이주자는 홍씨였으나 지금은 한 집도 없고 전주 이씨 · 의성 전씨 등 여러 성씨가 살고 있다(이승무 67 외 4명).

창말이라 함은 나라의 세곡을 받아 관리하여 두던 창고가 있었던 마을을 이른다. 곳곳에 창말이 있음은 우연한 일이 아니다. 강가에 있으면 강창이 됨은 물론이다.

상중리 · 중리

옛날부터 창촌 · 중리 · 상리를 합쳐서 창말 고을이라고 했는데, 고을의 중간에 위치하여 중리라 불리어 오고 있으며 경주 이씨가 처음 이 마을을 개척하여 살았다고도 하고 전주 이씨가 먼저 부락을 이루고 있었다는 설도 있다(신원철 67 외 4명).

금화 · 사기점 · 점리

옛날부터 사기그릇을 구워 오던 마을이란 뜻에서 사기점 혹은 점리로 불려 왔으나 그 뒤 마을이 없어지고 사기그릇을 구웠던 흔적만 남아 있고, 지금은 그 곳으로부터 약 2킬로 밑으로 내려온 야산 지대에 새로이 마을을 이루고 있으며, 옛 사기점터에서는 지금도 사기조각들이 출토되고 있다(노정주 77 외 4명).

7) 신암리(新岩1里)

조선시대는 영동군 황남면에 속한 고도암·조삼동(신촌)이었는데, 1906년 김천군 파미면에 편입되고, 1914년에 가성·신기를 함께 통합하여 신암동이라 하고, 김천군 봉산면 관내로 개편했다. 1917년에는 고도암, 신촌을 신암 1동으로 나누었고, 1988년에는 동을 리로 바꾸었다.

면 소재지에서 서쪽 약 8킬로 떨어진 야산지대에 있는 두 마을로 학교와 간이역이 있는 경부선 철도와 4번 국도 사이에 있고, 고도암은 국도에서 서쪽으로 조금 떨어져 철도변에 있다. 남쪽은 태화리이고 서쪽은 충북 매곡면에 접한다.

자연부락의 이름과 그 유래를 알아보면 다음과 같다.

새마을 · 신촌 · 조삼동

옛날에는 현 위치에서 북쪽 500미터 지점에 조삼동 부락이 있었는데 임진란 때 산사태로 마을이 파묻혀 이 곳으로 이주 새로 이룬 마을이라 하여 마을 이름을 신촌이라 부르게 되었다(강신명 75 외 4명).

고대미 · 고도암

조선 중엽 김시창이라는 사람이 이 곳에 정착하였는데 뒷산에 높이 10미터나 되는 큰 바위가 있어 마을 이름을 고도암이라 했다 한다(김수현 50 외 4명).

가재 · 가성

마을 뒤의 가성산이 병풍처럼 둘러싸고 있기 때문에 가성이라 부르게 되었으며 가성산 중턱에 옛 성터가 있다(송수영 65 외 4명).

신기

옛날에는 서낭당이라는 부락으로 집들이 약간 있었다는데 경부선 철도 개설로 마을이 없어지고 일제 때 근처에 새로 마을이 조성되었다 하여 신기라 불리고 있다(최상록 70 외 4명).

8) 광천리(廣川里)

광천 1리는 돌목(돈목), 대막골(죽막), 감나무골(시목), 소래실(송라)의 네 마을로 이루어졌으며 조선시대에는 충청북도 황간군 황남면에 속해 있었으나, 1914년에 경상북도 금산군과 통합하여 김천군 봉산면 광천동이 되었다.

1592년 임진왜란 직후에 광주 이씨 3세대와 청주 한씨 2세대가 처음 돈목 마을에 이주해 왔고, 해주 오씨 1세대가 송라 마을에, 영산 김씨 1세대가 돈목에 정착하였다. 정유재란 이후 1597년 무렵에 충주 박씨 1세대, 전주 이씨, 경주 김씨, 3세대가 죽막 마을에 들어왔고, 같은 해 파평 윤씨 2세대와 은진 송씨 1세대가 시목 마을에 정착한 것이 마을 이름의 말미암음이다.

죽막과 시목 마을 오른편으로는 4호 국도가, 그리고 서쪽으로는 경부고속도로와 철도가 남북으로 관통하고 있으므로, 평야지가 없고, 농지가 귀한 곳이며, 분수령인 추풍령에서 흐르는 물이 마을 앞으로 세천이 되어 감천에 이르며 낙동강 지류의 뿌리샘이라고 할 수 있다.

마을의 서북쪽으로 해발 700미터 높이의 선계산이 우뚝 솟아 있으며, 이 산을 봉화산이라 했다. 북으로는 해발 230미터인 추풍령과 접경해 있고 접경지점에 경부고속도 중간지점에 추풍령 휴게소가 자리하고 있다. 서쪽으로는 영동군 매곡면과 인접해 있고 남으로는 700미터 지점에 신암동 신기 마을과 이웃해 있다.

자연부락의 이름과 그 유래를 알아보면 다음과 같다.

감나무골 · 시목

광천동 남쪽에 있는 마을로 조선 중엽에 마을이 이루어졌으며 감나무가 많아 감나무골이라 부르게 되었고, 지금은 윤·송·손씨 등 각성이 모여 살고 있다(송영수 63 외 5명).

주막거리 · 대막골 · 죽막

약 100년 전에는 돈목동 입구와 서울 가는 길에 주막이 있어 주막거리라 하여 두세 집이 살고 있었다 하나 경부 철도가 부설되고 국도가 확장되자 새로 마을이 이루어졌는데 대나무가 많이 있어 대막골 · 죽막이라 부르게 되었다 한다(이충훈 52 외 5명).

곤천

고려말까지는 마을 앞에 건천내가 있어 건천이라 하였으나, 그 후 음양오행설에 의해 조선 시대 황간군 백호촌장 손정만이 곤천으로 개칭하게 되었으며, 지금은 손씨를 비롯하여 여러 성씨가 모여 살고 있다(우규섭 68 외 5명).

니리골 · 너리골 · 광동

신라가 삼국을 통일할 무렵 당나라 군사가 이 곳으로 내려갔기에 니리골이라 불렀다 하며, 또 산으로 둘러싸여 있는 들이 골짜기를 따라 넓고 길쭉하게 펼쳐져 있어 너리골이라고도 부르는데, 이 마을은 처음 조선 중엽에 양천 허씨가 개척했으나 그 후 곽씨 · 황씨가 들어와 살았고 지금은 안동 김씨들이 주로 살고 있다(김순익 79 외 5명).

당마루

당마루 고개와 추풍령 고개가 인접하여 있는 마을로서 신라가 삼국을 통일할 무렵에 이 곳에 당나라 군사가 쉬어 갔다 하여 당마루라 불렀다 한다(김대석 66 외 4명).

지명분포로 보아 당-계열의 마을은 거의가 성황당집이 있던 곳을 이르는 일이 많은데 이곳도 예외는 아닐 것으로 본다.

3. 이 고장의 인물

김종직(金宗直)

점필재(佔畢齋) 김종직(金宗直) 선생은 밀양 사람으로 1431년(세종 13년) 아버지 숙자와 어머니 밀양 박씨 사이에서 밀양 대동리에서 태어났다. 아버지는 선산 영봉리 사람으로, 동향인 길재의 성리학을 이어 받아 아들 종직에게 전수하여 뒤에 영남학파의 종주로까지 이르게 하였는데 숙자는 밀양의 박홍신의 무남독녀에게 장가들었다가 장인 박홍신이 대마도에 나아가 싸움터에서 전사하자 밀양 처가로 이주하여 그 곳에서 종직을 낳았다.

선생은 어릴 때부터 아버지에게서 교육을 받았다. 하나를 들으면 열을 알아 문일지십(聞一知十)하는 총명함으로 날마다 수 천자씩을 기억해 갔다고 한다. 아버지의 교육은 길재의 교육방법을 따라 동몽수지 · 유학자설 · 정곡편을 거쳐 소학 · 효경의 단계적인 과정을 철저히 밟고, 사서 · 오경을 차례로 배웠지만 특히 소학을 학문의 기초로 삼고 어릴 때부터 시를 잘하여 먼 이웃에까지 그 이름이 크게 알려졌다.

16살 때 향시(鄕試)를 보았다가 떨어지고 크게 분발, 21살에 지금의 김천인 당시의 금산 봉계(鳳溪)의 현감 조계문의 딸과 결혼을 함으로써 김천과 깊은 인연을 맺는다. 김맹성과 공부하고, 이듬해 23살에 진사시(進士試)에 합격, 성균관에 입학하여 주역과 다른 경전을 정진 탐독하였다.

25세에 세조 즉위를 축하하는 증광시(增廣試)에 형인 종석과 함께 응시하여 형제가 모두 합격하였으나 이듬해에 아버지가 돌아가시자 밀양으로 내려가 장례를 모시고 어른의 묘를 모시는 여묘살이를 하였다. 29세에 형 종석과 함께 문과에 급제하였다.

이로써 벼슬길이 열려 곧 근지영문원 부정자라는 벼슬을 받게 된다. 그의 글 솜씨가 조정에 널리 알려져 형과 함께 한직을 주어 금산 출신의 허종 · 이숙감을 비롯하여 어세공 · 이극균 · 어세결 · 민수 · 정효상 · 이영근 등을 선발하여 오늘날의 연구년 제도와 같은 사가독서(賜暇讀書)를 하도록 하였다.

이 때부터 글짓기로 이름을 떨친다. 각종 책문을 임금께 올릴 정도이었다. 세조는 학문을 권장하는 방법으로 대표적인 젊은 문신을 뽑아 한직을 주고 예문관의 벼슬까지 겸하게 하여 매일 번갈아 토론 강습토록 하였다. 여기에서도 종직은 이파 · 정간종 · 이맹현 · 김종연 · 어세공 · 류문통 · 정영통 · 송춘림 · 김순명 등과 함께 참가하였다.

40세에는 성종이 즉위하여 재덕을 겸비한 학자를 선발, 예문관을 겸직하게 하였는데 종직이 이에 뽑혀 홍문관 수찬 지제교에다 경연 검촌관과 춘추관 기사관을 겸하였다.

얼마 안 되어 어머니를 봉양하기 위하여 외직을 청하매 고향 가까운 함양군수로 부임하게 되었다. 군을 다스림에 있어서 성리학적 실천윤리를 실천하였고 춘추로 향음례와 양노례를 행하고 효제와 주자가례대로 상제봉행을 권장하며 교육에 있어서는 길재 김숙자의 교육방법대로 소학을 기본으로 하였다.

이러한 성리학의 윤리실천으로 학행일치의 명성이 세상에 널리 알려지자 함양을 찾는 문하생이 운집하였다. 수제자 김굉필 · 정여창이 이 때에 수학한 제자이다.

선생은 전라 감사, 한성 좌윤, 형조 판서를 거쳐 1489년(성종 20년) 58세에 모든 관직을 사퇴하고 김천으로 돌아와 백천에 자리한 그의 집에 서당 경렴당을 짓고 학문과 후학양성에 전념하였다.

성종 23년(1492) 밀양 외가에 갔다가 병으로 돌아오지 못하고 8월에 그 길로 별세하니 향년 62세였다. 김천을 중심으로 하는 많은 선비들이 선생을 추모하며 그의 학과 덕을 따랐다.

사람이 태어나 언젠가는 죽는다. 그러나 그가 남긴 작품이나 사상이나 행적은 살아 남아 뒤에 오는 이들에게 큰 감명을 준다. 수양대군의 왕위 빼앗음을 옳지 않게 여겨 이를 기록에 남기고 바르게 사는 길이 무엇인가를 올곧게 살았던 김 선생이야말로 이러한 의로운 삶을 살았던 것이 아니겠는가.

북풍한설 몰아친다 사슴은 사슴이지
몸은 가고 없소마는 청청한 임의 기개
낙동의 푸른 물 되어 온 천년을 흐른다.

조위(曺偉)

이 마을 태생으로 널리 알려져 전해오는 사람으로서 두시언해를 지은 조위 (曺偉)선생의 이야기를 알아보도록 한다.

선생의 자는 대허라 하고 호는 매계라 한다. 세칭 매계 선생으로 부른다. 선생은 단종 2년(1454) 갑술에 봉산면 인의동에서 울진 현령 계문의 아들로 태어났다. 선생의 할아버지가 심인데 고려의 국운이 다함을 한탄하여, 오늘날의 김천인 김산으로 내려 와 창녕 조씨의 김산 개척자가 되었다. 과거를 보지 않고 벼슬을 하는 음(蔭)으로 산원을 지냈으나 30세를 일기로 일찍이 별세하고 뒤에 병조참의로 벼슬을 받는다.

선생은 어려서부터 재주와 생각이 남 달리 동생 신과 같이 말을 배우면서부터 글자를 알고 7세 때 능히 시문을 지어 이름이 났으니 이 때의 사람들이 매우 기이하게 여기고 그 장래가 크게 기대된다 하였다.

선생은 10세 때 영남사림의 대들보이고 집안으로는 매형이 되는 점필재 김종직에게 글을 배워 학업이 일취월장하였고, 종숙부인 영의정 충간공 석문에게 소학을 직접 교육을 받았다. 충간공이 매우 기특하게 여겨 그 장래가 촉망된다고 판단, 자신의 집에 머물게 하여 경서의 이치와 학문하는 방법을 가르치었다. 선생은 충간공의 집에서 18세 때 성균관 생원 진사시에 합격하고, 21세 때 식년 문과에 급제하였으며, 곧 바로 승문원 정자 벼슬을 받고 다음 해 예문과 점열의 벼슬을 받았다.

조선조 성종 10년(1479) 선생 26세 때 홍문관 부수찬이 되었다. 이 때 함경도의 영안도와 삼봉도의 난민을 평정하고자 경차관을 선발하는데 조정에서 그 인선에 있어 의논이 분분하였다.

이 때 성종께서, "조위가 비록 나이는 어리나 천품이 뛰어나고 슬기롭다." 하고 선생으로 하여금 영안도 경차관에 임명하였으니 가히 선생의 기량과 인품을 짐작할 수 있다 하겠다.

다음 해 경차관에서 돌아온 선생은 성종의 두터운 신임을 받아 검토관과 시독관 등으로 경연에 나가 성종의 총애를 한 몸에 받았고 여러 차례 어진 시제에 늘 장원을 독차지하여 성종께서 "문예에는 조위가 제일이고, 무예에는 임득창이 제일이다." 하고 상과 특별 급진을 거듭 시행하였다. 성주사고의 검열관을 지내고, 명나라 사절을 맞는 총책임자인 원접사 강희맹의 종사관을 지내기도 하였다.

성종 12년(1481) 신축에 선생의 나이 28세 때 홍문관 수찬으로 있었는데, 이 때 성종께서 당나라의 시성 두보의 시를 언해하는 책임을 선생에게 맡겼다. 이에 선생께서 승 의침과 여러 성균관의 관료들과 심혈을 기울여 분류두공부시언해(分類杜工部詩諺解)를 25권 17책으로 완성하고 그 시문을 썼다. 이것이 두시언해 초간본으로 우리나라 고문, 고어 연구에 있어 국문학사상 매우 귀중한 자료가 되는 것이며, 값진 조상들의 유산으로 높이 평가받고 있는 문헌이다.

150년 뒤에 나온 두시언해와 비교하여 그 동안의 우리말의 변천에 대한 여러 가지 변화를 알아내는데 중요한 역사적 자료가 된다. 그러나 전질이 전함이 없으니 학계에서 안타까워하고 있으며, 인조 10년 간행된 중간본은 전질이 전하여 오고 있다.

당시의 학자들이 한문만을 숭상하고 우리의 글을 천시하던 때, 선생과 같이 국문에 뛰어난 조예로 유창한 필치와 충분한 어휘로 다듬어진 번역은 영구히 국어국문학의 소담한 밑천으로 겨레와 더불어 찬란할 것이다. 이 두시언해는 국어 교과서에 실려 있다.

글은 바로 그 사람이라는 말이 있다. 두시언해를 우리말로 두칠 때에 김천 지역의 말이 반영되었을 가능성이 많다. 그래서 영남문헌의 방언적인 흔적으로 널리 연구되는 문헌이기도 하다.

다음해 선생은 사헌부 지평을 선생의 나이 30세 때 세자 시강원이 설치되니 선생으로 하여금 시강원 문학을 삼았다.

이는 원래 나이 든 학자를 임명하는 것이 통례인 바 선생을 임명한 것은 매우 이례적인 발탁이었으니 선생의 학문의 도를 짐작하고도 남음이 있다. 한편 이해 가을 명나라 사신을 따라 온 문사 갈귀라는 사람은 매우 학문 높았다.

이 때 성종께서 선생과 사신을 그와 함께 놀게 하여 그의 학문을 살펴보게 하였다. 그후 우리나라에서 명나라에 사신이 갔을 때 갈귀가 선생의 안부를 묻고, 선생의 학문이 높음을 찬양하였다 한다.

성종 15년(1484) 선생은 나이 들었음을 이유로 사직코자 하였다. 그러나 성종이 윤허하지 않고 고향 근처인 함양군수로 임명하였다. 군수로 재임하는 동안 학문을 진작시키고 인재양성에 힘쓰며 그 다스림이 어질고 너그럽고 간결 검소함을 근본 삼아 공명정대한 다스림으로 이름이 났으며 때 마침 부친상을 당하여 함양에 와 있던 정 여창과 학문을 힘쓰니 그 문화가 꽃을 피웠다.

선생이 1491년 38세 때 상을 벗고 상경하니 당일로 의정부 검상에 임명되고 이어 사헌부 장령을 지내고 승정원 동부승지에 올랐다.

다음해 좌부승지, 우승지를 거쳐 도승지가 되었다. 1492년(성종 24년) 선생 40세 때 가선 대부 호조참판을 배하였다. 이 때에 성종으로부터 김종직 문집을 편찬하라는 명을 받았는데 이 문집을 편찬하면서 점필재가 지은 조의제문을 문집에 수록한 바 있었다. 이 일로 인하여 뒤에 무오사화 때 선생이 연좌되어 화를 입는 원인이 된다.

같은 해 직제학으로 임명받고 정조사로 명나라에 수행할 것을 명받았으나 모친의 연로함을 들어 벼슬길에 나아가지 아니하였다. 이 무렵 고향집 시냇가에 초당을 짓고 계단을 쌓아 매·난·송·죽을 심어 매계당이라 이름했다.

다음 해 충청감사로 나아가 선정을 베푸니 모든 사람이 선생의 덕을 사모하였다. 이해 겨울, 성종이 돌아가시니, 대왕의 총애를 깊이 받아온 선생의 슬픔이 극에 달하였고 지방에 있어 왕의 출상을 보지 못하는 애절한 연군의 정을 시로 지어 읊으니 모든 사람이 감동하였다.

연산 원년(1495) 선생이 동지춘추관사가 되어 이세겸, 신종호 등과 성종실록을 편찬하게 되었는데, 이 때 사관인 김일손이 점필재 김종직의 조의제문(弔義帝文)을 사초에 담아 올리자 그대로 받아들여 실록에 수록케 하였다.

이 일로 말미암아 무오사화가 일어나는 결정적인 동기가 되었으며, 김일손을 비롯하여 이른바 사림파로 지칭되는 선비들이 참혹한 화를 입게 되었다. 선생은 한성우윤, 성균관 대사성을 지내고 이해 7월에 전라감사가 되었다.

재임 중 선생은 모친상을 당하여 고향에서 묘를 지키며 3년을 살고 상경하여 1498년 동지중추부사를 임명받고 이어 경연의 특진관이 되었다.

이해 5월 친히 임금이, "문무백관 가운데 그 기량이 뛰어나고 문장과 도덕이 제일이다." 하고 성절사로 임명되어 명나라에 사절로 파견하였다. 이 때 본국에서는 유자광 등이 크게 사화를 일으켜 일시에 당대 이름난 선비들이 처형되니 선생이 무사할 수 없었다.

선생은 점필재의 수제자이며 또한 점필제 문집과 성종실록에 조의제문을 수록한 점을 들어 연산군이 격노하여 매계가 압록강을 도강하면 즉시 처단하라는 명이 내려져 있었다.

이 때 동생 신이 일찍이 요동 땅에 추원결이라는 점쟁이가 있음을 들은 바 있어 가서 형의 앞날이 길흉에 대한 점을 쳤던 바, 그는 말없이 " … "라는 글귀만을 써 받았는데 동생 신은 앞의 구절은 화를 면할 것도 같으나 뒤 구절에 대하여는 알지 못하였다. 일행이 압록강변에 이르니 김오랑이 기다리고 있었다. 형을 집행하는 것으로 알고 민망하게 여겼으나 매계 홀로 태연하였다.

이어 강을 건너 알아보니 재상 이극균이, 선왕이 가장 아끼고 사랑하던 충신을 처형하는 것은 도리가 아니라 하여 극구 말림으로써 죽음을 면하고 서울로 잡혀오게 되어 곧 장형을 받고 의주로 유배되었다.

이듬해 1520년 의주에서 전남순천으로 유배지가 옮겨졌다. 이 때 같은 사화로 의주에 유배돼 있던 한훤당 김굉필도 순천으로 유배되어 왔다.

순천에서는 서문 밖 옥천 가에 살면서 맑은 물이며 숲이 우거진 곳에 돌을 모아 대를 쌓아 임청대라 명명하고 그 기문을 지어 항상 마음을 깨끗이 하고 이곳에 올라 임금이 있는 하늘을 바라보고 임금을 그리는 안타까운 마음을 달 랬다.

　이 동안 우리나라의 유배가사의 효시가 되는 장편가사 만분가(萬憤歌)가 쓰여졌으며 매계 총화도 집필하였다. 이 만분가는 선생의 두시언해와 함께 크 게 평가되는 국문학사상의 큰 업적이다.

　선생은 순천에 온지 침식을 잃을 정도로 학문에 전념하고 간신배들이 나라 를 오도하는 것을 걱정함이 지나쳐 병을 얻어 1503년 50세를 일기로 적소에서 세상을 떠났다.

　이 때 한훤당이 읍민을 이끌고 예를 다하여 장례를 모실 즈음 고향 김산에 서 동생 신이 달려와 고향으로 운구하여 익년 3월에 황간현 마암산 선영에 장 사지냈다.

　이해 12월 갑자사화가 다시 일어나 선생에게 앞의 죄를 준다 하여 이미 장 사까지 지낸 선생의 무덤을 파헤쳐 부관참시를 하고 시신을 묘 앞에 놓고 3일 간 장사지내지 못하였다. 이로써 요동의 점쟁이가 써준 뒤 구절이 맞은 것을 알게되었으니 그 이치를 알 수 없는 노릇이었다.

　1506년 연산군을 몰아내고 중종반정으로 나라를 안정시키니 선생에 대한 죄가 사면되고 이조참판으로 벼슬을 내려 명예를 다시 찾게 하였으며 이를 자 손에게 널리 알리라는 명이 내려졌다.

　선생이 떠나신 후 24년이 지난 1527년 이행 등이 신증동국여지승람을 편찬 하면서 선생의 주옥같은 시문, 기문 등을 21편이나 수록하였으며 동문선에도 많은 시문이 수록되어 있어 선생의 시문을 일부나마 엿볼 수 있게 하였다.

　선생이 세상을 떠난 후 60여 년이 지난 1564년 고봉 기 대승이 순천의 유생 들의 주창에 따라 순천에 옥천 서원을 창건하고 선생과 한훤당을 배향하였다.

　이 때 퇴계 이황이 서원명을 친필로써 현액하였으며 고봉은 이 서원의 연원 에 관하여 기문을 지어 봉안하였다. 다음 해 순천태수 구암 이정은 선생의 얼 이 담긴 임청대를 다시 수축하고 그 곳에 비를 세워 선현의 유허지임을 추모 하는 곳으로 삼았다.

이 임청대라는 비의 글씨 역시 퇴계 친필이다.

한편 1648년 김산의 유림들도 경렴서원을 창건하고 선생과 점필재 김종직, 문혜공 최선문, 평정공 이약동, 남정 김시창 등을 제정하였다.

선생 사후 205년이 되는 1708년에 순천의 유생 수 백 명이 선생의 관직을 더 높이고 시호를 내려 줄 것을 청하니 숙종께서 "매계의 학문과 도덕이 참으로 크고 높은데 죽어서 화가 무덤에까지 미치니 매우 안타까운 일이다" 하고 죽은 뒤에 내리는 벼슬로 이조판서 겸 지연의금부사 홍문관 대제학 예문관 대제학 지춘추관 성균관사 세자좌빈객오철자 총부도총관을 내리고 자헌대부로 가자 하였으며, 시호를 내려 문장공이라 하였다.

선생 떠나신 후 200여 년이 지난 1718년 비로소 매계 문집이 간행되었으니, 이는 사화와 여러 번의 전쟁 등으로 선생의 많은 유고를 사화 때 깊이 간직하고 또한 암송으로 기억하여 전하여온 것을 바탕으로 하여 널리 수집하여 10권 5책으로 간행하였으니, 선생의 방대한 저술에 비하여 오직 그 도도한 문장의 일단만을 엿볼 수 있을 뿐이니 참으로 애석한 일이라 하겠다.

선생의 스승이자 당대 선비들의 정신적인 구심점이었던 점필재 김종직은 늘 말하기를, "내가 대허와 더불어 강론하면 마치 큰 강물이 도도히 흘러 막힘이 없으니 대허야말로 참으로 나의 스승이다" 하고 선생의 학문을 높이 칭찬하였다.

한훤당 김굉필은 선생의 재주와 생각은 일찍이 꽃봉오리처럼 날아 오르고, 그 명성은 온 나라 안에 진동했다. 문장은 나라를 빛냈고, 그이 시는 천하제일이라 하였다.

선생의 동생 신은 선생의 일생을 적은 행장(行狀)에서 "형은 기개와 도량이 너그럽고 넓어 비록 다급한 일이 있어도 조용하게 대처하였으며, 느긋하고 순하여 크게 저작에 뜻이 있었다. 효도와 우애는 순수하고 지극하였으며 평화롭고 화목하였다."고 하였다.

이 밖에도 수 없는 이름 높은 선비들의 예찬을 일일이 다 열거하기 어렵다. 선생은 조선조 초기 문물의 태평성세였던 성종조의 성리학의 대가로 당시 신진 사대부들의 지도자인 점필재와 함께 사림들의 존경을 받았으며 글씨 또한 명필로 이름 높았다.

선생의 도도한 문장은 당대를 풍미하고도 남음이 있었고, 그의 원대한 경륜은 국가의 기간이 되고 동량이 될 만하였다.

비록 중도에서 사화를 당하여 꿈을 다 이루지는 못하고 원통하게 유배지에서 죽었으나 이 땅에 선생의 주옥같은 글과 빛나는 저술이 세월이 더할수록 더욱 광채를 발할 것이다. 예술은 길고 인생은 짧다는 말이 과연 옳은 것 같다.

1747년 선생이 태어난 요람지이자 유허지인 봉계에 후손들이 율수재를 건립하여 현재까지 보존하여 오고 있으며, 1989년 12월 문화공보부에서 선생의 생가 유허지인 매계 율수재 앞에 선생의 생가 유허지임을 명시하는 표석과 비를 세운 바 있다. 또 김천문화원에서는 지난 80년부터 매년 매계 백일장을 열어 선생의 높은 학문과 덕을 기리고 있다.

> 황악의 정수리에 빗겨 가는 매운 바람
> 길은 길로 이어지고 뜻 이은 임은 어디
> 매화 향 그윽한 봉계 피리 부는 솔바람

4. 이 고장의 문화재

용화사

위치 : 경상북도 김천시 봉산면 덕천리 502-2번지

창건연대 : 신라시대

창립자 : 박광명화(양덕보살)

봉산면 덕천리 마을에 옛날부터 석불대상이 아무렇게나 버려져 있었다. 이른바 미륵당이라고도 하는 용화사는 신라시대의 절터라고는 하나 오랫동안 폐허로 있었다. 1927년에 백연수 보살이 눈비를 막아 관리해 왔는데 1952년 박광명화 보살이 개인의 사재로써 대웅전과 용화전 및 요사채 3층을 세워 약 30년간 관리하여 왔다. 그것을 1차 중창이라 한다.

그 뒤 주지 환어 스님이 개축의 뜻을 품고 주선해 오다가 성사도 하기 앞서 병환으로 뜻을 이루지 못하고 다음 주지 덕기화상이 부임, 박광명화 보살의 아들 서병조가 대를 이어 1994년 절을 전면 수리하고 1996년에 대웅전 관음전 삼성각 사천왕문 요사 등을 완공하여 오늘에 이르고 있다.

덕천리 석조 관음보살입상

지정 : 경상북도 유형문화재 제250호, 1990.8.7
위치 : 김천시 봉산면 덕천리 502-2 용화사
연대 : 고려초기
규모 : 넓적한 화강암에 양각불상고 2.73미터, 어깨폭 0.9미터

고려 초기의 불상으로 가까운 어느 골짜기에 있던 것을 1927년 이곳으로 옮겼다.

머리에 상층 정자관형의 보관을 썼고 통견의를 걸쳤으며 다리 양쪽에는 손에 약호를 든 동자상을 새겼는데 이는 유례 없는 형식으로 특이하다. 광배는 주형이고 두광과 신광은 쌍선으로 양각했으며 그 외측구에는 화염문, 내측구에는 꽃무늬로 채웠다.

머리에 비하여 몸통이 짧아 균형을 잃었고 이목구비가 도식적이긴 하나,

온화한 얼굴 표현과 간결한 선의 처리는 시대 양식을 충실히 반영하여 고려 초기의 입상임을 말해주고 있다. 용화사는 이 석불로 인하여 세워졌다.

이곳으로 옮겨진 석불상에 비바람을 막으려고 전각을 지어 그 안에 봉안하고 예불을 올리니 곧 용화사의 시발이 되었다.

5. 이 고장의 전설

가. 정승의 죽음과 노승의 예언

옛날 봉산면 예지 2리 내입석(內立石)에 살던 광주 이씨가 한양에서 정승을 하고 있을 때 이곳에서 홀로 집을 지키며 살던 김씨 부인은 남편과 오래 떨어져 살았기에 몹시 그리워했다.

어느 날 찾아온 노승에게 쌀 한 말을 시주하면서 일찍 남편이 돌아오도록 하는 방법을 묻자, 노승은 마당 한 가운데 있는 연못을 가리키며 저 연못에 소금 석 섬을 뿌리고, 동네 입구에 불쑥 나온 바위를 깨뜨려 길을 넓히면 소원을 이룰 수 있다고 말했다. 다음 날 부인은 노승이 시키는 대로 못에다 소금을 석 섬 뿌리고 마을 입구에 있는 바위를 깨버렸다.

그 때까지 수양버들이 늘어진 못에서 평화롭게 놀던 세 마리의 학이 날아서 한 마리는 봉계(鳳溪) 쪽으로, 한 마리는 창촌 쪽으로 날아가고, 또 한 마리는 어디로 날아갔는지 모른다고 하는데, 이런 일이 있은 지 사흘 후에 남편은 시체로 돌아왔고, 그 뒤로 이 마을에는 벼슬길이 끊겼다고 한다. 반면에 학이 날아간 봉계와 창촌은 차츰 번창하여 오늘날까지 많은 인물이 나오고 있다고 한다.

당시 김씨 부인이 살았던 집 일대의 전답을 '이층 논, 이층 밭'이라 부르며, 학이 놀았던 못 또한 조그맣게 남아 있으며, 정승바위도 마을 어귀에 있다. 이 마을 사람들은 이 정승을 이극돈(李克墩)이라 하기도 하고, 그의 형을 이극배(李克培)라 하기도 하는데, 예로부터 이 고장의 향지에는 이극배가 산 것으로 되어 있으며, 그의 며느리부터 후손들의 묘가 이곳에 있다.

나. 중과 정승

예지 2리 내입석 뒤에 있는 들인데 옛날 대사헌(大司憲) 이수공(李守恭)이 살던 곳이라 한다. 그곳에 못이 있었는데 동냥 온 중에게 인색하여 못에 소금을 뿌리면 집안이 흥한다 하거늘 시키는 대로했더니 못에서 학이 날아갔다는 것이다. 그 후로 집안이 내리막길을 걸었다 한다.

다. 뛰어난 조신(曹伸)의 시재(詩才)

조신은 성종 때 시인으로 봉계 출신이다. 성종이 그를 불러 다섯 제목을 내어 시를 짓게 하고 또 여섯 승지를 시켜 각각 어려운 운을 내게 하여 시험하니 운에 맞추어 척척 시를 짓는지라 과연 제1 인자라 칭찬했다 한다.

라. 용화사 석불 유래

덕천 1리 용화사에 있는 석불은 길가에 방치되어 있었는데, 백낙준이 불공을 드리던 중 눈비를 막아 달라는 계시를 받아 보호각을 지었다고 한다.

마. 두 집안의 묘 터 싸움

옛날에 봉산면 예지 2리 선돌 마을에는 본관은 알 수 없으나 황씨들로 대성(大姓)을 이루고 살았고, 가까운 봉계에는 영일 정씨들이 집단으로 살았다. 문관 집안인 정씨 집안과 무관 집안인 황씨들은 능 하나를 사이에 두고 으르렁대면서 살았는데, 어느 날 영일 정씨의 교리공 만취당(晩翠堂)의 장모가 만취당의 집에서 함께 살다가 세상을 떠났다. 때를 같이하여 황씨 집안에도 초상이 났다. 당시 이곳에서 좀 떨어진 태평사(太平寺) 뒷산의 재궁(齋宮)골은 명당으로 알려져 양측에선 서로 이곳을 차지해 묘를 쓰려고 벼르던 참이라, 정씨 측에서 꾀를 썼다. 새벽부터 마을 뒷산을 넘어 상여를 운구하면서 또 하나의 가짜 상여를 메고 선돌 앞을 지나게 되었다.

때 마침 황씨측에서도 출상을 하여 두 집안의 상여는 서로 앞을 가로막으며 실랑이가 벌어졌다. 이 때 황씨 집안엔 천하장사인 울산이란 사람이 있었는데, 그가 나서서 한 손으로 정씨 집안의 상여를 잡고 버티자 정씨들의 가짜 상여는 얼어붙은 듯 꼼짝도 못하고 제자리에 멈춰서고 기세 등등해진 황씨측의 상여는 신나게 산을 향했다.

그들이 산턱에 다다르자, 산 위에서 장례를 마친 정씨들이 회닫이로 달고야 하는 소리가 들렸다. 화가 난 울산이 단숨에 산 위에 올라가 장례를 마치고 세워 놓은 비석을 주먹을 내리쳤는데, 비석은 두 동강이 났다고 하는데, 지금도 그 비석은 반 토막만 서 있다. 그 이후 용배마을에서 고속도로를 지나 남쪽 도로변에 위치하고 있었던 황울산이 살던 집터는 헐어 못이 되었고, 황씨들은 이 마을에는 한 집도 남김없이 망하였다 한다.

바. 생기들의 봄 무

덕천 2리 생기들은 옛날 밭이었는데 이곳에서 나는 무 특히 봄무는 맛이 좋아 황간, 김산 원님의 나박김치 감으로 바쳐졌다 한다.

사. 절 자리가 재실로

태평 2리 재실 자리에 옛날 큰 절 태평사(太平寺)가 있었는데, 영일 정씨가 절에 소가 우는 소리가 들리면 절이 망한다고 소문을 퍼뜨리고는 하루는 밤에 도포자락에 송아지를 싸안고 절 지붕에 올려놓았더니 송아지가 슬피 울었고, 그 후 중들이 스스로 떠나서 영일 정씨가 그 절을 차지하고 재실로 삼았다고 한다.

아. 단종비가 몸을 피한 재궁골

태평 2리 태평재(太平齋)가 있는 곳인데, 옛날 단종의 비 송씨가 폐위되고 피신하면서 이곳에서 하룻밤을 머물렀다고 전한다.

자. 다락골(多樂谷)에 대한 예언

광천 1리 추풍령 휴게소가 있는 곳은 정감록 비결에서 백 년 뒤에는 뭇 사람이 모여 즐겁게 논다는 곳으로 예언하여 다락곡이라 했는데, 과연 고속도로 휴게소가 되었다 한다.

차. 정기룡 장군의 죽막(竹幕)

광천 1리 죽막은 임진왜란 때 조경 방어사와 정기룡·장지현 등이 이곳에 진을 치고 추풍령 전투 작전을 짰던 곳이라 전해진다.

카. 분통골의 한

옛날 봉산면 봉계 일대에는 서산 정씨들이 많이 살았다. 어느 날 집안에 초상이 났는데, 풍수의 말이 분통골에 명당이 있다고 하며 묘를 쓸 적에는 반드시 관을 11개를 묻으라고 하였다. 그래서 시체를 넣은 진짜 관을 묻고 차례로 빈 관을 묻어 나가다 열 개째 관을 묻은 사람들은 한 개쯤 덜 묻는다고 무슨 일이 생기겠느냐며 마지막 한 개를 포기한 채 봉분을 만들고 말았다. 그런데도 서산 정씨들은 날로 번창해져서 벼슬아치가 많이 났고, 모두 부자가 되어 잘 살게 되었다. 한편 조정에서는 서산 정씨들의 세력이 날로 번창해지자 역적 모의라도 할까 봐 두렵게 생각하여 정씨들이 번창한 이유를 알아보도록 했다. 뒤로는 극락산과 앞으론 금오산을 끼고 자리 잡은 선조의 묘 자리 덕이라는 이야기를 들은 왕은 당장 묘를 파도록 어명을 내렸다. 묘를 파헤쳐 관을 열어 보니 빈 관이었다. 그 다음 관이 또 나와 열어 보니 역시 빈 관이 나왔고, 또 빈 관이 무려 아홉 개가 나왔다.

관아에서 나와 묘를 파헤치던 관리들은 빈 관만 거듭 나오자 지쳐서 파기를 중단하기로 하였다. 그러나 한 관리가 기왕에 팠으니 꼭 한 번만 더 파보고 또 다시 빈 관이 나오면 그만 두자고 우겨서 마지막으로 삽질을 하니 또 관이 나와 뚜껑을 열어 보니 보얀 김과 함께 학 한 마리가 날아갔다.

이렇게 되자 서산 정씨 가문은 차츰 망하였는데, 당초에 풍수의 말대로 관

을 열한 개를 모두 묻었더라면 끝내 진짜 관은 보존되고 집안은 영광을 계속
해 누렸을 것인데, 마지막 한 개를 묻지 않은 일을 생각하면 분통이 터질 지경
이라 하여 이곳을 후세 사람들은 '분통골'로 부른다. 분통골은 봉산면 인의리
(仁義里) 율수재 뒷골을 일컫는다.

타. 장자 마을과 거지

이 마을은 부자가 많이 살고 있어 걸인의 구걸이 끊어지지 않았는데, 하루
는 한 도사가 찾아와 구걸을 하니 하인이 귀찮아 거절했다. 도사가 이곳에 있
는 황소고개의 맥을 끊으니 장자마을이 쇠퇴했다.

대항면(代項面)

1. 마을의 내력

옛날 금산군 서쪽 끝 지역인 대항 12방의 중심지는 면사무소가 있는 터목 (垈項)이었다. 한자로는 대항으로 표기하고 본리라 했으며, 뒤에 대항으로 고 치고 20동을 거느렸다. 1906년 황간군 황남면의 6개 동(지천, 묘내, 광암, 방하 상, 세송, 돌모응)과 봉산면의 하지리의 일부 및 미곡면 윤로리를 금산군에 편 입하여 대항면 관내를 삼았다.

1914년에 26개 동을 향천, 덕전, 대룡, 운수, 주례, 대성의 6개 동으로 통합 하였고, 1973년에는 봉산면의 복전동을 대항면으로 들게 하여 7개 동이 되었 다. 이에 앞서 1971년에는 다시 복전 2, 대룡 2, 덕전 4, 대성 2, 주례 2, 운수 2, 향천 4의 18개 동으로 나누었다.

충북 영동군과의 도(군)계를 이루고, 서남쪽으로 구성면, 동북쪽으로 봉산 면과 경계하며, 김천시와는 동쪽에서 인접하고 있다. 동쪽 2개 동(대룡, 덕전) 을 제외하고는 서·남은 대부분이 산악지대에 속하고 동서를 지나는 경부선 철도, 4호 국도가 서쪽 산악지를 피해 북쪽으로 굽어서 니은자 형으로 지난다.

면의 서쪽에 천덕산, 황악산(1,111미터), 바람재, 삼성산 등의 높은 산이 이 어져 경계를 이루며, 남서쪽에 호초당산(894미터), 남동부에 덕대산(811미터) 과 같은 험준한 산지로 되어 있어 면의 대부분이 산악지대를 이루고 있으므로 경작지가 적어 경지률이 15.6퍼센트밖에 되지 않는다.

면의 북동부의 들을 중심으로 한 경지정리가 이루어져 중요한 농업지대를 이루며 쌀 생산의 중심이 되고 있다. 관내에 신라 사찰인 직지사(直指寺)가 있고, 절의 진입도로가 직지천의 양쪽으로 개설되어 관광객의 오고감이 편리다.

오늘날에도 터목이 있음을 보면 그에 상응하는 한자 대항(垈項)으로 씀이 옳을 것으로 본다. 다시 고쳐 쓰는 과정에서 간편하게 하기 위하여 대(垈)에 흙토를 제외했을 것으로 미루어는 보이나 바람직한 것은 아니다.

대항면을 이루는 고장들의 이름과 그 유래를 알아보면 아래와 같다.

2. 마을의 이름과 유래

1) 향천리(香川里)

조선시대에는 황간군 황남면에 속한 지천인데, 1906년에 김천군 대항면에 편입되었다. 1914년에 지천, 합천, 묘내, 방하상을 통합하여 향천동이라 하고 1871년에 지천을 향천 1동으로 나누었고, 1988년에 동을 리로 변경하였다.

1976년에는 직지사 입구 매표소 녹지대에 있는 상가를 지금의 장소로 옮겨 조성했다. 황악산과 바람재에서 발원한 준용하천인 직지천이 북쪽으로 흘러 마을을 동서로 나누고 있고, 동쪽으로 덕전리와 인접하고 있다. 마을 북서쪽으로 운수 1리와 접하여 직지사가 위치하고 있다. 남쪽으로는 향천 4리에 접하고 있으며, 북쪽으로 향천 2리와 접하여 대항면 사무소가 위치하고 있다.

자연부락의 이름과 그 유래를 알아보면 다음과 같다.

못내 · 지천

마을 뒤에 작은 못이 있어 거기서 시작된 냇물이 마을 앞을 지나고 있으므로 지천이라 부르게 되었다. 1976년 직지사 입구에 위치한 상가를 철거, 지천으로 이주하여 현재 약 40여 가구가 상가를 이루고 있다(박일양 51 외 6명).

광암 · 합천 · 학교동

약 250년 전 정 아무개라는 한 선비가 이 마을을 개척할 때, 마을 앞에 넓은 바위가 있어 광암이라 하였다고 한다. 직지천과 방하천이 합하는 곳이라 하여 합천이라고도 한다. 1930년 이 곳에 보통학교가 처음 설립되었다 하여 학교동이라고도 불리어졌다(박창식 46 외 6명).

기날 · 묘내

약 500년 전에 마을을 개척할 당시 마을 앞에 머루와 다래 덩굴이 많아서 기어 드나들었다고 하여 기날이라 했다. 또 지형이 고양이 모양이라 하여 묘내라고도 한다(박수상 43 외 6명).

방아재 · 방하치

못내 남동쪽에 있는 마을로 1660년경부터 김 · 임 · 이 · 정 네 성의 선비가 마을을 개척하여 동명도 없이 살아왔다. 1700년 경 황간현 황남면으로 편입되면서 황남면의 아래쪽에 위치하고, 방아재라는 고개가 있어서 방아재 · 방하치라 불리어지고 있다(임춘재 55 외 3명).

2) 운수리(雲水里)

약 200년 전부터 직지사를 찾아왔다가 뜻을 이루지 못한 사람들이 근처 골짜기에 정착하여 살기 시작하면서여 마을을 이루었다고 한다. 조선시대 대항면 사무소가 이곳에 있었다. 그래서 마을 이름을 터목이라 했으며, 그 뜻으로 한자 표기를 대항면이라 했으며, 또 면 중심지이기에 마을을 본리로도 불렀다. 1914년에 본리와 돌모리, 백운동(박수점)을 통합하여 운수동이라 했다.

1971년 본리를 운수 1동으로 나누었고 1988년에 동을 전국적으로 리로 변경하여 운수리가 되었다. 1932년에 경찰관 주재소를 직지사 역으로 옮겼다가 광복 후 향천 2리로 옮기고, 면사무소는 1920년에 옮겼다.

면 소재지에서 서쪽 1.2킬로 황악산 남쪽 운수 골짜기, 들머리에 있는 산간 마을로 직지사 상가와는 500미터 지점이다. 황악산 북쪽 모퉁이를 돌면 신라 고찰 직지사가 있고 그 뒤에는 백련암, 운수암이 있으며, 마을 앞에 김천시 상수도 수원지가 있다. 운수 골짜기를 거슬러 올라가면 대성리에 이른다.

행운유수(行雲流水)와 같이 언제나 구름이 머물고 골짜기에 물이 흐르는 자연경관의 아름다움을 드러내고자 한 이름으로 보인다. 하지만 본래의 이름이었던 터목이야말로 삶의 터전이었으니 더 좋은 이름을 찾기란 어려울 것으로 본다.

자연부락의 이름과 그 유래를 알아보면 다음과 같다.

터목 · 본리

1770년 경 직지사를 찾아 수도를 하던 사람이 뜻을 이루지 못하자 이 곳에 정착하여 살기 시작했다고 한다. 1920년 경 면사무소와 주재소가 있던 곳이라 하여 본리라 부르고 있으며, 당시 대항으로 불리었으므로 그 뜻을 새겨 터목이라고도 부르고 있다(위용주 55 외 4명).

돌모

약 200년 전에 조씨 · 류씨 두 선비가 이 곳에 들어와 마을을 개척할 당시 돌이 많아 돌모라 부르게 되었다 하며, 지금도 마을 뒤에는 돌들이 작은 산을 이루고 있다(이상덕 48 외 3명).

박수점 · 백운

약 140년 전에 황악산 중턱에 위치한 곳에 마을을 개척하였는데 항상 구름에 덮여 있어 백운이라 불리어지고 있으며, 또 박달나무로 가구를 만들어 팔아 생활을 해 왔다고 하여 박수점이라고도 한다(조진환 37 외 1명).

3) 주례리(周禮里)

조선시대는 금산군 대항면에 속한 화실(화곡)이었는데, 1914년에 주공, 삼거와 통합하여 주례동이라 하고, 1971년에 화실(화곡)을 주례 1동으로 나누었다.

산으로 둘러 싸여 경치가 좋으며 물이 맑고 공기가 시원하여 생활환경이 쾌적하다. 논농사 위주에서 벗어나 담배를 소득 작목으로 선정 담배 재배 면적이 늘어나 주민 소득 증대에 이바지하고 있다.

면사무소에서 서남쪽으로 7.2킬로 떨어지고 대항면 서쪽 가장자리로 황악산(1,111미터)과 덕대산(811미터)의 사이의 바람재를 넘어서 산간 오지에 있는 마을이다. 서쪽은 영동군 상촌면과 인접하고, 남쪽은 구성면과 이웃한다. 바람재에 올라보면 이 고개가 분수령인 것을 알게 된다.

그날도 시사편찬을 맡아 노고가 크신 이근구, 맹봉진 두 선생님과 함께 바람재에서 과하주 한잔 부어놓고 김천의 발전과 나라의 경제회생을 위한 발원제를 올렸다. 마침 바람재에 불어오는 바람이며 산봉우리 쪽으로 덮인 안개구름이 비를 예고하는 듯 이슬비를 머금고 있었다.

자연부락의 이름과 그 유래를 알아보면 다음과 같다.

화실 · 화곡

1700년 무렵 홍씨와 송씨가 이 곳에 약초를 캐러 왔다가 정착하여 살았는데, 마을 주위에 꽃이 만발하고 각종 열매가 많아서 화실이라 이름지었다(조병식 62 외 4명).

두리 · 주공 · 주례

1790년 곡부 공씨가 이 마을을 개척하여 마을 이름을 공자님이 살아 계실 때의 주나라의 주자와 자기 성인 공자를 따서 주공이라 이름지어 불렀다. 일설에는 이 곳에 큰 산이 있어 두리 또는 주공 · 주례라 불렀다고도 한다(백남철

72 외 4명).

마을의 생김이 둘레의 산으로 둘러싸였음을 드러내기 위하여 생겨난 이름으로 보인다.

안동에 가면 주하동(周下洞)을 두루실이라 함을 보더라도 그렇다.

삼거리 · 삼거

구성면 마산리, 영동군 상촌면 · 대항면으로 가는 세 갈래 길이 있는 곳에 위치한 마을이므로 삼거리라 부르게 되었으며, 줄여서 삼거라 부르기도 한다(정환조 63 외 4명).

4) 대성리(大聖里)

1750년 이, 박, 김씨의 세 선비가 조용하고 살기 좋은 곳을 찾아 마을을 개척하였으며, 선비들이 존경하던 성인 공자의 이름을 따서 공자라고 하였다. 조선시대에는 금산군 대항면에 속한 공자동이었는데, 1914년에 공자동, 사기점, 버덕(벌덕)과 창평, 방하를 통합하여 대성동이라 했다.

1971년에 공자동, 사기점을 대성 1동으로 나누었고 1988년에는 동을 리로 고쳤다.

남동쪽으로 구성면과 경계하며, 북서쪽으로 직지사로 통하고 대항면의 제일 오지 부락으로 마을 앞으로 주례천을 끼고 있어 자연경관이 수려하다. 면소재지에서 남쪽 동구지산(656미터) 넘어 떨어진 구성면으로 통하는 군도가 열렸다. 사방이 산으로 둘러싸인 대항면 남쪽 끝에 자리하고 있다.

자연부락의 이름과 그 유래를 알아보면 다음과 같다.

안연대 · 공자 · 공자동

대성동 서쪽에 있는 마을로 1670년 경 공자의 제자인 안 연이라는 사람의 이름을 본떠 처음에는 안연대라 불렀다. 1700년 경 유교를 신봉하는 윤 영섭이라는 선비가 이 마을에 놀러 왔다가 공자의 이름을 본 떠 공자동이라는 이름을 지어 주어 그 이후로 공자동이라 부르게 되었다 한다(백균흠 67 외 4명).

참나무정이 · 창평

인근 부락인 공자동에 놀러와서 마을 이름을 지어준 윤 영섭이란 선비가 이 마을의 이름이 없다는 것을 알고 공자께서 태어나신 곳의 주위 마을 중에 창평이라는 마을이 있는데 그것을 본떠 창평이라 이름지어 부르게 되었다 한다(류극종 63 외 4명).

5) 덕전리(德田里)

옛날부터 금산군 대항면에 속한 점곡이었는데, 덕대산 아래에 있어 덕산이라 했다. 1914년에 이웃 마을인 죽전, 대사, 세송, 왕대, 신평을 통합하여 덕전동이라 하고, 1971년에 덕산(덕산)을 덕전 1동으로 나누었으며 1988년에 동을 리로 변경했다.

면 소재지에서 남으로 5.7킬로 떨어진 야산지대이며 덕산 저수지를 중심으로 여러 마을이 인접해 있다. 북쪽으로 마을 앞에 덕산 저수지가 있고, 경부선 철도가 지난다. 남쪽은 덕대산(811미터)이 있으며, 동쪽으로는 오룡산, 서쪽도 산으로 막혀 있다. 북쪽은 대룡리와 접하고, 동쪽은 산을 경계로 김천시 다수동과 인접한다.

자연부락의 이름과 그 유래를 알아보면 다음과 같다.

점골 · 점곡 · 덕산

덕전동의 남쪽에 위치한 마을로 덕대산 밑에 자리 잡았다 하여 덕산이라 부르게 되었고 또 옛날에 이 곳에 철점이 있어 점골이라 불렀다 한다(최진환 53 외 3명).

개월마 · 개월리 · 죽전

마을이 생기기 전에 마을 앞으로 개울이 흘렀고, 대밭이던 곳에 마을을 세 웠으므로 죽전 또는 개월마 · 개월리라 불렀다 한다(김상길 75 외 2명).

한지골 · 대사(大寺)

이 곳에 큰절이 있었는데 신봉자가 많아 다 수용할 수 없었다. 앞산의 혈을 끊으면 불신자가 줄을 것이라 하여 혈을 끊자 신도가 없어지고 절도 망해 버 렸다. 그 후 부락이 세워져 대사라 하니 지금까지 불러오고 있다(최진환 53 외 3명).

세송(細松)

옛날 이 곳에 작은 소나무가 많이 있었는데, 임진왜란 당시 솔이 많은 곳으 로 피란하라고 하여 사람들이 모여들어 마을이 생기면서 세송이라 이름지어 지금까지 불러오고 있다(김만택 73 외 3명).

왕대

옛날에 이 곳에 대나무가 무성하였다. 마을 복판에 큰 길이 있으면 마을이 망한다는 말에 큰길을 없앤 뒤 마을이 크게 융성하였다 하여 왕대라 이름지어 부르게 되었다 한다(변인수 83 외 2명).

신평

원래는 넓은 들이었는데 선산에 살던 김해 김씨가 처음 이주한 것을 시작으 로 충청도를 비롯한 각 곳에서 모여들어 새로 마을을 형성하였으므로 신평이 라 부르게 되었다 한다(김봉운 73 외 4명).

6) 대롱리(大龍里)

조선시대에는 대항면에 속한 새터(新基)로 마을 이름이 되었다. 1914년에 김천시의 이로리 일부와 파미면 하지리 일부 그리고 행점, 용복을 통합하여 대룡동이라 하고, 1971년에 반곡을 대룡 1리로 나누었고, 1988년에 동을 리로 변경했다.

김천시 다수동과 인접한 마을로 넓은 평야지대에 위치한 반곡으로 면 소재지에서 동으로 3.8킬로 떨어졌다. 대항면의 동쪽 큰 들판 끝에 있고, 남으로는 덕전리의 큰못을 등지고 멀리 덕대산이 보이며, 북쪽은 들 가운데로 4호 국도와 멀리는 경부고속도로가 지난다.

자연부락의 이름과 그 유래를 알아보면 다음과 같다.

새터 · 신기 · 반곡

마을 주위가 모두 들판인데 들 복판에 마치 음식상처럼 마을이 생겼다 하여 반곡이라 부르게 되었다 한다(김상길 75).

용복

옛날 마을 뒷산 골짜기에 다섯 마리의 용이 살았다 해서 이 골짜기를 오룡 골짜기라 했으며, 이용이 마을 앞에 와서 엎드렸다고 해서 용복이라 부르게 되었다 한다(이병길 67 외 2명).

은행정 · 행정

마을이 형성되기 전에 이 곳에 큰 은행나무가 있었다 해서 은행정이라 부르게 되었다. 병자년 수해로 이 은행나무가 유실된 후부터는 행정으로 부르고 있다(한백만 72 외 2명).

7) 복전리(福田里)

조선시대에는 황간현 황남면에 속한 하마전인데, 1906년에 파미면에 편입되었고 1914년에는 상마전 · 복산과 통합하여 복전동이 되어 봉산면에 소속되었다가 1973년에 대항면으로 편입되었다. 이보다 앞서 1971년에는 하마전을 복전동으로 나누었고, 1988년에는 동을 리로 변경했다.

1590년 지금의 복전 마을이 커지고 박씨 세력이 커지자 이씨들이 집단으로 이주하여 이 마을을 개척하였으며, 지금도 경주 이씨들이 살고 있다.

마전 마을은 해발 100미터 이하의 평야지대로서 마을 상부에 저수지가 위치하고 있어 영농에 큰 도움을 주고 있으며 국도, 지방도가 인접하여 교통이 편리하며 기후가 온화한 마을이다. 직지사로 들어가는 큰 마을인데 경부선 철도가 마을과 인접하여 동서쪽으로 지나고 있다. 면소재지는 동으로 1.3킬로 떨어졌다. 이곳이 마전인데 주변 경관이 좋고 취락구조 개선으로 아름다운 마을이 되었다.

복전이라 함은 절간에서 부처님 앞에 정성껏 물질을 놓는 곳을 이르니 필시 이 마을도 절과 관련하여 생긴 마을이 아닌가 한다.

자연부락의 이름과 그 유래를 알아보면 다음과 같다.

마전

약 380년 전에 이씨가 처음 이 마을을 개척하여 살았다. 임란 때 왜구의 기마병들이 타고 온 말이 우리 군사에 의해 전멸되었는데 그 말 무덤이 있었다 하여 마전이라 불리어지고 있다(송종만 62 외 6명).

복전

본래 금산군 황남면 지역인데, 1914년 행정 구역 개편에 따라 복산동과 상마전동·하마전동·남전동의 각 일부와 대항면의 광암동 일부를 병합하여 복산과 마전의 이름을 따서 복전동이라 하여 금릉군 봉산면에 편입되었는데 1973년 3월 12일 대통령령 제6542호에 의하여 대항면이 되었다(정균술 45 외 6명).

3. 이 고장의 문화재

직지사(直指寺)

위치 : 경상북도 김천시 대항면 운수리 216번지
창건연대 : 신라 눌지왕 2년(418)
창립자 : 아도화상(我道和尙)

신라 눌지왕 2년(418) 아도화상에 의하여 도리사와 함께 세워졌다. 절의 이름을 '직지'라 함은 '직지인심 견성성불(直指人心 見性成佛)'이라는 선종의 가르침에서 유래되었다 하며, 또 일설에는 아도화상이 일선군 냉산에 도리사를 세우고 멀리 김천의 황악산을 가리키면서 저 산아래도 절을 지을 길상지지가 있다고 하였으므로 하여 직지사라 이름했다는 전설도 있다. 혹은 고구려의 능여 화상이 직지사를 중창할 때 자를 사용하지 않고 직접 자기 손으로 쟀기 때문에 붙여진 이름이란 설도 있다.

이는 모두 창사 설화와 연관된 직지의 미화된 전설에서 유래되고 있지만, 실은 불교본연의 직지인심을 상징하는 선가의 직지가 둘이 아님을 볼 때, 이는 불교의 본질을 나타내는 이름이라 하겠으며, 또한 절 이름에 불교의 본질을 이처럼 극명하게 나타내는 사찰도 흔치 않으리라 본다.

이 절의 중요 유물로는 석조약사여래좌상(보물 제319호), 대웅전삼존불탱화(보물 제670호), 대웅전앞 동서삼층석탑(보물 제606), 비로전앞 삼층석탑(보물 제607호), 청풍료앞 삼층석탑(보물 제1186호)을 비롯하여 사적비와 괘불 영탱 등 상당수에 달하고 있다.

도리사 금동육각 사리함

지정 : 국보 제208호 1982.12.7
위치 : 김천시 대항면 운수리 216. 직지사

구미시 해평면 송곡리 403에 있는 도리사
에서 출토되었다. 도리사는 직지사와 함께 묵
호자와 동일인으로 알려진 아도화상이 신라
눌지왕대에 창건함으로써 신라불교의 요람지
인데 이곳에 있는 세존사리탑을 이전하는 과
정에서 발견되었다.

이 사리함은 신라 8세기의 전형적인 금동사리함으로 판명되었는데, 도리사
창건이래 전래되었던 부처의 사리를 금동6각 사리함과 함께 조선시대의 석종
부도에 봉안한 것이 이번에 세상에 드러났다.

출토된 사리는 도리사 세존사리탑에 봉안하고 금동6각사리함은 동국대학교
에서 보관하다가 1995년 10월 17일 직지사 성보박물관으로 옮겨 보존하고 있
다.

직지사 대웅전 삼존불탱화

지정 : 보물 제670호, 1980. 8. 23
위치 : 김천시 대항면 운수리 216
연대 : 조선 후기(영조 20년. 1744년)
규모 : 비단 바탕, 채색, 3점 1괄. 약사여래 불화(좌) 6미터×2미터
　　　 석가여래 불화(중) 6미터×2.4미터 아미타 불화(우) 6미터×2미터

1735년(영조 11년) 대웅전을 다시 지을 때, 진기 지영 두 스님이 불화를 그
리기 시작하여 9년만인 1744년(영조 20년) 5월에 완성 봉안했다. 중앙의 그림

은 석가여래를 중심으로 문수·보현 두 보살과 범천·제석천 및 십대제자를 배치했다.

좌측 그림은 약그릇을 든 약사여래가 중앙에 앉고 주위에 일광·월광 등 8보살과 사천왕 12신장이 에워쌌다. 우측 그림은 아미타불을 중심으로 관음·세지 등 보살과 신장들이 둘러싼 구도이다.

전체적으로는 짜임새 있는 구성으로 안정감이 있고, 비범한 묘사와 정교한 장식 표현은 생동감이 있으며, 주위에 그려진 범서가 특이하다.

과하주

지정 : 경상북도 무형문화재 제11호. 1987.5.13
술 만드는 위치: 대항면 향천리

과하주는 예부터 내려오는 우리나라의 명주이다. 김천의 향지인 금릉승람(1718년)에 김천 과하주는 익산의 여산주와 문경의 호산춘과 더불어 전국에서 이름난 술이라 했다.

김천 남산동에 있는 샘을 "과하주샘"이라고 하는데 이 샘물로 과하주를 빚었다. 타지방 사람이 이곳에 와서 과하주 빚는 방법을 배워가서 똑같은 방법으로 아무리 빚어봐도 과하주의 맛과 향기가 나지 않는데 그 이유는 아마도 물이 다르기 때문일 것이라고 금릉승람에 적혀 있다.

과하주는 일제시대까지 "큰도가"인 김천주조회사에서 빚었는데 제2차 세계대전으로 중단되었다가 광복 후 재개되고, 다시 6.25 한국전쟁으로 자취를 감추었다가 1984년 송재성씨가 시험양조 끝에 본격적으로 생산에 착수하여 김천 명주의 맥을 이었다.

과하주의 재래 양조법은 찹쌀과 누룩가루를 같은 양으로 섞어 떡을 만들고 물을 넣지 않고 술독에 밀봉하여 저온으로 1-3개월 발효시켜 만든다. 이렇게 해서 빚은 과하주는 알코올 13-14도 정도로 독특한 향기가 있고 맛이 좋다.

양조과정을 상세히 적으면 다음과 같다.

① 시기는 정월 15일부터 우수 경칩 사이가 적기이다.

② 양조법은 찹쌀 2말을 과하주 샘물에 24시간 담갔다가 고두밥을 찐 다음 국화, 쑥을 밑에 깔고 짚을 편 위에 널어서 식힌다. 별도로 누룩가루 2말을 과하주 샘물 1말에 담갔다가 우려낸 물만을 사용하여 고두밥을 떡으로 만든다. 이렇게 반죽한 떡을 냉각하여 독에 넣고 한지로 밀봉하여 실내온도 15도-18도 되는 양조실에서 45일 이상 발효시키면 25도 정도의 정주 1말반 정도를 얻을 수 있다.

4. 이 고장의 전설

가. 장부자와 장계(長溪)다리

직지사 상가 서쪽에 있는 장계다리는 동쪽은 황간 땅이고 서쪽은 김산 땅이었다. 김산 땅에 장 부자가 있어 동세가 떨쳤다 하고 그 다리를 장가 다리라 한 것이 변해서 장계다리가 되었다 한다.

나. 아도화상과 직지사

아도 화상(我道和尙)이 선산에 도리사(桃李寺)를 짓고 황악산을 손가락으로 가리키면서 좋은 절터가 있다 하므로 제자들이 이곳에 절을 지어 직지사라 했다 한다.

다. 직지사 금강문의 내력

옛날 떠돌이 승려가 전국을 돌아다니다가 경남 합천 어느 곳에 도착하였는데, 그 마을은 예로부터 대처승 마을로 촌장이 그를 보는 순간 사람 됨됨이가 예사 사람이 아니라고 여겨 사위로 삼기로 했다.

그러나 그는 비구승이라며 한사코 결혼하기를 반대했으나, 바랑과 승복을 빼앗고 강제로 결혼시킨 뒤 신랑 승려가 도망칠까 봐 장삼과 바랑을 깊숙이

숨겨 두었다. 아들을 낳고 살기를 삼 년이 지난 어느 날 아내는 장삼과 벼랑이 있는 곳을 가르쳐 주었더니, 다음 날 아침 부인이 눈을 뜨자 옆자리엔 남편이 없었다. 그 후 부인은 남편을 찾아 전국의 사찰을 모조리 찾아 다녔으나 허탕이었는데, 어디선가 그와 비슷한 승려가 직지사로 갔다는 소문을 듣고 이곳에 찾아와, 그가 장계다리 아래 방앗간 집에 묵고 있음을 알고 그 집에서 기다렸으나 사흘이 넘도록 오지 않으므로 남편을 찾아 직지사로 들어가다가 일주문을 지나 지금의 금강문 자리에 이르러 갑자기 피를 토하고 죽어버렸다.

그 후 매년 부인이 죽은 날이 되면 직지사의 승려들이 누가 부른 듯이 쫓아나가 부인이 죽은 자리에서 피를 토하고 죽어갔다. 이에 직지사에선 부인의 원귀를 위로하고자 그 옆에 사당을 짓고 그녀의 원혼을 달래기 위해 매년 제사를 올렸다. 어느 해 이름 있는 고승이 찾아와 사찰 안에 사당이 웬말이냐고 나무라니, 승려들은 사당을 세우게 된 사유를 얘기했던 바, "그러면 이곳에 금강문을 지어 금강역사로 하여금 여인의 원혼을 막도록 하라."고 하여 지금의 금강문이 세워졌다고 한다.

라. 장생과 호랑이 꿈

황악산 직지사 아래 마을에 장생(張生)이라는 사람이 살고 있었다. 이 사람은 오래 전부터 호랑이 잡는 일을 계속해 왔는데, 하루는 함정을 파고 덫을 놓아 큰 호랑이 한 마리를 잡았다.

그 뒤에 아들이 갑자기 고함을 지르며 땅에 넘어지더니 한참 있다가 일어나서 말하기를, "웬 사람이 나타나 내 등을 심히 매질하면서 '왜 내 말을 죽였나' 하더라."고 말하였다. 아들이 매 맞았다는 곳이 자꾸 헐어터지고, 그 아들은 미친 사람이 되고 말아, 장생은 그 후부터는 다시는 함정을 파서 호랑이 잡는 일을 하지 않았다고 한다.

마. 살미기 이야기

운수 골짜기 중간지점 운수 2리 마을 동남쪽에 있는데, 이곳에서 목매어 죽은 사람이 많아 사람 죽이는 나무(殺木)라고 한 것이 변하여 살미기가 됐다고 한다.

바. 장사와 승려

대항면 복전 2리의 들 가운데 돌무지가 있는데 이 돌무지에 있는 커다란 바위에는 나막신 발자국이 선명하게 새겨져 있다. 옛날 이곳에는 승려들이 많이 다니던 길이 있었다. 어느 날 이곳을 지나던 승려 하나가 발이 땅에 붙어서는 꼼짝 못하고 서 있자 당시 충주 박씨 집안에 힘이 센 장사가 있어서 승려의 팔을 잡아당기며 힘을 준 곳에 박 장사의 발자국이 새겨졌다고 한다. 이곳을 넘바우 혹은 장수 바우하고 부른다.

사. 사화를 예언한 매계(梅溪)의 점괘(占卦)

대항면 덕전리 세송(당시 마암동)에 매계 조위(曺偉)의 무덤이 있는데, 갑자사화 때 관을 쪼개서 시체를 다시 자르는 부관참시(剖棺斬屍)의 화를 입었다. 사화가 일어났을 때 매계는 사신으로 중국에서 돌아오고 있었는데, 국내 소식을 듣고 신변을 염려하여 점술가에게 점을 쳤더니, 점괘에 "千層浪裏飜身出, 馬岩山下宿三宵"라 나왔다. 앞 구절은 "깊은 물 속에서 헤어 날 수 있지만"의 뜻은 알았지만 "마암산 아래에서 3일간을 잠잔다"는 뒤 구절의 뜻을 몰랐다가, 뒷날 그가 병으로 죽은 뒤 부관참시해서 시신을 무덤 밖에 사흘 동안 버려져 놓은 일이 있은 뒤에서야 그 점괘의 뜻을 알았다고 한다.

아. 이여송과 세송(細松)

임진란 당시 왜군은 이여송(李如松)을 두려워한 나머지 송자(松字) 붙은 곳은 피했다 하여 이곳 세송은 자연히 피난처가 되었다 한다.

감천면(甘川面)

1. 마을의 내력

조선시대 성주목에 속한 신곡면(엽실방) 무안동(외안, 기산, 무릉, 신안, 통정, 대동, 삼거리), 용호동(복룡, 매화, 입암, 복호, 하평, 상평), 도평동(소룡, 후평, 평산, 도촌), 광기동(기동, 접화, 광암, 등당, 내동, 사촌)을 관할하였고, 1906년에 신곡면이 금산군에 편입했다.

1914년에 총독령에 의하여 행정구역 통합에 따라 고가대면의 양천동, 금송동(송곡, 상송, 하송, 원동, 대방, 이화) 전동은 광기동으로 지좌동(군내면 마좌산리) 조마남면의 신평리 등을 개편 통합하여 감천면을 신설하고 그 관내에 편입했다. 1928년에 감천면 지좌동은 김천 특별면에 편입했고, 1983년에는 양천동이 김천시에 편입함으로써 5개 법정동이 되었다. 이에 앞서 1949년에 행정 구역 개편시 2, 3동으로 분동되어 13개 행정동을 관할하게 되었다.

김천 지역의 중앙 지점 동쪽에 위치하고 김천시 남쪽에 접하며 김천시내에 있는 군청에서 면소재지까지는 6.9킬로 떨어져 있다.

동으로는 농소면과 접하고 남으로는 조마면 일부(신왕리)와 접하며, 서쪽은 북류하는 남천과 감천을 경계로 조마면(삼산리, 장암리, 신안리)과 김천시(양천동)와 접하며 북으로 김천시(지좌동)와 접한다.

군내에서 가장 작은 면으로 남으로는 조마면 일부와 경계를 이룬 고당산(579미터)과 동으로는 고당산 줄기의 산 정상을 경계로 농소면과 접하면서 산악지대와 구릉지대를 형성했고, 서쪽은 감천류역에 발달한 평야-금송평야, 도평평야, 언고개들, 남천유역에 진만리들, 개양지들 등이 곡창을 이루고 구릉지대를 개간하여 과수원을 만들어 경작하고 있어 매우 부유한 편이다.

김천의 젖줄이라고 할 감천을 고장의 이름으로 할 정도이고 보면 그 역사가 자못 깊음을 짐작할 수 있다. 감천은 중앙천이요, 기원적으로는 거북신 곧 물신과 땅신을 섬기는 믿음에서 붙인 이름으로 보인다. 김천지역 농업생산의 주도적인 구실을 함은 너무도 당연하다고 할 것이다.

그리고 997호선 지방도로가 남북으로 뻗고 325호선 순환도로가 동서로 뻗고 있어 교통이 매우 편리하다.

2. 마을의 이름과 유래

1) 용호리(龍虎里)

복룡, 매화, 입암은 성주목 신곡면(엽실방)에 속하였다가 1910년 한일 합방 이후 총독부령에 의하여 1914년 4월 행정구역을 대폭 통합함에 따라 김천군 감천면 용호동으로 개칭되었으며, 1949년 8월 행정구역 개편시 금릉군 감천면 용호 1동으로 나누어졌다가, 1988년에 동이 리로 변경되었다.

감천면 소재지에서 남쪽으로 3.4킬로 떨어진 어름에 있는 복룡, 매화, 입암 마을로 이루어진다. 복룡과 매화는 997호선 지방도로변에, 입암은 도로에서 서쪽으로 들어가 조마면 삼산동과 경계를 이룬 남천(북류) 유역 평야 구릉에, 동쪽은 구릉과 산으로 무안 1리(고당산)와 인접하고 남쪽은 용호 2리에 이어진다. 서쪽은 진만리들을 거쳐 남천을 경계로 조마면 삼산리와 접하고, 북쪽은 무안천을 경계로 도평 2리와 인접하고 997번 지방 도로가 남북으로 지나가고 있어 교통이 편리하다.

자연부락의 이름과 그 유래를 알아보면 다음과 같다.

목골 · 복룡

조선 시대 경주 최씨가 처음으로 입향하였는데 용이 엎드려 있는 지형이라고 마을 이름을 복룡이라고 부르게 되었다고 한다(이학수 50 외 1명).

연화 · 화심 · 매화

조선 시대에 김녕 김씨가 입주하여 마을을 형성하고 마을 부근에 많은 매화가 만발하여 절경을 이룬 곳이라고 매화리라 부르게 되었다(김진홍).

선바우 · 입암

옛날 마을 앞에 높이 2미터, 둘레 3미터의 큰 바위가 있었다. 조선 시대에 남평인 문응서가 약목에서 이주해 와서 부락을 만들고 입암이라 하였다. 그 후 병자년 수해 때 바위가 넘어지자 마을에 흉사가 잦았다. 이에 마을 사람들은 다시 시멘트로 바위를 세웠다(문춘식 45 외 4명).

복호(伏虎)

조선 시대에 성주인 이수정이 고령에서 이거하여 마을 뒷산의 모양이 호랑이가 엎드린 형세라고 하여 복호라고 부르게 되었다 한다(김덕희 53 외 4명).

굼뜸 · 하평

마을 밑에 위치한다 하여 하평이라고 부른다. 면소재지로부터 8킬로 떨어진 조마면과 인접한 부락으로 누에고치를 많이 생산하고 있다(이진우 55 외 4명).

2) 무안리(武安里)

외안, 기산, 삼거리로 이루어지는 무안 1리는 조선시대에 성주목 신곡면(엽실방)에 속한 곳인데, 1906년 신곡면이 금산군에 옮겨 들게된다. 1914년 총독부령에 의하여 행정구역 통합시켜 김천군 감천면 무안동으로 개칭하였다. 1949년 8월 행정 구역 개편시 금릉군 감천면 무안 1동으로 나누었고, 1988년 동이 리로 변경되었다.

면 소재지에서 남동쪽으로 3.2킬로 떨어진 산간 지대에 기산, 외안, 삼거리 세 마을로 동쪽은 무안 2리와 접하고, 남쪽은 고당산이 가로막아 신왕 2리(조마면)와 경계를 이루고 서쪽은 용호리와 접하고 북쪽은 무안천을 경계로 무안 3리와 인접하고 있다. 그리고 325호선 도로가 동서로 통하고 그 남쪽 산골짜기와 구릉지대에 자리잡고 있다.

자연부락의 이름과 그 유래를 알아보면 다음과 같다.

재실마 · 외이 · 외안

1765년 해주인 오태원이 성주 가천에서 이주하여 편히 살 수 있는 곳이며 가천의 밖에 있는 마을이란 뜻에서 외안이라고 불렀다. 40여 가구 중 오씨 · 최씨가 많으며 특산물로 사과를 많이 생산하고 있다(오문환 75 외 4명).

터골 · 기산

조선 시대 경주 최씨가 대대로 산 곳으로 뒷산 형국이 기 모양으로 생겼다고 하여 기산이라고 부르게 되었으며, 사과가 많이 생산되고 있다(신희영 50 외 4명).

삼거리

광복 후에 형성된 마을로서 난민 정착사업으로 하천 부지 개발을 위해 생긴 부락이며 세 갈래길이 있는 지점이란 뜻에서 삼거리가 되었다. 마을 주변은 사과나무 밭으로 둘러 싸여 있다(손석봉 60 외 4명).

섭반어 · 무릉

1939년 동래인 정한필이 칠곡에서 이주하여 이 곳이 무릉도원과 같이 살기 좋은 마을이라고 무릉이라 부르게 되었다(김종호 45 외 3명).

새실마 · 재실마 · 신안

조선 시대 말엽에 전주 이씨가 이 곳에서 편히 살 수 있는 새 터전을 마련했다고 하여 신안이라 했으며, 그 뒤 해주 오씨가 이 곳에 재실을 세웠기에 일명 재실이라고 부른다(김영기 50 외 3명).

통샘말 · 통정

외안 동쪽에 있는 마을로 통샘이 있었다고 통정이라고 부른다. 이 샘에서 솟아 나오는 물을 마시면 장수를 한다는 전설이 전해지고 있다. 현재 3가구가 살고 있으며 논농사에 의존하고 있다(김진동 40 외 1명).

큰골 · 대동

조선 시대에 군위 사람 방광로란 사람이 성주 용암에서 이주하여 마을이 크다고 대동이라 하였다. 40가구 중 손씨 · 송씨가 많이 살며 과수원이 많다(송장호 40 외 3명).

3) 도평리(道平里)

조선시대에는 성주목 신곡면에 속한 소룡리인데 1906년 금산군 신곡면으로 편입되고, 1914년 총독부령에 의하여 행정구역 통합시 신곡면 후평, 평산, 도촌과 조마 남면의 신평을 통합하여 도평동이라 하고 신설된 감천면에 편입되었다. 1949년 행정구역 개편시 소룡을 도평 1동으로 분동하고, 1988년에 동이 리로 변경되었다.

소룡리는 면소재지에서 남쪽으로 약 0.5킬로 떨어진 평야지대이며, 997호선 도로변과 구릉지 골짜기에 걸쳐 50여 가구가 마을을 이루고 동쪽은 산으로 무안 3리와 광기 2리에 접하고 서쪽은 넓은 평야를 건너 감천을 경계로 조마면 신안리와 접하고 남쪽 도평 2리 북쪽은 광기 1리와 접하고 있다.

자연부락의 이름과 그 유래를 알아보면 다음과 같다.

소용골·시영골·소롱

이 마을이 형성되기 전 이 곳에 소가 있었다. 이 소에서 용이 등천하였다는 전설이 있어 소롱골이라고 칭하게 되었다(이점상 45 외 4명).

평산리

1490년대 죽산인 박수간이 칠곡 현감을 지내다가 그만 두고 이 곳에 입주하였는데 넓은 들판을 앞에 둔 산록이라 하여 평산리라 하였다(송재춘 47 외 4명).

후평

경주인 최하일이 섬천 삼계에서 입주하여 1560년 진사에 오르자 평산리보다 더 두터운 곳이라 하여 후평이라고 하였다(최진령 49 외 3명).

도고리·도촌

병자년 수해로 인하여 마을이 매몰되고 산을 피해 도로변에 마을을 이전시킴에 따라 도촌이라 불리어졌다. 10여 가구가 사는데 김씨가 많다(김진성 62 외1명).

4) 광기리(光基里)

1860년경 조선조 26대 고종 시절에 개척된 마을로서 성주목 신곡면에 속한 기동과 접화리는 1906년 금산군에 되돌리고, 1914년에 총독부령에 의한 행정구역 통합에 따라 김천군 감천면 광기동이 되었다. 1949년 8월 행정구역 개편에 따라 금릉군 감천면 광기 1동으로 분동되었다가, 1988년 동이 리로 변경되었다. 접화리는 1938년 10월 1일 면사무소가 전동에서 이전된 후 각 기관이 신설되어, 마을이 번성하게 되었다.

광기 1리는 김천시에서 6.9킬로 떨어진 구릉지대와 평야지대에 속한 곳인데, 997호선 지방도로변에 면사무소, 우체국, 감천농업협동조합 감천 분소, 감천초등학교 등이 들어서고, 서쪽 은척산 기슭에 기동 마을이 이루어졌다.

동쪽은 야산과 구릉지로 광기 2리와 접하고 남쪽은 학교 뒤 원장을 경계로 도평 1리와 접하고, 서쪽은 은척산 정상을 경계로 도평 1리와 경계를 이루고, 북쪽은 구만리들 중간을 경계로 광기 3리와 접하고 있다. 그리고 마을 중앙에 997호선 도로가 남북으로 관통하고 있어 교통이 편리하다.

자연부락의 이름과 그 유래를 알아보면 다음과 같다.

기동

조선 시대에 성주 이씨들이 이 곳에 이주하여 주변의 지형이 소쿠리에 밀개로 끌어 담는 모양이라 마을의 자리로서는 기본이 된다고 기동이라 부르게 되었다(정지상 51 외 4명).

더푸리 · 접화리

옛날에 남녀가 부모의 눈을 속여 정을 통한 곳으로, 나비가 꽃을 찾는 곳이라 하여 접화리라 부르게 되었으며 더푸리란 말은 교미를 뜻함이다(김원식 48 외 4명).

둥디이 · 큰동네 · 등당

뒷산에서 마을을 내려다보면 등을 달아 놓은 모양과 같다고 등당이라 부르게 되었다. 20여 가구가 살며 주로 이씨가 많다(이상영 50 외 4명).

뒷골 · 광암

마을 입구에 큰 바위가 있다. 옛날에는 그 바위가 빛을 냈다는 전설이 있어 광암이라고 부르게 되었고, 특산물로 사과와 포도가 많이 재배되고 있다(이근환 50 외 3명).

안마을·내동

1864년 밀양인 박세응이란 사람이 선산 해평에서 이주하여 고을 안이라고 안 마을이라고 부르게 되었다. 10가구가 살고 있으며 주산물은 사과이다(박준영 51 외 3명).

전동

본면 소재지 접화리에서 북쪽으로 1.5킬로 떨어진 곳에 옛날부터 밭이 많았다고 전동이라고 부른다. 27가구 중 최씨가 주로 살며 과수원이 많다(최병용 50 외 4명).

배다리·사촌

옛날 감천을 나룻배로 건너 다닐 때 이 곳에서 배를 탔다고 하여 배다리라고도 한다. 현재 세 가구가 살며 모두 상점을 하고 있다(최삼도 48 외 2명).

5) 금송리(金松里)

금송 1리는 원동, 대방리 두 자연부락으로 구성되어 있으며, 금산군 고가대면에 속한 대방리, 원동, 송곡, 상송, 하송 등을 통합하여 금송리라 하였다. 감천면에 편입되었다가, 1949년 8월 행정구역 개편에 따라 금릉군 감천면 금송 1동으로 분동되고, 1988년에 동을 리로 변경하였다.

금송 1리는 면 소재지에서 북쪽으로 1.5킬로 떨어진 원동과 등 넘어 골짜기에 위치한 대방리는 서쪽으로 넓은 금송평야가 펼쳐 있고 997호선 지방도로와 제방을 넘어 감천을 경계로 하고 남쪽은 넓은 들로 광기 3리와 접하고 동쪽으로는 무등산을 경계로 농소면 대방리와 접하고 북쪽은 금송 2리와 평야로 이어지고 있다. 그러나 김천시와 가까우면서도 교통은 불편하여, 마을에서 997호선 도로까지는 약 900미터 가량 되어 버스를 이용하자면 도보나 다른 탈것을 이용해야만 된다.

자연부락의 이름과 그 유래를 알아보면 다음과 같다.

원동

임진왜란 때 벽진인 이약동의 손자 홍명이 낙향하여 사미정을 세우고 여생을 보내다가 그 후 금산군수 조송평이 사미정을 헐고 그 자리에 경렴서원을 건립하여 회암 주자를 중심으로 하고 김종직·최선문·김약동·조위·김시창 등 향토 출신 오현을 배향하다가, 그 후 김천시 자산으로 이전하였다. 이 서원지로 인하여 원동이라고 부른다(이돈화 65 외 2명).

대방리

면소재지로부터 북쪽으로 2킬로 떨어진 곳에 위치하여 1907년 벽진인 이유무가 입주하여 대방리라 하게 되었으며, 총 10여 가구에 벽진 이씨들이 많이 살며 사과가 많이 생산되고 있다(이현철 50 외 3명).

이아리·이화리

1821년 밀양인 박세근이가 입주하여 많은 배밭을 가꾸었으므로 이화리라 부르게 되었다. 지금도 배와 사과밭이 많은 마을이다(김기왕 55 외 3명).

송곡

세조 때 기계인 유익명이 입주하여 솔밭에서 무술을 닦은 곳이라 송곡이라고 부르게 되었다. 그 후 피란처라 하여 재산이 많은 석선달과 배선달이 난을 피하기 위하여 이 곳에 와 살았으며, 생활이 넉넉하지 못한 사람들이 시중을 들기 위하여 몰려들어 마을이 번성해지자 이 마을의 윗동네를 상송, 아랫동네를 하송이라 부르게 되었다(박용기 61 외 4명).

3. 이 고장의 문화재

직지사 대웅전

지정 : 경상북도 유형문화재 제215호, 1985. 12.30
위치 : 김천시 대항면 운수리 216 직지사
규모 : 건평 50평, 정면 5간, 측면 3간, 단층 팔작 지붕
연대 : 조선 영조(1935년)

신라 19대 눌지왕 18년(418) 아도화상이 창건한 이래 220년만에 자장율사
가, 또 290년만에 천묵대사가 중수하였다. 6년 후인 936년에는 능여대사가 대
대적으로 확장하여 우리나라에서 제일 가는 절을 이룩했다. 이후는 기록이 없
다가 조선시대 1399년(정종 원년)에 학덕을 겸비한 고승 학조 대사가 중수했
는데 1592년 임진왜란에 다 타버렸다.

그 피해는 건물 43동 가운데 40동이 없어지고 천불전, 천왕문, 자하문 등 3
동만 남았다. 임진왜란으로부터 10년이 지나 인수·명례 두 스님이 중건에 착
수하고 묘연, 상원, 신흡, 보감, 도혜, 각순 등 스님이 계속 중건하여 70년 만에
복구가 거의 끝났다.

1681년에 조종이 편찬한 사적비문에 따르면 복구된 건물은 8전 3각 12당 4요 3장 4문으로 정실만이 353간이고 부속 산내 암자가 20이 넘었다고 기록했다.

조선 중기부터 사세가 기울기 시작하여 일제시대를 거쳐 6.25 전쟁 때는 황량해졌다가, 1963년부터 오녹원 주지 스님의 노력으로 지금의 사세로 확장되었다.

4. 이 고장의 전설

가. 물소리가 들리면 가라앉는 배

용호 2리 입암(立岩)과 하평(下平) 중간에 있는 들은 개양지들이라고도 하는데, 들의 동쪽은 정군뜸이고 서쪽은 돛대골이라 하여 이 일대가 배설이다. 제방 너머에서 물소리가 들리면 배 안에 물이 고여 배가 침몰했다 하는데, 이후 이곳에 있던 광평(光平)이란 마을은 없어지고 들로 바뀌었다고 한다.

나. 이언의의 의마총(義馬塚)

도평 1리 마을 옆에 말 무덤이 있다. 이언의(李言義)가 병자호란 때 창의하여 의병활동을 하다가 쌍령 고개에서 전사하자 그가 탔던 말이 의관을 물고 홀로 집에 돌아와서 슬피 울면서 먹지도 않고 죽으니 이곳에 묻고 비를 세웠다.

다. 문랑과 효랑

도평 2리에 옛날 죽산 박씨 집안에 아들은 없고 자매가 살았다. 아버지는 조부의 묘를 권력가에게 빼앗기어 이를 찾으려다가 오히려 옥사했다. 언니 문랑이 권력가에게 빼앗긴 묘를 파헤쳤다가 창에 찔려 죽으니, 동생 효랑이 단신으로 상경하여 고관들에게 호소한 끝에 피살된 언니의 시신을 검시하게 되었으나 권력가의 압력으로 허사로 돌아갔다. 검시할 때 시신이 썩지 않는 이변이 일어나 세상에 알려지자 전국 유림이 일어나 모든 사실이 바르게 잡히고 언니에게 효행의 상징으로 세워주는 정려가 내려졌다. 동생도 25세에 죽자 나라에서는 언니에게 문랑(文娘), 동생에게는 효랑(孝娘)이라고 죽은 뒤의 이름인 시명(諡名)을 내렸다.

라. 사랑을 나누던 접화리(蝶花里)

광기 1리에 있는 마을이다. 접화리, 접청리(接靑里), 접푸리, 덮우리, 접곡 등의 여러 가지 이름이 있는데, 옛날 처녀 총각이 몰래 만나던 곳이라 한다. 나비가 꽃을 찾는다 하여 접화리라 하고, 사랑을 나누던 곳이라 하여 덮우리라고도 한다.

마. 밤나무가 많던 구만리

관기 1리 기동 뒷산이 은척산인데 그 남쪽에 있다. 옛날 밤나무가 들어 차 한양에서 한량들이 기생을 데리고 와서 밤나무 숲에서 놀았다 한다. 밤나무 숲이 길어서 구만리들이라 한다.

조마면(助馬面)

1. 마을의 내력

기원전 82~57년에는 진국(辰(國)) 시대의 12국가 중 주조마국(走漕馬國) 또는 졸마(卒麻)라 일컬었다가 742~765년에 신라 경덕왕 시대는 상주목 개령군 조마부곡으로 고쳐 불렀다. 1781년에 와서 금릉지에는 금산군 조마 남면으로 적혔다. 1914년 금산군 조마 남면 21개 동을 4개 동으로, 금산군 남천면 10개 동을 3개 동으로 통합하고 2개 면을 합하여 김천군 조마면으로 개칭하였다.

조마면은 강곡동, 장암동, 신안동, 신곡동, 산산동, 대방동, 신왕동이 되었다. 1948년 8월 13일에 김천군 김천읍의 김천시 승격으로 금릉군 조마면으로 개칭하였다. 1962년 3월 26일 행정구역 7개 동을 18개 동으로 나누었으며, 다시 1971년 7월 1일에 행정구역 18개 동을 19개 동으로 나누었다. 1988년에 이르면 각 동을 모두 리로 개칭하였다.

김천의 남동부에 위치하며 동쪽으로는 감천면과 성주군 벽진면, 남쪽으로는 지례면과 성주군 금수면, 서쪽으로는 구성면, 북쪽으로는 김천시와 경계를 이루고 있다.

조마면의 북부 지방에는 감천 중류에 발달한 도암들, 장암들, 신안들 등 넓은 들이 많지만 남부는 산악지대로 농경지가 적으며, 남쪽 끝에는 염속산(870미터)이 우뚝 솟아 산향좌측에는 산지맥이 동북으로 북주하면서 염속봉산과 글씨산(540미터), 고당산 등 산봉우리가 솟아 있고, 산향우측으로는 산지맥이 서북쪽으로 북주하면서 연석봉(594미터), 동대산, 신달이산, 불두산(470미터)

등의 산봉우리를 틀면서 뻗어가다가 감천 냇물에 가로막힌다.

염속산을 발원으로 남천이 북으로 흐르면서 감천에 합류한다.

감천면의 입구인 신안, 장암, 도암은 구성면 대덕산(811미터) 동쪽 나직한 산자락을 등지고 앞으로 감천을 끼면서 면 최대의 비옥한 들을 형성하고 있다.

감천(甘川)을 이두식으로 읽으면 감내가 된다. 지명의 분포로 보아 감내는 중앙천의 뜻으로 보아 온당할 것이다. 그러니까 감천을 중심으로 이루어진 터전이요, 삶의 공간이라고 보면 된다.

조마면을 이루는 마을 이름과 그 유래를 알아보면 아래와 같다.

2. 마을의 이름과 유래

1) 신왕리(新旺里)

조선시대에는 금산군 남천면(건천면)에 속한 수왕, 박리, 용암이라 불렸다. 1914년에 신계, 송정, 박리, 수왕, 용암을 통합하여 김천군 조마면 신왕동이라 개칭하였으며, 1948년에 김천군 김천읍의 김천시 승격으로 금릉군 조마면 신왕동이라 개칭하였다.

1962년에 박리, 수왕, 용암을 신왕 1동으로 나누었다가 1988년에 동을 리로 개칭하였다.

박리, 수왕 두 마을 뒤로는 염속산(厭俗山 870미터) 지맥이 동북으로 치달으면서 염속봉산과 글씨산(540미터) 봉우리를 이룬다. 감천면 고당산(597미터)을 향해 다시 북으로 뻗었으며, 박리 마을 서쪽들 건너편의 용암 마을 뒤로는 염속산 지맥이 북주하여 흰닭뫼(白鷄山 469미터) 봉우리를 이룬 산자락을 등지고 수왕, 박리 두 마을과 용암 마을 사이로 염속산에서 발원하는 대방천이 감천을 향해 북으로 하는데 그 냇물을 따라 997호선 지방도로가 성주군과 김천시를 남북으로 지나고 있다.

자연부락의 이름과 그 유래를 알아보면 다음과 같다.

물앙실 · 수왕

의성 김씨가 이주하여 정착한 후에 이 마을은 물이 왕성해야 김씨 성이 번성한다는 풍수설에 따라 마을 이름을 물앙실 · 수왕이라 했다(김문환 80 외 4명).

박니 · 박리

약 300년 전에 김해 김씨가 먼저 이주해 살았으며 동명을 박리라고도 썼다 하며 마을의 지형이 궁형 또는 바가지형이라고 하는 데서 박리라고 부르게 된 것 같다(김교선 73 외 4명).

용바우 · 용암

마을 옆에 용머리를 닮은 바위가 있어 용바우 · 용암이라고 했으며, 그 바위 아래 깊은 소가 있었는데 그 속에 용이 살다가 승천했다는 전설이 있다(이경진 63 외 2명).

송정

약 300년 전 진주 강씨가 터를 잡았다 하며 동명을 한수골 · 송신이라고 불린 일이 있다고 하나 그 이름을 아는 이는 거의 없고, 약 300년 전부터 이 마을 어귀에 소나무와 정자가 있어서 송정이라 칭한다(강신주 76 외 4명).

곱또리 · 하신기 · 하신계

약 200년 전에 밀양 박씨가 처음 자리를 잡았으며 그 후 70년이 지나 김해 김씨가 들어오고 90년쯤 전에 성주 이씨가 이 마을에 들어왔는데, 그 당시는 동명을 곱또리라고 불렀다. 일제 시대에 하신계라고 불렀는데 수해로 전에 있던 하천이 없어지고 동리 앞에 새로운 하천이 생겼다고 하여 붙여진 이름이다

(송재탁 75 외 4명).

곱똘이란 냇물이 곱돌아 흐름을 이른다. 흔히 곡강(曲江)이라 이르는바. 그 대표적인 경우가 하회요, 영양과 포항의 곡강이다. 곡강의 속칭으로는 굽은갱이라 함을 보더라도 그리 짐작할 수 있다.

2) 대방리(大坊里)

조선시대에는 금산군 남천면에 속한 옥계, 유촌, 수방, 사점이라 칭하였으며 1914년에 성궁, 가곡, 대평, 원곡을 통합하여 김천군 조마면 대방동이라 개칭하였다. 1948년에 김천군 김천읍의 김천시 승격으로 금릉군 조마면 대방동이라 고쳤다. 1962년에 옥계, 유촌, 수방, 사점을 대방 1동으로 분동하였고, 1988년에 동을 리로 개칭하였다.

대방 네 마을 뒤로는 염속산 지맥이 북으로 뻗은 동대산과 백계산이 산봉우리를 지으며 삼정리 마을 앞에 멈춰서고, 또 그 앞으로는 염속산 지맥이 동북으로 뻗어 염속봉산과 글씨산 봉우리를 지으며 감천면 고당산으로 이어진다. 그 동과 서의 사이를 염속산과 염속봉산 산자락에서 발원하는 냇물이 북류하면서 대방산을 이루고, 그 냇물을 따라 997호선 지방도로가 성주군과 김천시를 남북으로 지난다. 그 도로를 따라 살티재 부근에 사점 마을이 있고, 2킬로쯤 북쪽으로 수방 마을, 또 2킬로쯤 북쪽에 유촌과 옥계 마을이 자리하고 있다.

자연부락의 이름과 그 유래를 알아보면 다음과 같다.

사기점·사점

약 200년 전에 김해 김씨가 벽진에서 살다가 생활고로 인하여 살티재 만당에 와서 살았는데 화적떼가 무서워서 지금의 마을 자리로 옮겨와서 살았으며, 옛날에 사기 그릇을 구워서 팔았다고 해서 사기점·사점이라고 이름이 붙여졌다고 한다(김동일 81 외 4명).

물배이 · 수방

물방골이란 계곡의 이름을 따서 물배미 · 수방이라고 부르며, 200여 년 전에 오씨가 자리 잡았다고 하나 그 후 김씨와 조씨가 살아 왔다(김재식 65 외 2명).

버드실 · 유촌

이 마을은 유씨 성을 가진 사람이 살았기 때문에 붙여진 이름이라고 한다. 일설에는 버드나무가 많은 곳에 자리잡은 마을이라 버드실 · 유촌이라 하였다고도 한다(김을생 69 외 2명).

두둘개 · 옥계

두둘개라는 이름은 마을 뒤쪽의 두둑 위에 들이 펼쳐 있기 때문에 붙여진 이름이고, 옥계란 마을 앞을 흐르는 계곡의 물이 옥같이 맑다고 붙여진 이름이다(이도생 73 외 4명).

여우내 · 성궁

마을 앞을 흐르는 냇물이 연중 마르지 않아 농사를 잘 지을 수 있어서 마치 필요할 때 내리는 비와 같다고 여우내라고 했으며, 성궁이란 이름은 옛날 이 마을에 무사들이 활을 쏘는 곳이 있어서 지어진 이름이다(박한용 67 외 4명).

뱃거마 · 가곡

성궁 마을의 바깥쪽에 있다고 뱃거마라고 하고, 가죽나무가 있었던 곳에 마을이 생겼다 하여 가곡이라고 한다(김기조 74 외 2명).

대평

성궁에 살던 사람들이 들을 따라 이주하여 새 동리를 만들었으며, 밀양 박씨가 많이 살고 있다. 이 마을 주변에 넓고 기름진 들이 있다고 대평이라 부른다(박임출 65 외 4명).

3) 강곡리(江谷里)

조선시대에는 금산군 조마남면 구곡이라 칭하였다. 1914년에 강평과 통합하여 김천군 조마면 강곡동으로 고쳐 부른다. 1948년 김천군 김천읍의 김천시 승격으로 금릉군 조마면 강곡동으로 개칭하였다. 1962년에 구곡과 월곡을 강곡1동으로 분동하였으며 1988년에 동을 리로 개칭하였다.

마을 뒤로는 14킬로 남쪽에 있는 염속산 지맥이 북으로 신곡 1, 2, 3리, 강곡2리를 거쳐 마지막으로 마을 뒤 불두산(470미터)의 산봉우리를 만들고 다시 북쪽으로 뻗어 월곡에서 감천 내에 가로 막혀 멈춰 선다. 마을 앞으로는 12킬로 남서쪽에 있는 가제산(687미터)의 지맥이 북쪽으로 뻗으면서 강곡 2리를 거쳐 마을 서쪽 저 멀리 오롱골 뒤에서 감천내에 가로 막혀 멈춰 있고, 마을 서북쪽 저 멀리는 구성면 덕대산의 동쪽 나직한 산자락이 장암 1, 2리를 감싸 안으면서 도암들, 장암들, 금단이들 등 큰 들을 이루며 멈춰 선다.

염속산 서쪽 산자락과 가제산 동쪽 산자락을 발원으로 하는 강곡천이 산줄기를 따라 신곡, 강곡 2리로 북류하면서 마을 앞에서 감천에 합류하고, 강곡천을 따라 901호 지방도로가 성주군 금수면과 김천시를 남북으로 마을 앞을 지난다.

자연부락의 이름과 그 유래를 알아보면 다음과 같다.

금다이 · 검단이 · 금단이 · 구곡

조선 시대 김해 김씨가 김천에서 이 곳까지 아홉 구비를 돌아 들어와 자리 잡은 곳이라 하여 구곡이라고 칭하였다. 지금은 김해 김씨들이 거의 떠나고 선산 김씨들이 많이 살고 있으며 특산물로서는 자두와 감자가 있다(김교한 69 외 4명).

검단 혹은 금단이란 지명은 폭넓게 분포되어 있다. 방위로는 물의 북쪽을 이르며 검단(檢丹)은 검은색(玄)으로 거북이를 드러내는 경우가 많다. 여기 아홉 구비도 기실은 거북구(龜)를 원의미로 보아 좋을 것이다.

엉거실 · 월곡

병자년 수해로 인하여 상장에서 살고 있던 선산 김씨들이 이주하여 마을을 이루게 되었으며 17가구에 선산 김씨 · 안동 권씨 · 달성 서씨들이 살고 있으며, 마을 동쪽에서 달이 뜨면 달빛이 정겹게 비친다고 이 마을 이름을 월곡이라고 한다(김지묵 79 외 4명).

강바대 · 강평

마을 뒤와 옆으로 감천지류가 흐르고 있으며 기름진 땅이 들을 이루고 있어 강평이라고 부르게 되었으며, 속칭 강바대라고도 부른다(강희준 67 외 4명).

4) 신곡리(新谷里)

조선시대 말기에는 금산군 조마남면에 속한 나부리, 마와리라 칭하였으며. 1914년에 나부, 마와, 미곡, 철수, 중리, 신석, 백화동을 통합하여 김천군 조마면 신곡동으로 개칭하였다. 1948년에 김천군 김천읍의 김천시 승격으로 금릉군 조마면 신곡동으로 개칭하였으며. 1962년에 나부리, 마와리를 신곡 1동으로 개칭함. 1988년 동을 리로 개칭하였다.

나부리 마을 뒤 가제산(687미터) 서남쪽 산자락을 배경으로 하고 남동으로는 꿀재를 거쳐 염속산 산마루가 마주 보이며, 마아리 마을은 마을 뒤로 염속산 산자락을 등지고 앞으로는 가제산 정상을 바라보면서 두 마을이 1킬로쯤 거리를 두고 남과 북에 자리 잡았고, 마을 동남으로 염속산과 서로 가제산 사이를 꿀재가 조마면과 지례면의 경계가 된다. 이곳에서 강곡천이 발원되어 감천을 향해 북류하고 그 냇물을 따라 901호 지방도로가 성주군 금수면과 김천시를 남북으로 지난다.

자연부락의 이름과 그 유래를 알아보면 다음과 같다.

나부리

벌 소리가 들리는 마을 또는 벌이 떠 있는 마을이라고 나부리라 불렀다 한다. 20여 가구에 김해 김씨·문화 유씨·순천 박씨·밀양 박씨·달성 서씨·나주 최씨 등 여러 성씨가 모여 살고 있으며 특산물로는 양잠을 주로 하고 있다(문용호 73 외 5명).

마아리

마을 뒷산의 지형이 말 모양으로 생겼으며, 마을은 말의 어금니 위치에 있다고 마을 이름을 마아리라고 부르게 되었다.(최매길 외 5명).

미실·미곡동

농가 호수 20여 가구로 선산 김씨·의성 김씨·벽진 이씨·순천 박씨·밀양 박씨 등 여러 성씨가 살고 있으며, 쌀이 많이 나는 동리라고 마을 이름을 미실·미곡동이라고 부르게 되었다(김인묵 70 외 5명).

쇠점골·시점골·철수동

감천의 쇠를 파 와서 이 마을 뒷산 밑에서 쇠를 만들 때 쇳물이 흘렀다고 하여 마을 이름을 철수동이라고 부르며 지금도 그 흔적이 남아 있다(배현범 45 외 5명).

중말·중리

신곡동의 중간 지점에 위치하고 있다 하여 중말·중리라고 부른다. 현재 20여 가구로 밀양 박씨·순천 박씨·진양 강씨·파평 윤씨 등 여러 성씨가 살고 있으며, 특산물로서는 양잠이라 한다(김종수 73 외 5명).

새수골 · 쇄수 · 신석

순천 박씨가 500여 년 전에 이 고을로 이주하여 살고 있었으며 마을 뒤편에 꼬불꼬불한 쇄수곡이 있어서 새수골 · 쇄수라고 했다. 지금은 신석이라고도 부른다(박모술 60 외 5명).

백화동

이세간이 이 마을에 살면서 효성이 지극하였으므로 효자동이라 하다가 그 후손들이 조상의 덕을 꽃으로 밝히고자 해마다 꽃을 심어 온갖 꽃이 핀다고 이 마을 이름을 백화동이라고 지었다(이종옥 45 외 5명).

5) 삼산리(三山里)

조선시대에는 금산군 남천면에 속한 누산. 삼정리라 칭하였다. 1914년에 누산, 삼정리를 통합하여 김천군 조마면 삼산동으로 개칭하였으며. 1948년 김천군 김천읍의 김천시 승격으로 금릉군 조마면 삼산동으로 개칭하게 된다. 1988년 동을 리로 고쳤다.

유산 마을 앞으로는 염속산 지맥이 북으로 뻗어와 신달이산(469미터)과 흰닭뫼 봉우리를 짓고 다시 북동으로 뻗어 남천천 내를 경계로 하면서 삼정리 마을 동남쪽에 머물렀다. 유산마을 뒤로는 흰닭뫼에서 그 지맥이 다시 서북으로 뻗어 오두재를 거쳐 불두산(470미터) 봉우리를 지으며 삼정마을 뒤를 거쳐 강곡 1리를 경계로 하면서 감천에 가로 막혀 멈췄고, 그 사이에 흰닭뫼를 발원으로 한 삼산천이 북류하고, 그 내를 따라 일차선 도로가 신곡 중리마을 앞 901호 지방도로와 신왕 하신기 마을 앞 997호 지방도로를 동북으로 통하고, 유산마을 뒤로는 유산고개를 거쳐 면소재지에 이어지는 일차선 도로가 있다.

자연부락의 이름과 그 유래를 알아보면 다음과 같다.

누피·유산

이 마을은 옛날에 늪이 있어서 누피라고 불렀다. 또 산마루가 높아 다락과 같다고 유산이라 했는데 오늘날 유산이라고 부른다(김기생 57 외 4명).

삼정·삼정지

이 마을에는 세 개의 정자와 못이 있어서 삼정·삼정지라고 부르며, 농가 호수 40여 가구, 남평 문씨·영양 천씨 등 여러 성씨가 마을을 이루고 있으며 특산물로서는 참외와 오이를 많이 생산하고 있다(전귀상 58 외 4명).

6) 장암리(壯岩里)

조선시대에는 금산군 조마남면에 속하였고, 상장, 하장이라 불렀다. 1914년에 도암, 예동, 점동을 통합하여 김천군 조마면 장암동이라 고친다. 1948년에 김천군 김천읍의 김천시 승격으로 금릉군 조마면 장암동으로 개칭하였으며, 1962년에 상장, 하장을 장암 1동으로 나누었고, 1988년에 동을 리로 개칭하였다.

마을 앞으로는 감천 냇물이 천천히 북류하면서 남으로는 강곡 1리, 동으로는 감천면, 북으로는 장암 3리와 경계를 이루고, 있다. 마을 뒤로는 구성면 덕대산(811미터) 동쪽 나직한 산자락이 멀리 뻗어와 장암태를 이루며 도암을 경계로 하고, 그 지맥이 마을 뒤쪽 배경을 이루면서 마을 앞 넓은 장암들을 이루고 있다. 마을 바로 앞으로는 901호 지방도로가 성주군 금수면과 김천시를 남북으로 지난다.

자연부락의 이름과 그 유래를 알아보면 다음과 같다.

웃장바우·상장

상장과 하장의 경계점에 3층 바위가 있다. 이 바위를 장바우라 하고 위쪽에 있는 마을이기 때문에 웃장바우·상장이라 하게 되었다(정갑술 71 외 4명).

아랫장바우 · 하장

본래 금산군 조마면으로서 큰 바위가 있어서 장바우라 하였다. 이 삼층바위를 중심으로 아래쪽에 이 마을이 위치하여 하장이라고 하며, 현재 안동 권씨 · 강양 이씨 · 선산 김씨가 주로 살고 있는 30여 가구의 마을로 특산물로는 감자 재배를 많이 하고 있다(이상봉 62 외 4명).

새말

새말 · 도암 1521년 정 일이라는 선비가 이 마을을 개척하여 자기의 호를 따서 도암이라 했으며 새로 생긴 마을이라고 새말이라고도 부른다. 특산물로 감자와 파를 많이 생산하고 있다(정한조 69 외 4명).

예동

군정묵이란 사람이 하장 마을에 살다가 이주해서 새터를 잡을 때에 동방예의지국의 예자와 동자를 따서 마을 이름을 예동이라고 이름지었다 한다(강희곤 59 외 4명).

점말 · 점동

옛날부터 이 마을에서 옹기를 구웠다고 점말이라고 불렀다. 그러나 광복 후로는 질그릇 굽는 일이 없어졌으며, 지금은 그 자취만 남아 있다(김성배 52 외 4명).

7) 신안리(新安里)

조선시대에는 금산군 조마남면에 속한 죽정리라 불렀다. 1914년에 죽정, 신동, 구미, 지동, 신하, 안구, 신기, 신촌을 통합하여, 김천군 조마면 신안동이라 칭하였다. 1948년에 김천군 김천읍의 김천시 승격으로 금릉군 조마면 신안동으로 고쳤다. 1962년에 행정구역 7개 동을 18개 동으로 분동하면서 죽정을 신안 1동으로 개칭하였다. 1988년에 동을 리로 개칭하였다.

마을 앞 동쪽 건너편에는 감천 냇물이 천천히 북류하고, 남으로는 신안 2리, 동으로는 감천면, 북으로는 김천시와 경계를 이룬다. 마을 뒤 서편으로는 구성면 덕대산(811미터) 동쪽 나지막한 산자락이 멀리까지 뻗어내려 배산임수를 이룬다. 마을의 약 1킬로 앞으로 901호 지방도로가 냇물을 따라 성주군 금수면과 김천시를 남북으로 지난다.

자연부락의 이름과 그 유래를 알아보면 다음과 같다.

죽정 · 죽전

1879년 경 성산 배씨 상유의 후손이 안새래 · 내신에서 농토를 따라 분가하게 되었는데 죽림이 우거진 곳에다 마을을 형성시키면 절개 굳은 자손들이 출생한다고 하여 대밭이 많은 이 곳에 마을을 이루어 마을 이름을 죽정 · 죽전이라 칭하게 되었다(배옥 67 외 4명).

중동

옛날에는 구미라 불리었는데 병자년 수해로 부락이 유실되고 지금의 마을 위치로 이주하였다. 이 곳은 새래는 마을의 가운데 있다고 중동이라 부르게 되었다(조병문 65 외 4명).

뒤주골 · 뒤지골 · 후룡

지금은 경지 정리로 제방이 없어졌지만 옛날에는 중동 뒤 제방이 마치 용이 꿈틀거리는 형상이라서 마을 이름을 후룡이라 했다. 지금은 신안동 뒤에 위치하고 있어서 뒤주골 · 뒤지골이라고 부른다(권중오 53 외 4명).

안새래 · 내신하 · 내신

1658년 경 서산 배씨 금겸이 이 마을을 개척하여 만덕동이라 하였는데, 1758년 경 화순 최씨와 함께 한 마을에 살게 되면서 밧새래의 안쪽에 위치하고 있다고 안새래 · 내신하 · 내신이라고 부르게 되었다(배한조 55 외 4명).

밧새래 · 외신하 · 외신

선조 때 화순 최씨 세영이 서울서 낙향하여 고향에 돌아 왔다고 하여 마을 이름을 신하라고 하였으며, 마을이 안새래의 바깥쪽에 위치하고 있다 하여 밧새래라고 부르며 외신하 · 외신이라고도 한다(최영선 52 외 4명).

안서

외신 안쪽에 있는 마을이다. 화순인 최중홍의 9대손인 하대가 효행이 지극하여 아버지가 별세하자 묘 아래에 초막을 지어 놓고 3년 동안이나 복상하였으나 모친의 정을 잊지 못해 1801년에는 묘소 가까운 곳에 집터를 마련하여 정착하면서 조상이 편안히 사시도록 한다는 뜻에서 마을 이름을 안서라고 이름하게 되었다 한다(성광모 54 외 4명).

서낭댕이 · 성황당 · 지동

조선 정조 때부터 생긴 고개가 이 마을에 있어 행인들이 왕래하면서 돌이나 동전을 던져 행로의 무사함을 비는 성황당이 있다 하여 마을 이름을 서낭댕이 · 성황당이라 불렀다 한다(정환성 53 외 4명).

새터 · 신기

이 마을은 병자년 수해 이후 새로 생긴 마을이라고 새터 · 신기가 이름지었다. 마을 차건 당시 성산 배씨가 주류를 이루고 있었으나 현재는 화순 최씨 · 성산 배씨 기타 성이 40여 가구로 되어 있으며 특산물로는 자두와 포도를 많이 생산하고 있다(배성제 59 외 4명).

3. 이 고장의 문화재

자동서원

위치 : 김천시 조마면 강곡리 강평
창건연대 : 1811년(순조 11년)
소유자 : 진주 강씨 문중

자동서원은 남와, 강설, 기재 강여호 두 선생이 청렴결백하게 공직을 수행하여 나라에 충절을 다하고 물러나서는 스승을 쫓아 학문을 탐구하여 덕을 기르고 도를 닦아서 문행과 훈업이 빛나니 후세 사람이 그 풍속을 우러러 보았다.

선생의 덕을 사모해서 받들고자 하는 이가 많아서 도남서원 김기찬, 사양서원 이동필, 병산서원 도유사 이제, 매림서원 박민국, 낙봉서원 김태온, 동갈서원 장수훈 등 555명의 영남 일원의 서원과 유림의 여러 선비가 1804년(순조 4) 12월 6일부터 1806년(순조 6년) 9월 3일에 걸쳐 힘을 합하여 유전을 마련하고 공사를 시작한지 5년 뒤인 1811년(순조 11년)에 준공하여 강당을 자동서원이라 하고 사우를 상의사라고 하여 남화, 기개 두 선생을 모셨다.

1868년(고종 5년) 서원 철폐령으로 헐렸다가 1927년 다시 지어 복원하고 학암 강석구, 호은 강이하를 모셨다.

남와 강설은 진주 강씨로 고려 병부상서 은렬공 민첨의 14세 손이요. 김천 찰방 강부의 손자로서 충남 회덕에서 출생, 1612년(광해 4년)에 증광 진사시에 합격하고, 1636년(인조 14년) 병자호란 때는 기호지방 선비들의 의병장으로 추대 받은 바 있다.

1628년 김산으로 들어 와 지금의 구성 광명리(기를)에 자리를 정하고 성주의 정 한강 문하에서 공부하고 수신제가하고 도의로써 벗을 사귀며, 효로써 어버이를 섬기고 겸손으로 자손들을 가르쳤다. 특히 1592년 임진왜란으로 소실된 김산 향교를 다시 세움에 있어 1634년(인조 12년) 대성전과 명륜당을 향내 유림의 협조를 얻어 재건하였다. 어른의 유지를 받들어 아들 강여구가 동서재와 묘문을 복원하였다.

4. 이 고장의 전설

가. 배산국(盃山國)의 옛 고장

장암 1리 장바우 마을 뒤에 배산이란 산이 있다. 옛날 장암리 일대는 배산국(盃山國)이 있어서 불려지는 산 이름이라 한다. 아마도 3한 시기 이전의 부족국가 시절에 있었던 부족 단위의 이름이었던 것으로 보인다.

나. 장사의 손자국

장암 1리 아랫장바우 들머리에 3층으로 포개진 바위가 있다. 마을 이름도 이에서 연유하는데 옛날 어느 장사가 손으로 들어서 포개 놓으면서 손자국을 남겼다 한다. 또 이곳에서 진짜 김일성이 태어났다고도 한다. 이는 북한의 김일성이 가짜라는 뜻이다.

다. 구곡(九曲)의 마을

김해 김씨 한 사람이 김산에서 이곳으로 이주하면서 모롱이를 아홉 번 돌아왔다 하여 불려진 이름이라 한다.

라. 김해 김씨 묘

강곡 1리 구곡에는 옛날 김해 김씨가 집단으로 마을을 이루고 살았는데, 하루는 시주 온 중을 박대하니 앙갚음으로 묘를 이장토록 했다. 그 후 김해 김씨는 가세가 기울어지고 마을을 떠났다 한다.

마. 효자 이세간(李世幹)과 의리의 호랑이

신곡 3리 백화동에 사는 이세간은 효자인데 부친 묘에 시묘 중 호랑이가 그를 감싸안아 엄동설한에 동사를 면한 뒤 함께 집에서 살았다. 하루는 호랑이가 없어져 성주 땅에서 덫에 걸려 사람들이 잡으려는 것을 구해서 돌아왔다. 이세간이 죽자 호랑이는 먹지 않고 울면서 굶어 죽어 주인 뒤를 따랐다. 뒤에 효자를 모시는 상친사(尙親詞)를 짓고 대문채 벽에 호랑이 화상을 그리고 집 뒤에 의호비(義虎碑)를 세웠다.

바. 동생을 기른 젖샘

신곡 3리 상친사(尙親祠) 아래에 있는 샘이다. 효자 이주룡(李周龍)이 네 살에 어머니를 여의고 동생을 길렀는데 배가 고파 몇 날을 울고 보채는 동생을 업고 뜰에 나가 통곡했다. 그러자 지진이 일듯 땅이 흔들리며 뜰 아래에 샘물이 솟아나 동생에게 먹였더니 울음을 그치는지라 그 뒤로 울면 그 물을 계속 먹여 동생을 키웠다. 그 때부터 이 샘물을 유천이라 불렀다.

사. 백화동(百花洞)과 효자

신곡 3리 백화동은 아홉 집이 사는 작은 마을인데, 효자 이세간과 그의 손자 이주룡이 또한 효자여서 효자동으로 불려지다가 상친사(尙親祠)를 짓고 백 가지 화초를 심어 아름답게 가꾸자 백화동으로 부르게 되었다 한다.

아. 화살을 줍는 살티

대방 2리 성궁은 활목. 할미기라고 했는데, 이곳에 옛날 사청(射廳)이 있었다고 한다. 대방 골짜기 전체가 활과 인연이 있는 이름으로, 이곳은 성궁, 대방 1리에는 궁황(弓項)이 있고, 성주 가는 고개는 살티재(箭峙)이다. 살티재는 다른 이름으로 주음시라고도 하는데 이곳에서 화살을 줍는다고 해서 붙여진 이름이라 한다.

구성면(龜城面)

1. 마을의 내력

조선시대에는 금산군 남쪽끝인 하곡, 강성, 신기, 관동, 황각, 죽방, 대방, 수동, 송평, 궁장 등 10개 마을로 이루어지는 과곡외면과 금곡, 두곡, 상기, 중기, 하기, 래방, 배평, 광천 등 24개 마을로 이루어지는 과곡내면이라 하였다. 지례현 북단인 임평, 무릉, 임천, 월평, 임규, 단수, 마산 등 14개 마을은 상북면에, 구미, 작내, 복호, 와룡, 상거, 명덕, 대림, 미평 등 24개 마을은 하북면으로 편성되었다.

1914년 행정구역 개편으로 과곡외, 과곡내 양면을 과곡면으로 통합하고 상북, 하북면과 대항면의 백어를 합하여 석현면으로 하였다가 김천군에 편입되었다.

1933년 홍수로 석현면 청사가 유실되자 과곡, 석현면을 통합하여 구성면이라 하고, 1934년 상좌원에 청사를 신축하였다. 구성이라 함은 지례현의 옛 이름을 다시 활용하였고, 광복후 1949년 김천읍이 김천시가 되면서 금릉군으로 개칭하였다. 1988년 조선시대 금산군 관내에 있던 동을 리로 바꾸었다.

김천시에서 남으로 14킬로 떨어진 곳에 위치하며, 북쪽으로 김천시 양천동과 경계를 이룬다. 동쪽은 지례면, 서쪽은 부항면, 서북쪽은 소백산맥을 경계로 하여 충북 영동군과 접한 산간지대이다.

북쪽은 덕대산(811.6미터)이 남쪽으로 뻗으면서 국사봉(570미터)과 삼악산(454미터)을 이룬다. 남동쪽으로는 가제산(682.7미터)이 위치하며, 삼도봉과 우두령에서 발원한 감천이 면 중앙부의 남북으로 흐르며 그 유역이 평야지대를 이루고 있다.

질매지에서 발원한 무릉천(5.25킬로)은 구미에서 감천내가 합류하고, 대항 주례에서 흘러내리는 하원천(9.25킬로)은 상좌원에서 감천과 합류하여 낙동강으로 흐르고 있으며 덕대산 남동쪽의 끝 부분인 석현(돌고개)은 조선시대 금산군, 지례현의 접경을 이루었다.

구성의 구(龜)는 감천의 속성을 드러내는 가장 상징적인 이름이다. 구성산성이 오늘에 이르고 있으며 연못 가운데 거북이 바위 전설이 있어 거북이와의 인연이 깊은 고장이라 할 수 있다. 거북이를 사투리말로 거무 혹은 거미라고도 이르는바 모음이 바뀌면 거미(거무)-가미(가메.가매)의 대응됨을 알 수 있다. 모두가 물을 중하게 여기는 물신숭배의 믿음에서 비롯한 것으로 보인다. 지금도 굼뜸이라 하여 거북이 구멍같이 생긴 고장에서 마을 형성이 비롯하였음을 일깨워 주는 언어습관을 엿볼 수 있다.

2. 마을의 이름과 유래

1) 하강리(夏江里)

조선조 때 금산군 과곡외면에 속한 하곡인데, 1914년 행정구역 개편으로 하곡, 강성, 신기를 통합하여 하강동이라 하고, 과곡면에 속했다가 1934년 과곡, 석현면이 신설된 구성면 소관이 되었으며, 1971년 하곡, 신기를 하강 1동으로 분동하고 1988년 동을 리로 바꾸었다.

면소재지로서 동북으로 9킬로 거리에 위치하며, 김천시에서 남으로 6킬로 지점에 있고, 3호 국도가 동남으로 통하고, 서쪽으로 약간 떨어진 곳에 신기 마을이 있다. 남동으로 낮은 재를 넘으면 조마면 신안리이며, 서북엔 하강 2리와 이어지고, 남으로 대방령-대방이재를 넘으면 송죽리다.

자연부락의 이름과 그 유래를 알아보면 다음과 같다.

모리이 · 신기

관저산 밑에 새로 자리잡은 마을이라고 마을 이름을 신기라 하고 또, 산모퉁이를 돌아가는 곳에 있다고 모리이라고도 부른다(성봉운 72 외 3명).

여름실 · 하곡

옛날 한 도사가 이 마을을 지나가면서 물이 없어서 한해가 극심한 것을 알고 남동간에 있는 연의곡을 가리키며 그 산밑에 가면 흐르는 강이 보일 것이니 뜨거운 여름을 잊으라는 뜻으로 마을 이름을 여름실 · 하곡이라고 지어 주었다고 한다(최원상 53 외 4명).

강성

소백산맥의 신령인 덕대산과 성내산의 산세가 강의 흐름을 막았다고 이 마을 이름을 강성이라고 한다. 마을의 위치는 하강동 위쪽에 있다(김석봉 70 외 3명).

서당마 · 서당촌

강성 남쪽에 있는 마을로 옛날에 전씨가 종당을 건축하고 후손의 문화 · 교육을 위하여 서당을 개설하였다고 서당마 · 서당촌이라 부르게 되었다 한다(이영생 86 외 4명).

2) 양각리(陽角里)

1580년 선조 13년에 김해 김씨 성재가 황각골에 거주하는 성씨 중 먼저 들어와 집성촌을 이루었고, 뒤를 이은 화순 최씨, 성주 이씨, 밀양 박씨의 입주로 이웃한 마을 중 가장 큰 마을이 되었다.

　　조선시대 금산군 가곡외면에 속한 황각, 중리, 관동, 냉수정이었는데, 1914
년 양지, 지산(모산)과 통합하여 양각동이라 하였고 과곡면에 속하였다가,
1934년 석현면과 합쳐진 구성면 관내에 편입되었으며, 1971년 황각, 중리, 관
동, 양지, 냉수정이 양각 1동으로 분동하고, 1988년 동을 리로 개칭하였다.
　　면소재지에서 11킬로 거리 북쪽 지점에 위치한 촌락으로 3호 국도에서 2킬
로 서쪽 야산 구릉지대에 있는 황각, 관동, 중리, 냉수정 마을로 이루어지는 과
수원 고장이다. 북쪽으로 고성산 지맥이 동서로 둘러 병풍처럼 성곽을 이루고,
서쪽은 양각 2리, 남쪽은 하강과 인접한다.
　　자연부락의 이름과 그 유래를 알아보면 다음과 같다.

황각

　　옛날 어느 도사가 이 곳을 지나가다가 말하기를 마을의 뒷산 산세가 와우형
이라 하며 소백산맥의 황악산의 황과 우두각의 각자를 따서 이 마을 이름을
황각이라고 하였던 것이 오늘의 마을 명칭이 되었다(이동하 68 외 4명).

관동

　　이 마을은 양각동의 중앙부에 위치하고 있으며 양각초등학교가 있는 부근
마을이다. 마을의 형상이 옛날 양반들이 쓴 갓 모양과 같이 생겼다고 마을 이
름을 관동이라고 부르며 마을 주변에는 사과나무 · 자두나무의 과수원이 많은
것이 특색이며 현재 10여가구가 살고 있다(김병태 41 외 4명).

양촌 · 양지마

　　마을 뒷산의 산세가 정남향이라 지질 및 습기가 적당하여 잔디가 잘 자라고
양지바른 곳이라고 양지마 · 양촌이라고 부른다(최원걸 60 외 3명).

모산 · 지산

　　마을 뒤 덕대산의 시중곡에 띠가 잘 자라겠다는 어느 도사의 말에 따라 연

못의 모자를 택하고 덕대산의 산을 빌어 마을 이름을 모산이라고 불렀다. 또, 옛날 마을 한복판에 연못이 있어 지산이라고도 부른다(이상열 62 외 4명).

지명의 분포로 보아 모산은 못안을 이르며 역서 소리가 변하여 모산이라 통용하게 된 것이다.

양지마 · 양촌

마을 뒷산의 산세가 정남향이라 지질 및 습기가 적당하여 잔디가 잘 자라고 양지바른 곳이라고 양지마 · 양촌이라고 부른다(최원걸 60 외 3명).

3) 흥평리(興平里)

조선시대에는 금산군 과곡외면에 속한 평전동인데, 1914년 진흥, 외고, 내고와 통합하여 흥평동이 되고 과곡면에 속하였다가, 1934년 석현면과 합쳐진 구성면에 편입되었으며, 1971년 평전을 흥평 1동으로 분동하였고, 1988년 동을 리로 고쳤다.

면소재지에서 북쪽으로 8킬로 지점에 위치한 오지 산촌으로 동북쪽으로 덕대산(811.6미터)이 대항면과 경계를 이루며, 서쪽으로 대항면 대성, 동쪽에 황악산의 원맥인 국사봉(570미터)이 솟아 있고, 남쪽으로 상거리와 인접한다.

자연부락의 이름과 그 유래를 알아보면 다음과 같다.

평밭 · 평전

김 각이라는 선비가 약 280년 전에 아들 4형제를 데리고 피난을 와서 밭을 개간하고 평화롭게 생활하였다 하여 평밭 · 평전이라고 부른다(이석원 70 외 3명).

진흥

점터 북쪽에 있는 마을로 신라 시대 진흥사라는 절이 있었다고 마을 이름을 진흥(眞興)이라고 부르고 있다. 현재는 절터만이 남아 있다(문재천 74 외 5명).

내고 · 점터 · 점기

옛날 이 마을에 쇠붙이를 만드는 점이 있어서 점터라 부르며 또 안쪽에 있는 오래된 마을이라고 내고라고도 부른다(이형술 77 외 5명).

외고 · 고노실

이 마을은 부락이 형성된 지 오래되고 바깥쪽에 있는 마을이라고 고노실 · 외고라 부른다. 점터 서남쪽 골짜기에 있다(최향섭 70 외 5명).

4) 송죽리(松竹里)

조선시대에는 금산군 과곡외면에 속한 마을이 궁장, 덤밑, 연화, 고목, 백일대였는데, 1914년 대방, 송평, 죽방과 과내면의 내방, 광천 일부를 통합하여 송평과 송방의 한자씩을 따서 송죽동이라 하고 과곡면에 편입되었다. 1934년 석현, 과곡면을 합하여 구성면 관할이 되었고, 1971년 덤밑, 궁장, 고목, 백일대, 개정지를 송죽 1동으로 나누었고, 1988년 동을 리로 개칭하였다.

면소재지에서 북으로 3호 국도를 따라 3.5킬로 떨어진 감천 냇가의 도로변에 산재한 궁장, 덤밑, 개정지, 백일대 마을로 이루어진다. 동쪽은 송죽재를 넘으면 송죽 2리로 이어지고, 동남쪽은 광명리와 금평리를 접하고, 북쪽은 홍평리다. 구성중학교와 송죽휴게소가 자리하여 있다.

자연부락의 이름과 그 유래를 알아보면 다음과 같다.

궁장 · 어무정

옛날 장수가 활을 쏜 장소였다, 지형이 활같이 생겼다고 궁장이라 부르게 되었으며, 일명 어무정이라고도 한다(여형동 57 외 3명).

궁장 혹은 어무정이라 함을 보면 굼-어무의 대응이 가능하다. 여기 궁은 구무(굼)-굼으로 터를 대일 수 있고 구무의 소리가 약해지면서 구무(굼)-어무(엄)로 되었고 이는 어머니 곧 물과 땅을 지모신으로 섬기던 민속에서 비롯한 것으로 보인다.

덤밑 · 암하

마을 뒤에 바위가 있고, 그 바위 아래 위치한 마을이라고 엄밑, 암하라고 부른다. 이 마을에 구성중학교가 있다(이기석 75 외 2명).

개정지 · 개정기

병자년 수해로 연화동에서 이 곳으로 이주하여 우물을 열었다는 뜻에서 개정지 · 개정기라고 부르게 되었다(여영서 57 외 4명).

백일대 · 수동

마을을 처음 개척하였을 때 백일홍나무가 있어서 백일대라 불리어졌고 또, 장수하는 사람이 많다고 수동이라고도 부른다(오갑득 90 외 4명).

죽방 · 댓방

옛날 약 3백 년 전 김의술이라는 선비가 이 마을을 개척하였으며 개척 당시 대나무가 많다고 댓방 · 죽방이라고 부르고 있다(김진복 75 외 5명).

황새말

이 마을은 송죽동의 송죽재 북쪽 아래에 위치하며 과곡초등학교 남쪽 죽방 마을 바로 옆에 자리잡고 있다. 마을 뒷산의 모양이 마치 학이 목을 길게 뻗어 있는 형상이라고 해서 황새마을이라 한 것이 변하여 오늘날 황새말로 부르게 되었다(최삼용 78 외 5명).

주막

이 마을은 김천에서 경남 거창행의 과속재 남쪽 아래 도로변에 위치하고 금평동으로 통하는 도로가 있는 삼방통행의 교차로 상의 과곡초등학교 앞쪽에 위치하고 있으며, 길가는 나그네와 여러 마을 사람들의 나들이를 하는데 휴식처로 알맞은 곳이라서 자연히 술파는 집이 들어서게 되어 이 마을 이름을 주막이라고 부른다(여성기 72 외 3명).

5) 광명리(光明里)

조선시대에는 금산군 과곡내면에 속한 기노동, 배평 마을이었는데, 1914년 광천, 내방, 덕마루, 봉대를 합하여 광명동이라 하여 과곡면에 속하였다. 1934년 석현면과 과곡면을 통합한 구성면 소관이 되었으며, 1971년 상기, 중기, 하기, 배평, 도현을 광명 1동으로 나누었고, 1988년에 동을 리로 개칭하였다.

조선 인조 때(1640년경) 배상유라는 선비가 병자호란에 남한산성을 지키지 못함에 한을 품고 낙향하여 이 마을을 개척하였으며, 1936년 병자년 수해 때 많은 가옥이 유실되고 수십 명의 인명을 잃은 마을 사람들이 도현-도미지에 새터를 마련, 정착하여 생긴 마을이다.

면소재지에서 동남으로 5.5킬로 떨어진 감천 유역에 이루어진 넓은 평야지대에 산재한 5개 마을(상리, 중말, 하촌, 도현, 배평)로 송도봉, 연암봉이 서쪽에 솟아 있고 감천이 촌 전역을 안고 흐른다.

상리는 성산 여씨, 중말은 고성 이씨, 인천 이씨, 하촌은 성산 배씨, 고령 신씨의 집성촌이었으나, 1936년 병자 홍수로 대부분 집을 잃고 고장을 떠났다. 기동은 조선시대 금산 5대 반촌의 하나였다.

자연부락의 이름과 그 유래를 알아보면 다음과 같다.

기릅·기월

이 마을은 옛날부터 일찍 죽는 사람들이 많았다. 그래서 모든 사람들은 장수하기를 빌었는데, 달과 같이 변함 없이 장수를 누리도록 마을 이름을 기를 · 기월이라고 불렀다고 한다. 이 마을의 뒷산을 송수봉이라 부르며, 앞산의 큰 바위는 마을 사람들이 백 세까지 장수하도록 백세탑이라고 하였으며 상리 앞의 봉우리는 연만산이라고 부르고 있다. 현재는 3개의 부락으로 이루어져 있는데 위쪽에 있는 순서로 상리 · 중리 · 하리로 부르고 있다(최진동 70 외 5명).

도현 · 도지미

이 마을은 병자년 수해 때 기를들에 살던 사람들이 이 곳으로 이주해 와서 살면서 생긴 마을로서, 돌아가는 고개에 위치하였다 하여 도지미 · 도현이라고 부른다(최봉섭 79 외 6명).

배평 · 바랫들 · 벼루들

하리 마을 건너편에 있는 마을로서 감천이 흘러내려 오다가 굽은 지점에 침식되어 벼랑이 생겼으므로 벼루들, 또는 바랫들이라고 부른다(박재호 60 외 1명).

광천 · 빗내

이 마을은 감천 냇가에 자리잡고 있는 마을로서 마을 앞을 흐르는 감천을 바라보면 빛이 많이 반사된다고 마을 이름을 빗내 또는 광천이라고 부른다(박내인 72 외 3명).

빗내의 속내는 마을을 냇물이 빗겨 흐른다는 뜻으로 새기면 좋을 것이다.

덕마루 · 듬말

지금부터 수백 년 전 강모와 이모란 역학자가 이곳에 와서 뒷산의 형세가 기러기가 떨어져 북향으로 날아가는 모양이라서 수려한 누각이 들어설 장소라 하였으므로 덕마루란 이름으로 불리게 되었으며, 지금은 듬말로 불리어 온다

(여석환 73 외 4명).

내방·옴배미

이 마을은 오목하고 쏙 빠진 것 같은 느낌이 들며 산모퉁이를 돌아야만 마을이 보인다. 그래서 마을 이름을 올빼미 눈처럼 쏙 들어갔다고 해서 옴배미라 불렀다. 또, 옛날에 과거보러 가던 한 선비가 이 마을의 친구를 만나고 나서 과거에 급제하였다. 그 후 다시 이 곳의 친구를 예방하였다는 유래로 내방이라고도 한다(최원섭 69 외 5명).

봉대

병자년 수해로 인하여 이주된 촌락으로 마을 뒷산 모양이 대봉이 앉은 형상이라 하여 봉대하고 부르고 있다(송병직 60 외 1명).

6) 금평리(金坪里)

조선시대에는 금산군 과곡내면의 금곡동이었으나, 1914년에 상두동, 하두동과 고석을 통합하여 금평동이라 하고 과곡면에 속하였다. 1934년 구성면 소관이 되었으며, 1971년 금곡, 광수가 금평 1동으로 나누어졌고, 1988년 동을 리로 개칭하였다.

면소재지에서 남쪽으로 8킬로 떨어진 최남단 산간오지에 위치한 금곡, 광수 마을로 동쪽으로 가제산(682.7미터), 서쪽으로 송림산(560.7미터)이 에워싸고, 남서쪽으로는 지례면과의 경계를 이루었고, 동쪽으로는 금평 2리다. 임진왜란과 일본의 강점기에 일본의 침략에 항거한 여대로(呂大老), 여채룡(呂彩龍)과 같은 선열이 나온 곳이다.

자연부락의 이름과 그 유래를 알아보면 다음과 같다.

광수 · 너불머리 · 넘머리

마을이 병모양으로 생겨 입구가 좁다가 넓어진다고 하여 마을 이름을 너불머리 · 넘머리 · 광수라고 부르게 되었다(이상준 75 외 5명).

금곡 · 팔고개 · 팔곡

옛날 이 곳에 화전민이 입주하면서 마을이 이룩되었는데, 이 마을에서 지례현까지 여덟고개를 넘는다고 하여 팔곡 · 팔고개라고 부르게 되었다(여영백 82 외 5명).

파실 · 두고 · 두릉

옛날에 두릉으로 불러오다가 백여 년 전에 두곡으로 부르게 되었다 한다. 그 때 땅이 메말라 모든 곡식이 잘 안되고 그 중 팥이 가장 잘 되었기 때문에, 약 70여 년 전부터 파실로 부르게 되었다고 한다(문태연 62 외 5명).

7) 구미리(九尾里)

조선시대에는 지례현 하북면에 속한 구미, 방산과 상북면에 속한 무릉리였는데, 1914년 이를 통합하여 구미리라 하고 김천군 석현면에 편입되고, 1934년 구성면 소관이 되었다.

1933년 계유년 홍수에 석현면 청사가 떠나려갔다. 석현면과 과곡을 합하여 구성면이라 함은 지례현의 구호인 구성을 인용한 것이다. 석현면 옛 청사는 구미리에 있었고, 조선초기에는 지례현 청사인 동헌이 이곳에 있었다 하며, 지례현 관할 전역의 마을을 리라 했다 한다.

면소재지에서 남쪽으로 4킬로 떨어진 3호 국도변에 위치한 구미, 방산, 무릉으로 이루어진다. 감천변에 발달한 평야가 동쪽으로 펼쳐지고, 남쪽으로 무릉교가 지례면과의 경계선에 놓여있고, 동쪽으로 감천을 건너면 미평리이다.

지명의 분포로 보면 아홉 구(九)-계열의 이름이 많이 나온다. 역리학의 영향으로도 보이나 그 기원은 거북구(龜)로 봄이 온당할 것으로 본다. 여기의 구미나 선산의 구미나 다를 바 없다. 선산의 구미만 하더라도 자료에 따라서는 원수 구(仇)를 쓴 구미로 나옴을 보아 그런 개연성은 더 있다고 할 것이다. 거북이 아니더라도 움푹 패인 물구덩이 곧 굼뜸을 이르는 걸로 보면 좋을 것이다.

자연부락의 이름과 그 유래를 알아보면 다음과 같다.

무릉

전주인 양녕대군의 후예 이향노가 고향에 돌아와서 살았는데 그 당시 마을 주변에 복숭아꽃이 많이 피었다고 한다. 그래서, 무릉도원이라 하였다가 약칭하여 무릉이라고 부르게 되었다(김득문 81 외 5명).

구미

옛날 이름은 구미(九美)로서 아홉 곳에 아름다운 경치가 있는 곳을 말하였는데 1914년 행정 구역 개편 때 구미(九尾)로 개칭되어 오늘에 이르고 있다. 여기에서 구미(九美)란 배밭골·상여바위·복숭아나무골·매봉·방산·선창·송정·샘골·흔들바위를 말하고 있다(김득문 81 외 5명).

땅이름의 분포로 보아 여기 아홉 구(九)의 원 의미는 거북 구(龜)로 판단되며 우리말로 거북을 거미라 함을 고려하면 구미-거북이라는 뜻을 읽을 수가 있다.

8) 임평리(任坪里)

조선시대에는 지례현 상북면에 속한 임평리였는데, 1914년 탄동을 합하여 석현면에 속하였다. 1934년 석현, 과곡면을 합하여 새로 신설된 구성면 소관이 되었다.

면소재지에서 서남쪽으로 6킬로 지점인 572호선 지방도로를 따라 들어간

산간오지의 임바대, 탄동 마을로 이루어져 있다. 임바대(임평)와 탄동은 2킬로의 거리로 서남쪽 재를 넘으면 부항면 외포 마을이며, 남쪽으로 지례면을 통하는 재가 있고, 서북쪽은 임천리, 동남쪽으로는 구미리와 접한다.

자연부락의 이름과 그 유래를 알아보면 다음과 같다.

임평 · 임바대 · 임평리

이 곳은 예로부터 지하수가 귀하다고 하여 임바다라 했고, 다시 임바대로 변음되었으며, 지금은 탄동과 함께 임평으로 불리고 있다(오동석 42 외 5명).

탄동 · 숯가매실

옛날 이 골에 수목이 울창하여 숯을 많이 구워 냈다 하여 숯가매실이라고 했고, 탄동이라고도 한다(김차봉 42 외 4명).

9) 임천리(林泉里)

조선시대에는 지례현 상북면에 속한 산정, 단수, 장자골, 사기점인데, 1914년에 이를 임천리로 통합하여 석현면에 속하였고, 1934년 구성면 소관이 되었다.

면소재지에서 남쪽으로 3호 국도 4킬로 지점에서 572호 영동선 도로를 따라 서쪽으로 6킬로 지점인 산간오지로 도로변에 산정, 단수, 장자골, 사기점 등 4개 마을로 이루어진다. 사방이 산으로 둘러 싸여 있고, 남쪽은 월계, 서북쪽은 마산, 동남은 임평이다.

자연부락의 이름과 그 유래를 알아보면 다음과 같다.

산정 · 새터

이 마을 뒷산에 정자가 세워져 옛날 임평 · 임천 · 월계 · 마산리 4개 동민의 유흥장이라 할 수 있다. 유락을 즐기거나 주민의 잘못된 일들을 이 산정에 나와서 해결하는 곳이라서 마을 이름을 산정이라고 한다(이재영 62 외 5명).

단수 · 단계

약 130년 전 경주 이씨가 이 마을을 개척하였는데 산 숲에 달빛이 어리면 그 아름다움이 절경이라 단계라 불리어 오다가 약 60여 년 전에 단수라고 이름을 고쳐 부르고 있다(이상식 67 외 5명).

장자동 · 장자울

옛날 이 마을에 장자가 살고 있을 때 그 세력을 널리 떨치니 사방에서 걸인의 구걸이 끊어지지 않았다 한다. 하루는 어느 대사가 찾아와 구걸을 하니 하인이 귀찮아 이를 거절하였다. 대사는 노하여 이 곳에 있는 황소고개의 맥을 자르니 장자는 쇠퇴하였다고 한다. 그래서 이 마을을 장자울·장자동이라고 한다(이완형 72 외 4명).

사기점 · 사점

조선 말엽 충북 지방에서 고령토를 가져와 질그릇과 사기그릇을 구워 내었다고 마을 이름을 사점이라고 한다(오동석 42 외 5명).

10) 월계리(月溪里)

조선시대에는 지례면 상북면에 속한 아래앞실, 웃앞실, 골마, 북장촌, 사점이었는데 1914년 이를 통합하여 월계리라 하였다. 김천군 석현면에 편입되었으며, 1934년 구성면 관할이 되었다.

구성면 소재지에서 남쪽으로 4킬로 지점, 3호 국도에서 서북으로 572호선 지방도로를 따라 7킬로 지점인 산간오지의 월평, 임규, 골마, 북동, 사점 마을로 이루어졌다. 아래앞실 뒷산에 장석 광산이 있고, 도로 따라 서북쪽은 마산리, 남동쪽은 임평리와 접한다.

자연부락의 이름과 그 유래를 알아보면 다음과 같다.

압실 · 월평 · 산실

이 마을의 지형이 마치 오리가 알을 품고 있는 형상이어서 압실(鴨-)이라고 불리고 있다. 압실 촌락의 주민 일부가 아랫목에 이주하게 됨에 따라 아래 압실로 불리게 되고 원래 있었던 압실을 윗압실이라고 한다(백정길 56 외 5명).

골마 · 이리골 · 의리곡

월계리 서부에 속하며 임천초등학교에서 서남쪽 1.5킬로 떨어진 산간 마을로서 훌륭한 선비들의 의리를 잘 본받고 지켜 살아가려는 뜻에서 마을 이름을 의리곡이라고 한 것이 변하여 이리골이라고 부르게 되었으며, 또 골짝 마을이라고 골마라고도 부른다. 현재 10여 가구가 살고 있다(전돌수 69 외 4명).

사점 · 사기점 · 월계사점

옛날 이 곳에서 옹기를 만든 곳이라 하여 사점 · 사기점 또는 월계에 있는 사점이라고 월계사점이라고 한다. 이 촌락은 월계의 북쪽에 위치한 마을이다(이민기 53 외 5명).

11) 마산리(馬山里)

조선시대에는 지례현 상북면에 속한 마산, 사점이었는데, 1914년에 통합하여 마산리라 하였다. 이웃한 수부동, 질매재, 달암, 음지, 찬물내기 등 산재한 작은 마을이 이에 예속되어 석현면 관내로 편입되고, 1934년 구성면 소관이 되었다.

면소재지에서 서북쪽으로 13킬로 지점에 본동, 묵은점, 수부동, 질매재, 달암, 음지, 찬물내기 마을로 이루어졌다. 이 가운데 없어진 곳도 있으며, 구성면의 가장 서쪽끝 오지로 충북 영동군 상촌면과 질매재를 경계로 접하고, 동남쪽으로 572호선 지방도로를 따라 임천, 월계, 임평리로 이어진다.

자연부락의 이름과 그 유래를 알아보면 다음과 같다.

묵은점 · 구사기점 · 사점

옛날 이 마을에서 사기그릇을 구울 때에는 사점이라 하였으나 그 후 사기그릇을 굽지 않았으므로 묵은점 · 구사기점이라 불렀다고 한다(김말용 66 외 5명).

수부동

마산리 중 가장 살기가 낫다고 부(富)자를 쓰고 이 마을에 약 100년 전에 문광수라는 선비가 128세까지 장수하였다고 수(壽)자를 따서 마을 이름을 수부동이라 하며, 이 마을에 살면 수와 부를 함께 누릴 수 있다고 한다(83 외 5명).

12) 작내리(作乃里)

조선시대에는 지례현 하북면에 속한 장천, 관평이었다. 1914년 양지촌, 평지촌을 함께 통합하여 작내리라 하여 석현면에 예속시켰다가, 1934년 구성면 관내가 되었다.

면소재지에서 남쪽으로 3킬로 지점 3호 국도에서 서쪽으로 1킬로 들어가는 들판에 새터, 양지마, 평지마, 울안 마을로 이루어졌으며, 서쪽은 용호리로 이어지고, 동쪽은 구미리이다.

자연부락의 이름과 그 유래를 알아보면 다음과 같다.

울안

옛날 이 마을을 개척할 때 의성 김씨가 대가족을 이루고 한 울안에서 정착하여 살았다고 마을 이름을 울안이라고 부른다(장두영 63 외 5명).

양지마 · 양지촌

작내리에서 중심되는 마을이며 마을의 위치가 양지 바른 곳에 있다 하여 양지마 · 양지촌이라고 부른다(장두영 63 외 5명).

새터 · 관평

옛날 이 마을에 처음 이주해 온 사람들이 새로 터를 잡아 살게 되었다고 마을 이름을 새터라고 했다. 들을 보고 모여들어 이룬 부락이라 해서 관평이라고도 한다(장두영 63 외 5명).

평지촌 · 평지마

마을의 지형이 평평하다고 마을이름을 평지촌이라고 한다. 조선조 작내역이 있었으며 위치는 작내 마을 부근에 있다(김두식 64 외 5명).

13) 용호리(龍虎里)

조선시대에는 지례현 하북면에 속한 복호, 와룡이었다. 1914년 각골, 신기(새터)를 통합하여 용호리라 하고 김천군 석현면에 편입되었다가, 1934년 구성면 관할이 되었다.

면소재지에서 남쪽으로 3킬로 지점인 3호 국도에서 갈라져 서쪽으로 2킬로 떨어진 곳에 와룡, 가골, 상복호, 하복호, 새터 마을로 이루어졌다. 동쪽은 작내, 서쪽은 임천리이며, 북쪽은 골짜기로 들어가면 상거리이다.

자연부락의 이름과 그 유래를 알아보면 다음과 같다.

복호(伏虎)

마을 앞산의 산세가 호랑이가 누워 있는 형상과 같다고 복호라고 이름지었

252 ——·김천의 마을

으며 윗마을을 윗복호동, 아랫마을을 아랫복호동이라고 부른다(김영곤 66 외
5명).

와룡·왓숫골

옛날 김해 김씨가 살면서 숲이 많이 우거져 있다고 왓숫골이라고 하였다.
또, 마을 뒷산 산세가 용이 누워 있는 형상이라고 와룡이라고 부른다(김영곤
66 외 5명).

각골·각곡

옛날 이 마을에는 연안 이씨들이 몇 집 살아 왔으며, 마을 주변에는 많은 산
이 에워싸 있고, 마을로 뻗어 내려오는 여러 줄기의 골짜기가 있어서 각골·각
곡이라고 부른다(김영곤 66 외 5명).

새터·아랫마·신기

마을의 위치가 아랫동에 위치하고 있기 때문에 아랫마라고 부르고, 또 윗마
을보다 먼저 터를 잡았다고 하여 새터라고 부른다(김영곤 66 외 5명).

14) 상거리(上擧里)

조선시대에는 지례현 사북면에 속한 복교, 저평, 명덕이었다. 1914년 대림,
나속과 금산군 대항면 백어를 통합하여 상거리라 하여 석현면에 편입되었다.
1934년 구성면 소관이 되었고, 1971년에 복교, 저평, 명덕, 나곡을 상거리로 분
리하였다.

면소재지에서 서북쪽으로 4킬로 떨어진 오지에 산재한 복교, 저평, 명덕, 나
곡마을로 이루어진다. 대항 사이의 군도가 복교, 저평을 지나며, 복교에서 서
편으로 갈려 들어가면 명덕과 나곡이 있다. 서쪽으로 대항면 대성리와 접하고,
북쪽으로 흥평 1리(평밭), 동쪽으로 상좌원인 면소재지이다.

자연부락의 이름과 그 유래를 알아보면 다음과 같다.

벽계 · 복교

공자동 · 백어동 등 선비의 이름이 붙은 마을에서 이 마을로 물이 흘러 내려 오므로 윗 동네 선비들의 맑은 정신을 이어 받아 마을을 더욱 맑고 푸르게 하여야 한다고 벽계라고 부르게 되었다고 한다(이원영 69 외 2명).

저평 · 지리대 · 저력촌

옛날 이 마을에 살았던 김녕 김씨들이 공자 제자의 한 분인 장저걸력의 이름에서 저자와 력자를 따서 저력촌이라고 하던 것이 변하여 오늘의 지리대 · 저평이라 부르게 되었다(김우주 53 외 2명).

장저걸력이라고 함은 논어에 나오는 장저걸익(長沮桀溺)을 이르는 말인데 소리가 바뀌어 그리 굳어진 걸로 보인다.

명덕

이 마을은 장자동 · 백어동이 이 마을 위쪽에 위치해 있어 그 마을 이름이 성인들의 이름이므로 그 분들의 덕을 밝힌다는 뜻으로 마을 이름을 명덕이라 불렀다(김하주 52 외 3명).

백어 · 배어

이 마을은 남서쪽 공자동이란 마을의 아래쪽에 위치하고 있는 산간 마을이다. 위쪽에 대성 공자님의 이름을 딴 마을이 있으므로 훌륭한 선비의 학문을 이어 받고자 아래쪽에 위치하고 있는 이 마을의 이름을 공자의 아들 이름을 따서 백어라고 한 것이 변하여 배어로 부르게 되었다(김주겸 67 외 4명).

15) 상좌원리(上佐院里)

조선시대에는 지례현 하북면에 속한 상좌원인데 때로는 상원 또는 좌원이라 하였다. 1914년 행정구역 개편시 상, 좌북면을 통합한 석현면에 편입과 동시 상좌원과 도동(들은들), 원앞(주막뜸)을 통합하여 하원리가 되었다. 1933년 계유년의 홍수로 구미에 있는 석현면 면청사가 떠나려 갔으므로 석현 과곡면을 합하여 지례현의 옛 이름인 구성이라 하고, 면 청사를 1934년도 원 앞에 신축하였다.

광복을 전후로 십여 차례 마을 이름 되돌리기를 호소하다가 1983년 말에 원래의 동명인 상좌원이 되었다. 구성면 사무소를 비롯한 공공기관이 있는 면의 중심지이며 옛 금릉군의 대표적인 반촌으로 학자를 비롯하여 큰 인물이 배출되고, 서원, 서재, 학당이 있는 학문의 고장으로 마을 위에 굴암천석과 마을 아래 삼응대며 마을 앞 감천변에 수림이 우거져 유원지로 붐비며 고가가 많아 고색이 창연하다.

자연부락의 이름과 그 유래를 알아보면 다음과 같다.

원앞 · 주막뜸 · 주막

옛날 길손들이 말을 타고 경남 거창에서 김천으로 오가는 통로이기 때문에 주막이 있었다고 하여 마을 이름을 주막뜸·주막이라 하게 되었다. 또 상좌원 앞이라 원앞이라고도 한다(이교영 74 외 4명).

상좌원 · 마실

조선시대 상좌원이란 원집이 있었다고 마을 이름이 상좌원이라 불리게 되었다. 오늘날의 상원과 하원을 옛날에는 모두 상좌원이라 칭하였다(이승화 76 외 2명).

도동 · 문도동 · 들은들

이 마을 윗동네에 공자동을 비롯하여 여러 선비들의 이름을 딴 동네가 있어서 그 분들의 말씀을 잘 듣고 도를 깨우치는 마을이라 하여 들은들·문도동이라 칭한다(이곽화 58 외 4명).

16) 상원리(上院里)

조선시대에는 지례현 하북면에 속한 원기-원터였는데, 1914년 행정구역 개편 때 원기, 두룽(마드리), 수도곡(무티실)을 합하여 상원리라 하였으며 석현면 소관으로 되었다. 1934년 석현면과 과곡면을 통합한 구성면에 속하였다. 수도곡은 원래 무티실로 조선시대 이전에는 수다곡소(水多谷所)로 금산현 관내에 속했었다.

이말정이 한성부 명례방(필동)으로부터 1451년(문종 원년)에 낙향하여 지품리에서 거주하다가 거창 모질로 이주, 다시 지품으로 돌아와 사망하여 원기 뒷산에 묻혔다. 그의 아들 오형제가 상경하여 요직에 있다가 연안군(숙기)의 차남인 진사 이제칙이 원터에 정착, 그 자손의 집성촌이 되었다.

면소재지에서 남쪽으로 국도를 따라 1킬로 지점에 안마을이 상좌원과는 황계천을 사이에 두고 남북으로 갈라 사는 사대부의 반촌이었다. 방초정, 정여, 최씨담은 마을 위상을 높이고, 앞으로 넓은 들이 펼쳐지며, 마을 뒤에 최근까지 백로가 서식하는 곳으로 동쪽에 감천이 흐른다. 감천을 따라 국도가 지나가며, 우측 마드리는 냉천이 유명하고 마을 입구에 수강이라 석면에 새겨 있고, 서쪽 떨어진 골짜기에 수도곡이 있으며, 감천 건너편이 바로 지품(미평 2리)이다.

자연부락의 이름과 그 유래를 알아보면 다음과 같다.

원기 · 원터

옛날 상좌원이란 관영숙소가 있던 곳이라고 마을 이름을 원터 · 원기라고 부른다. 또 이 마을 위쪽에 있던 양지뜸 · 웃원터란 마을은 오늘날 원터와 한 마을이 되었다(최계원 55 외 5명).

두룽 · 마드리 · 마두리

조선시대 관영숙소인 상좌원이 있던 당시 길손들이 말과 노새를 놓아 먹였던 곳이라 하여 마드리라 부른다(이소영 72 외 5명).

수도곡 · 물탕골 · 물다실 · 무트실 · 무티실 · 수두곡

이 마을은 신라 경덕왕 때 이 지방을 수다곡부라고 명칭하였는데 이것이 후세에 와서 물탕골·물다실 혹은 무트실·무티실로 변전하였으며, 수두곡이란 이름은 고려 때 수두사란 절이 있었다고 하여 부르게 된 것이며 또, 이 절에서 불도를 닦았다고 수도곡이란 마을 이름으로 불리게 되었다고 한다(이사웅 63 외 4명).

불도를 닦는 곳이란 의미의 수도곡은 대단한 의미의 비약이고 물과 관련한 무트실 혹은 물탕골이 그 기원형으로 보인다.

17) 미평리(米坪里)

조선시대에는 지례현 하북면에 속한 미평리였다. 1914년에 지품과 운동을 병합하여 미평리라 하고 석현면에 속하게 되었고, 1934년에 구성면 관내가 되었다. 1971년 미평 1리로 분동했다.

면소재지에서 남쪽으로 3킬로 떨어진 송림산 아래 자리 잡은 야산 마을로, 앞으로 감천이 흐르고 천변을 따라 3호 국도가 남북으로 지나고, 동쪽은 송림산을 경계로 송죽과 광명, 북쪽은 상좌원과 원기, 서쪽은 구미, 지례면 교리를 접한다.

자연부락의 이름과 그 유래를 알아보면 다음과 같다.

미평

옛날 이 마을 뒤편에 덕석골·창골이라고 하는 골이 여러 개 있었다고 한다. 특히 이 마을은 쌀이 많이 생산되어 창고에 저장해 놓고 먹을 정도로 많이 생산되는 땅이라고 마을 이름을 미평이라고 부른다(송태헌 83 외 5명).

지품

이 마을은 미평에서 볼 때 구성 면사무소가 있는 쪽에 위치하고 있으며 옛날 이 마을에 지품이 있었다고 마을 이름을 지품현이라고 부른다(박배열 72 외 5명).

지품(知品)이라 함은 깊다-짚다에서 나온 형태로 골이 깊고 물웅덩이의 깊이가 깊음을 드러내는 이름으로 보인다.

운동 · 웅동

옛날부터 감천이 이 마을 앞들 가운데로 흐르고 있었으며 마을 앞에 큰 웅덩이가 있었다고 웅동이라 하던 것이 변하여 오늘날 운동이라고 부르고 있다.

3. 이 고장의 문화재

도동서원

위치 : 김천시 구성면 상좌원 도동
창건연대 : 1771년(영조 47년)

제향의 중심은 연안 이씨 충간공 이승원이고 1788년에 정양공 이숙기, 문회공 이호민을 배향하고 다시 1794년에 문장공 이숙감, 문천공 이후백을 추가로 봉향했다. 1871년(고종 8년)에 헐어버렸는데 1918년에 그 자리에 강당을 건립하고 명례당이라 현판을 붙였다.

충간공 이승원은 1453년(단종 1년)에 증광문과에 장원하여 여러 관직을 거쳐 1491년 병조판서에 이르렀다 정양공 이숙기는 1453년(단종 1년)에 무과에 급제하고 여러 관직을 거쳐 호조판서에 이르렀다.

문회공 이호민은 이숙기의 증손으로 1579년 진사, 1584년 별시 문과에 을과

로 급제 1592년 임란 때 이조좌랑으로 의주에 왕을 호종, 그 뒤 여러 관직을 거쳐 예조판서, 좌찬성에 이르렀다.

문장공 이숙감은 1454년(단종 2년)에 증광시의 문과에 급제하고 1457년(세조 3년)에 문과 증시에 급제하여 사가독서를 하고 여러 벼슬을 거쳐 이조참판에 이르렀다.

문청공 이후백은 16세 때 지방의 향시에 수석으로 합격하고 1546년 사마시를 거쳐 1555년 식년 문과에 급제 1563년 사가독서를 했으며 여러 벼슬을 거쳐 대제학을 지내고 호조판서에 이르렀다.

방초정

지정 : 경상북도 유형문화재 제46호. 1974. 12.10
위치 : 김천시 구성면 상원리 83

연안 이씨 문중소유로 상원 출신 유학자 이정복이 선조를 추모하기 위하여 1625년(인조 3년)에 지금 위치보다 국도 쪽으로 정자를 건립하였다. 1689년 허물어지기 직전의 것을 그의 손자 이해가 중건하고 1727년에 다시 보수했으나 파손되었다.

1736년의 큰 홍수로 떠내려 간 것을 1788년에 가례증해를 저술한 이의조가 지금의 자리에 세 번째 다시 세웠다. 했다. 방초정은 2층 누각으로 2층에 문을 달아 이를 걷어올리면 넓은 마루가 되고 내려 닫으면 방으로 쓰이게 했으며 사방에 난간을 둘렀다. 이와 같은 누각의 형태는 보통 방이 양끝에 있는 것과

대조적이다.

뜰 앞에는 연못이 있는데 중앙에 섬을 둘로 배치해 독특한 정원형태를 이루어 조선시대의 정원조경의 연구자료가 되고 있다. 이곳에는 유명한 문장 묵객들이 많이 찾아 시와 글씨를 남겼는데 방초정 현판은 김대만의 글씨라 한다.

가례증해(家禮增解) 판목

지정 : 경상북도 유형문화재 제67호. 1974. 12.10
위치 : 김천시 구성면 상원리 57-1
규모 : 46센티 × 55센티 판목 475장
제판 연대 : 1794년(정조 18년)

상원 마을 출신 유학자 이의조가 주자가례를 예를 들어 해설하고 거기에 자기의 학설을 첨가한 예서를 13년만인 1771년에 탈고한 바 있다. 이를 1792년(정조 16년)에 공인 김풍해가 직지사에서 황악산의 거목 느티나무를 사용하여 3년에 걸쳐 판목 475매를 완성했다. 관혼상제의 증해판으로는 전국 유일의 것이며 목각기법이 우수하다.

근래까지 구성초등학교 뒤 골짜기에 있는 명성재에 보관되어 오다가 1996년에 학교 정문 옆으로 장서고를 지어 옮겼다. 이곳에는 가례증해 판목 외에 소학 판목 2백여 장도 함께 보관하고 있다.

이숭원 초상화

지정 : 경상북도 유형문화재 제69호, 1974. 12.10
위치 : 김천시 구성면 상좌원리 130, 경덕사
규모 : 2미터 × 1미터, 비단 바탕에 채색
연대 : 조선초기

이 초상화는 공신에게 하사한 공신도상으로 임금으로부터 1471년(성종 2년)에 받았다. 사모를 쓰고 의자에 단정하게 앉아 단령 차림에 얼굴을 약간 좌측으로 돌린 좌안 팔푼면의 전신 교의상으로 비단 바탕에 그린 초상화다.

주인공은 판서를 두루 거쳐 우찬참을 지내고 좌리공신 3등으로 연원군에 봉군되고 청백리에 오르기도 했다. 초상화를 그린 사람은 조선 초기에 대화가 이상좌로 노비출신인데 그림 솜씨가 뛰어나 중종이 도화서에 특채하고 공신들의 초상화를 그려 뒤에 원종공신이 된 인물이다. 보존상태도 양호한 편이다.

4. 이 고장의 전설

가. 정절을 지킨 최씨(崔氏)와 석이

상원리 방초정(芳草亭)앞에 있는 못이라고도 하고 상원리 남쪽 산밑에 있었던 못이라고도 한다. 임진란에 이전복의 처 화순 최씨가 양천동의 친정에서 시가로 오다가 왜병에게 쫓기어 정절을 지키려고 이 못에 투신했고, 노비 석이(石伊)도 뒤를 따라 투신했는데 석이의 비석이 근래 이 못에서 발견되었다.

나. 치마바우와 오누이의 악연

하강 2리 강성마을에 옛날 박씨 집에 남녀 쌍둥이가 태어났는데 가난에 쪼들리어 여자아이를 치마로 싸서 바위에 버렸다. 한 마을에 살다가 이사간 정씨

가 고향에 돌아오다가 치마바위에서 울고 있는 여자아이가 바위에 무늬가 나
도록 애절하게 울어대어 데려가 길렀다. 아이가 성장하여 박씨 집 총각과 혼인
을 맺었는데, 하늘이 오누이의 혼인을 벌주어 벼락이 바위에 떨어졌다고 한다.

다. 덕대산 산성싸움

홍평 2리의 이야기다. 고려 말 정몽주의 문하생인 안동장군 이미숭(李美崇)
과 진서장군(鎭西將軍) 최신(崔信)이 이성계의 혁명에 반대하였다.

관군과 충청도 미산(尾山)에서 접전했다가 패하고 덕대산에 들어와 성을
쌓고 싸우다가 전세가 불리하자 성주를 거쳐 원산(元山. 가야산맥)에서 접전
끝에 전사했다 한다.

임진왜란에는 주민들이 이곳에 피난하여 성을 수축하고 전재에 대비했으나
싸움은 없었다 한다.

라. 서씨묘의 사두혈(蛇頭穴)

옛날 홍평 2리 고로실 부자 서씨 집에 머슴 사는 최씨가 부자가 되어 보고
싶어 국사봉에 풍수를 데리고 가서 명당 묘터를 잡아 놓았다. 뒤에 시주 온 중
에게 주인 서씨는 박대를 하고 머슴 최씨는 후대했는데, 최씨가 서씨의 박대를
못 이겨 서씨 집에서 도망갈 방도를 물었더니 중은 묘터를 호미로 세 번 긁으
라고 일러 주었다. 그대로 했더니 그 묘터는 사두혈이라 비가 와서 사태가 나
묘터가 허물어져 서씨는 망하고 최씨는 그 집을 떠나게 되었다고 한다.

마. 시묘(侍墓)하는 효자를 돌봐준 호랑이

홍평 2리 진흥에서 4킬로 떨어진 골짜기에 경주 최씨 산소가 있는데 이곳에
서 시묘하는 동안 효성이 지극하여 호랑이가 항상 보호했다 한다.

바. 상전을 구한 월입(月立)의 의리

성산 여씨가 임진란 때 뒷골에서 피난 중 계집종 월립(月立)이 양식을 구해

오면서 굶주리는 상전을 위해 자신의 양식을 먹지 않고 돌아오다가 이곳에서
쓰러져 죽고 말았는데 그 곳을 월입평전이라 한다.

사. 머슴을 학대한 성산 여씨

미평 남쪽 산밑에 있는데 성산 여씨가 많은 노비를 거느리고 살던 곳이라
한다. 여씨가 노인을 학대해 오다가 도사가 도술을 써서 여씨를 멸망하게 한
뒤 영천 이씨와 은진 송씨가 들어왔는데 송씨만 번창했다고 한다.

아. 상원 연안 이씨 역장묘

구성면 상원 마을 뒤 매봉산 기슭에 연안 이씨 말정(末丁. 연성부원군)의
묘가 아래쪽에 있고, 그의 후손들 묘가 위쪽에 있어 역장(逆葬)임이 분명한데,
보편적으로 기피하는 현상이다. 그 유래는 말정의 현손 이호민(李好閔)의 주
장으로 역장했다는 것이다.

호민은 좌찬성을 지내고 부원군으로 봉군된 인물로 임진란 때 청원사(請援
使)로 중국에 가서 이여송에게 원군을 청하였다. 이 때 이여송이 압록강을 건
널 다리를 조선의 관목(棺木)으로 내 놓으라 요구하였는데, 이는 조선에 인물
이 많이 나서 중국을 넘보는 것을 막기 위해 명당의 혈을 끊으려는 심산에서
였다고 한다.

나라가 왜란에 처한지라 조정에서는 굴총대감(掘塚大監)을 임명하고 전국
의 묘를 파서 얻은 관목으로 압록강 다리를 놓았다는 것이다. 이 때 매봉산 연
안 이씨의 묘는 금차락처(金釵落處)의 명당이지만 역장인지라 명당에 들지 못
하고 굴묘 수난을 면했는데, 이호민의 주장은 어린 손자가 할아버지 어깨에 올
라앉는 것은 사랑의 교감이지 망발이 아니라는 이유를 들었지만 이는 핑계이
고 굴묘 수난을 예측한 일로 전해지고 있다.

지례면(知禮面)

1. 마을의 내력

삼한시대 변한에 속한 지역으로서 신라 진흥왕 때 상주(沙伐州)에 속했으며 지품천현(知品川縣)이라 불렀다. 신라 경덕왕 35년(757년) 개령군에 속하였고 지례현이라 고쳤으며, 고려조에 와서 현종 9년에 지금의 성주인 경산부에 속하였는데 공양왕 때에 감무를 두었다.

지례현의 하현면이라 하여 교촌, 부평, 상부, 하부, 대율, 고넘, 거물, 반목, 동산, 현장촌, 동장촌과 상현면에 속한 도곡, 송천, 신평, 관덕, 구수, 고석, 여배 마을이 있었다.

조선조 태종 10년(1410)에 상주에 진영을 둔 독립현으로 현감(縣監)을 두었다. 조선조 고종(1896년) 때 관제개혁으로 지례군으로 바뀌었고, 1906년 성주군 증산면을 지례면에 편입시켜 동현면, 서현면, 남현면, 북현면, 상현면, 하현면, 외증산면의 일곱 개 면을 산하에 두었다.

1914년 일제 시절에 행정구역 개편 당시 성주목 외증산면 일부였던 상신평, 하신평, 삼곡, 외고, 내고, 울곡, 니전, 해평을 합하여 김천군 지례면이라 불렀으며, 광복 후 금릉군 관할지역이 되었다.

1994년 1월 법정리로 교리, 상부, 대율, 거물, 도곡, 관덕, 신평, 니전, 울곡, 여배의 10개 이동으로 이루어지며, 행정리로는 교 1리, 교 2리, 상부 1리, 상부 2리, 대율, 거물, 도곡 1리, 도곡 2리, 도곡 3리, 관덕, 신평 1리, 신평 2리, 니전, 울곡, 여배 1리, 여배 2리로 16개 리로 이루어진다.

김천의 동남부에 위치해 있으며 김천시에서 남쪽으로 20킬로 지점의 산간지방이다. 면의 서쪽은 부항면을 접하고, 남으로 대덕면과 만나고, 동남으로 증산면, 성주군 금수면과 경계를 이루고, 동북으로 조마와 어깨를 맞대이고 북쪽으로 구성면과 연결된다.

전답은 대체로 좁게 형성되어 있으며, 대부분이 산악지대를 이루고, 감천변을 따라 삼천포~초산선 국도 3호선이 남북을 가르고 있다. 교리와 상부리를 중심으로 면소재지가 이루어졌고, 군내에서는 가장 큰 시가지 형태를 이루고 있으며, 5일마다 서는 장이 아직 남아 있다.

또한 김천, 거창, 영동, 울곡, 조마, 성주로 통하는 교통의 요충지이며, 역사적으로는 임진왜란 때 일본 침략군 제6진 1만 5천명을 인솔한 고바야가와가 전쟁에 패하여 퇴각하던 중 지례에서 왜적 1,500여 명을 소탕한 격전 지역이었으며, 1907년 11월부터 1908년 11월까지 1년간 의병과 일본 경찰의 교전지로 한말 독립운동의 발자취가 담긴 곳이기도 하다.

지품천현의 지품(知品)이라 함은 깊다~짚다에서 비롯한 형태이다. 골이 깊고 물웅덩이의 굼뜸이 깊음을 드러낸 것으로 보인다.

2. 마을의 이름과 유래

1) 교리(校里)

삼국시대 신라와 백제가 접경한 군사적 요충지여서 신라 경덕왕 때 이곳에 현을 두었다.

지례현 하현면에 속했는데 조선 세종 8년에 향교가 건립되어 행교마, 향교촌, 교촌이라 불리었다. 1914년 부평동까지 병합하여 교리라 하고 김천군 지례면에 편입되었고, 1971년에 교리, 교촌 지역을 교 1리로 나누었다.

면소재지 마을로 관내의 주요기관이 이곳에 모여 있고, 마을 앞 동편에 삼

천포~초산선 3번 국도가 남북으로 지나가고 있다. 예부터 지례장이 5일마다
서서 지례 부항, 대덕, 구성, 증산 등 5개 면의 상업중심지로 자리 매김해 왔고
읍의 형태를 갖춘 시가지가 형성되어 있다. 북으로 교 2리, 남으로는 상부 1리,
동으로는 상부 2리, 서로는 도곡 1리와 접해 있다.

자연부락의 이름과 그 유래를 알아보면 다음과 같다.

교리 · 행교마 · 향교촌 · 교촌 · 교동

이 곳은 삼국 시대 신라와 백제가 접경한 군사적 요충지여서 신라 경덕왕
때 여기에 현을 두었는데 이 때부터 작은 마을이 형성되었다. 그 후 조선 세종
8년에 지례향교가 건립되자 향교가 있는 마을이라 하여 행교마 · 향교촌 · 교
촌 · 교동이라 불리다가 1914년 행정구역 개편으로 교리라 하게 되었다고 한다
(김련필 54 외 5명).

범밧골 · 범바우골 · 부평

교리 1리 북쪽에 있는 이 마을은 뒷산에 큰 바위가 하나 있고 그 위에는 호
랑이 형상을 하고 있는 또 다른 두 개의 바위가 마을을 향해 있다. 옛날 마을
뒷산에는 큰 호랑이들이 많이 살고 있었는데, 어느 날 호랑이 세 마리가 이 호
랑이 바위틈에 죽어 있었다고 한다. 그래서 이 마을의 이름을 범바위골 또는
범밭골이라고 했다. 또 이 호랑이 형상을 한 바위의 보살핌이 있어서 마을에
재앙이 일어나지 않고 농사가 잘 되어 부유하게 살 수 있다고 마을 이름을 부
평이라고도 한다. 근년에도 이 마을에서는 호랑이 울음소리를 가끔 들을 수 있
었다고 한다(김년필 54 외 5명).

온평 · 온팽이 · 따슨평 · 대촌

조선 고종 18년에 정선 전씨가 이 마을에 들어와 보고 마을 앞들이 움푹 들
어가서 따뜻하게 농사를 지을 수 있다고 온평들이라고 했다. 이에 연유하여 이
마을을 온평 · 온팽이 · 따슨평이라 하게 되었다고 한다. 그리고 조선 시대 어

느 선비가 이 마을 앞을 지나다가 마을 앞 제방에 큰 대추나무가 여러 그루 있는 것을 보고 대촌이라 한 것이 이 마을의 이름이 되었다고 한다. 현재 대추나무는 없고 지례중고등학교가 서 있으며 대촌이라 부르지 않고 온팽이·온평이라 불리어지고 있다(김년필 54 외 5명).

2) 상부리(上部里)

조선 성종 2년에 문 략이란 선비가 이곳에 와서 마을을 개척하였다. 본디는 지례현 하현면에 속했는데 임진왜란 당시에 상부리, 하부리, 현장촌, 동장촌, 동산리라는 자연부락으로 구분되었다. 1914년 행정구역 개편에 따라 하부리, 상부리, 현장촌, 동산리를 합쳐 상부리라 하였고 김천군 지례면 소관으로 개편되었다. 1936년 병자년에 현장촌, 동장촌은 수해로 유실되어 들로 변하였고, 상부리, 하부리를 통합하여 상부로 불리었다.

1993년 1월 1일 분동으로 관리해 오던 남산이 상부 2리로 행정리로 독립하여 나갔다.

남북으로 이어지는 마을 앞 제방 옆의 국도 3호선과 구산 사이에 2백호 안팎의 가구가 살고 있으며, 거창과 부항으로 통하는 지례교를 남쪽 끝에서 부여잡고, 북쪽은 교 1리와 어깨를 맞대고, 동으로는 감천을 건너 거물과 울곡으로 들어가는 길목을 내고 있다.

한편 김천~지례, 부항, 대덕, 증산간의 시내버스가 정차하는 교통의 요충지로 발달되어 있다.

자연부락의 이름과 그 유래를 알아보면 다음과 같다.

상부 · 상부리

조선 성종 2년에 문 략이란 선비가 이 곳에 마을을 개척하였으며 지례현의 현청을 중심으로 하여 위쪽 마을이라고 상부리라 했다. 임진왜란 당시는 상부리·하부리·현장촌·동장촌·동산리라는 자연부락으로 구분해 있었으나

1914년 행정 구역 개편에 따라 하부리·상부리·현장촌·동산리를 합하여 상부리라 했다. 다시 1936년 병자 수해 때 현장촌·동산리는 떨어져 나가고 상부리·하부리를 통합하여 현재까지 상부라 불러오고 있다(송광수 52 외 5명).

남산 · 동산 · 동산리

옛날 지례현 청사의 동쪽 산기슭에 자리잡고 있는 마을이라 하여 동산이라 하였다. 또 조선 고종 때 지례군청이 오늘의 구성면 구미리에 있을 때 청사 남쪽 산밑에 있는 마을이라고 남산이라 한 것이 청사를 옮긴 후에도 계속 남산이라 불리어 오늘에 이르고 있다(문종태 70 외 5명).

3) 대율리(大栗里)

조선 숙종 원년에 조마면 신안 사람인 주봉래가 와서 마을을 개척하였고, 지례현 하현면에 속했다. 1914년 우산배미, 한배미, 웃한배미, 고롱개를 통합하여, 대율리라 하였고 김천군 지례면에 편입되었다. 광복 후 금릉군 지례면 대율리로 불리웠다.

면소재지에서 울곡으로 가는 동쪽 3킬로 지점에 4개의 자연부락이 산간지역에 흩어져 있고, 서쪽으로는 상부 2리와 만나고, 북으로는 구성면 금평리와 닿아 있으며, 남으로는 거물과 경계를 이루고, 동으로는 이전리, 조마면 신곡리와 등을 맞대고 있으며 성주로 넘어가는 길목이다.

자연부락의 이름과 그 유래를 알아보면 다음과 같다.

한배미 · 한밤이 · 대율 · 대율리

조선왕조 때 조마면 신안리 주봉래라는 사람이 이 마을을 개척하여 정착할 당시 이 골짜기 남쪽에 있는 야생 밤나무 숲에서 큰 밤이 많이 나왔기 때문에 큰 밤, 곧 한밤이·한배미·대율·대율리란 말을 이 마을 이름으로 부르게 되었다고 한다(주수완 54 외 3명).

고념 · 고통개 · 고렴

남평인 문귀봉이란 사람이 조선 영조 때에 해평에서 조마면 삼산동으로 이주해 살다가 다시 대율리 동쪽에 있는 이 곳으로 옮겨와서 현재의 모든 잡념을 버리고 조용히 옛 일을 생각하며 살 수 있는 곳이라고 말했다. 그 후 문씨 후손들이 고렴이란 말을 이 마을 이름으로 쓰게 되었다 한다(주수완 54 외 5명).

4) 거물리(巨勿里)

1630년 무렵 문필장이란 사람이 임씨, 김씨를 동반하여 함께 입향한 뒤 부자 마을이 되라고 금곡동이라 칭했다. 조선시대 고종 때 지례현 하현면에 속하였고, 거물리 반목리라고 하였다. 1914년 일제시대 행정구역 개편시 통합하여 거물리로 하였고, 행정 편의상 거물을 1구, 반목을 2구로 나누었다가 1971년 한 동으로 통합하였다.

반목은 고려 때 큰 학자였던 장지도(張志道) 선생이 살던 곳이다. 지례면 중심부의 산간오지에 거물, 반목 두 개의 자연부락으로 이루어져 있으며, 면소재지에서 동쪽으로 3.5킬로 깊숙이 들어앉아 있다. 교통이 불편하다. 북으로는 대율과 상부 2리에 닿아 있고, 남으로는 관덕리, 서쪽은 상부 1리, 동으로는 신평 1, 2리와 접하고 있다.

여기 거물이라 함은 자연부락 거무실에서도 드러나듯이 거북을 뜻하는 것으로 보인다. 구성의 거북이나 지례의 거북이가 모두 물신을 숭앙하던 감천의 감(甘)에서 말미암은 것으로 상정할 수 있다.

자연부락의 이름과 그 유래를 알아보면 다음과 같다.

거무실 · 검울 · 금곡 · 거물 · 거물리

1630년 경 문필장이라는 사람이 임씨 · 김씨를 동반하여 이 곳에 입주해 마을 이름을 부자마을이 되라고 금곡동이라 칭하였으나 수 년 후 한 도학자가 이 마을을 지나다가 산세를 보고 마을 입구까지 거미가 내려와 줄을 친 형상이라 하여 거무실이라 부르게 되었다고 한다. 또 다른 설에 의하면 이 마을이 너무 높은 지대에 자리잡고 있어 거물거물하게 보인다고 검울이라 부르게 되었다고 한다(이능화 62 외 4명).

바람실 · 반목 · 밤나무실

이 마을은 거물 2리에 해당하는 마을이다. 천상봉 밑에 용이 서려 있는 곳이라서 반목이라 칭하게 되었다고 한다. 밤나무실은 바람실의 잘못된 이름이며 바람실의 유래는 마을 앞에 큰 느티나무가 한 그루 있었는데 바람이 불면 그 느티나무잎이 유달리 나부끼므로 바람실이라 부르게 되었다고 한다(문병휘 89 외 4명).

5) 도곡리(道谷里)

조선조 현종 때 충청도 사람 이시인이라는 선비가 이육녀라는 여인과 결혼하여 들어와 마을을 개척하였다. 1906년 지례군 상현면에 속하였고, 1914년 일제의 행정구역 개편시 현재의 도곡 2리의 자연부락인 송천, 신평과 통합하여 지례면 도곡리라고 하였다.

1971년 도곡(도래실), 지전곡(주치밭골), 배나무골, 노주삼을 도곡 1리로 나누었다.

국도 3호선 상의 지례교에서 부항면으로 들어가는 길섶에 도래실, 지전곡(주치밭골), 문질 등의 자연부락으로 이루어져 있다. 부항천이 마을 앞 도로변을 따라 흐르고, 북쪽은 교 2리와 구성면 임평과 접하며 동쪽은 상부 1리, 교 1리와 만나고, 서쪽은 부항면 유촌리에 이어지며, 남쪽은 가는 밭들이 길게 누워 있으며, 도곡 2, 3리와 산으로 맞닿아 있다.

자연부락의 이름과 그 유래를 알아보면 다음과 같다.

도래실 · 도로실 · 도곡 · 도곡리

옛날부터 마을 입구에 수백 년 묵은 느티나무와 큰 돌다리가 있었으며, 그 옆에는 큰 바위가 있어 사람들이 길을 갈 때면 이 바위를 돌아서 간다고 하여 도래실 또는 길옆에 있는 마을이라고 도로실 · 도곡 · 도곡리라 하게 되었다 (문종호 66 외 5명).

주치밭골 · 주치골 · 주치곡 · 지전곡

조선조에 충청도에서 살던 이시인이라는 선비가 이육녀라는 여인과 결혼하여 현종 때에 도래실의 돌다리를 건너 이 곳으로 들어와 마을을 개척하였다. 북쪽엔 산이 높고 남쪽은 훤히 트여 서리가 늦게 오고 기후가 온화하다. 이 골짜기에 약초의 하나인 자초가 많이 나온다고 하여 마을 이름을 주치골 · 주치밭골 · 주치곡 · 지전곡이라 하게 되었다(문종호 66 외 5명).

문질 · 문길 · 문길리 · 문질리

도래실 서쪽에 있는 마을로 옛날 이 곳에는 주막이 한 집 있었는데 반은 부항면에 속하고 반은 지례면에 속했다. 저녁이면 이 곳에서 두 면 사람들이 모여 술을 마시고 놀다가 밤늦게 자기 집으로 돌아 갈려면 지례면과 부항면의 경계선에 있는 주막의 문을 열고 닫는다고 이 곳을 문질 · 문길 · 문길리 · 문질리라 하게 되었다고 한다(문종호 66 외 4명).

신평 · 웃새터 · 밀뱅이 · 밀밤이 · 생기

조선 중종 때 전시우라는 선비가 지례현 상부리에서 송천 남쪽에 있는 황무지를 개간하여 마을을 만들고 송천 위에 새로 만든 마을이라는 뜻에서 웃새터라 했다. 그 후 이 곳에 밀농사가 잘 되고 밤나무가 잘 자라 밀뱀이 · 밀밤이라고쳐 부르게 됐다. 조선 헌종 때는 전진이란 선비가 마을의 모양이 전보다 훨씬 새롭게 발전되었다고 신평이라 했는데 이것이 마을 이름이 되었다고 한다(백락우 61 외 4명).

송천 · 새터

도래실이 생긴 후에 새로 생긴 마을이라 하여 처음엔 새터라고 했으나 조선 선조 때에 어느 선비가 이 마을 뒤에 있는 문의산에 푸른 소나무가 무성하고 마을 앞에는 맑은 냇물이 흐른다고 하여 송청이라 부른 것이 현재의 이 마을 이름이 되었다(문옥곤 68 외 2명).

가좌 · 가잠

이 마을은 신평 서쪽에 있는 가지고개 밑에 있는데, 불교전성 시대에 합천 해인사와 금산 직지사로 왕래할 수 있는 직통 소로가 이 마을 옆으로 터져 있었으며 그 당시에는 마을 앞에 수백 년 묵은 고목이 있었다 한다. 어느 날 한 고승과 그 제자들이 해인사에서 일을 보고 직지사로 가는 길에 이 마을 고목 아래서 휴식을 한 후에 일어서면서 고개마루의 길을 가리키며 가자 저 고개로 라 한 것이 마을의 이름이 되어 가좌마을로 불리게 되었다고 한다. 또 이 곳은 다른 마을보다 양잠을 많이 한다(문종덕 84 외 7명).

6) 관덕리(觀德里)

조선시대 지례현 상현면에 속하였고, 1906년 지례현이 지례군으로 명칭이 바뀌면서 관덕 구수리로 되었다.

1914년 일제시대 행정구역 개편시 지례군이 지례면으로 불리었고 새터, 고석, 원당, 양산 등과 통합하여 관덕리라 하였다. 광복 후 금릉군 지례면 소속으로 현재에 이르고 있다.

면소재지에서 남으로 2킬로 지점에서 동으로 갈려 들어가 2킬로~4킬로 반경에 새터, 활남, 고석, 구수골, 원당, 양산 등의 6개 마을로 산재해 있으며, 새터, 활남은 3호 국도변에서 가까이 있으나, 나머지 부락은 깊은 골짜기에 숨어 있다.

동은 울곡, 신평 2리와 접하고, 북쪽은 거물, 도곡 2리와 닿아 있으며, 서쪽은 도곡 3리, 여배를 건너다보고, 남쪽 고석산 마루는 증산면과 경계를 이루고 있다.

자연부락의 이름과 그 유래를 알아보면 다음과 같다.

활람 · 활나미 · 궁남 · 관덕리

조선 중종 때 김의수라는 선비가 기묘사화를 피하여 궁을산 밑으로 내려와서 마을을 개척하였는데 마을 뒷산이 활모양을 닮았다고 지례면 남쪽에 자리 잡고 있다 하여 궁남으로 부르게 되었다고 한다. 또 관덕이라 함은 이백 년 전 지례현감 김락현이란 분이 마을 이름인 활남을 성인의 말 사이관덕(射而觀德)이란 뜻을 인용하여 관덕리로 개칭하였다 한다(김영원 70 외 4명).

관덕리는 우리말로 활남이라 했다. 이곳 활남에서 활을 쏘고 서쪽 산 너머에 있는 속시(束矢. 속수)에서 화살을 모았다고 한다.

구시골 · 구슬골 · 구수골

조선 고종 초 이추욱이란 선비가 이 마을을 개척하여 아홉 골짜기의 물이 합하여 흘러간다고 구수동이라고 하게 되었다. 또 다른 설에 의하면 마을 위쪽에 큰 바위가 있었는데 그 바위를 꺼내려는 찰나 갑자기 하늘에 구름이 모여들어 소나기가 내리고 번개와 뇌성이 쳐서 본래의 모습대로 다시 덮었다고 한다. 그 후 돌구유와 구슬이 있다 하여 구시골 또는 구슬골로 부르게 되었다고 한다(김태용 43 외 4명).

구수 혹은 구시라 함은 구덩이처럼 들어간 곳을 이른다.

7) 신평리(新坪里)

조선조 성주목 외증산면에 속한 상신평, 하신평이었다가 1895년 금산군에 편입되었다.

1906년 지례군 외증산면 소속으로 되었다가 1914년 일제시대 행정구역 개편시 삼곡을 합하여 지례면 신평리라 하였다. 광복 후 금릉군 지례면 소속으로 있다가 1971년 삼곡은 분리되어 나가고 신평, 등현을 합해 신평 1리가 되었다.

면소재지에서 동으로 7킬로 떨어진 산촌마을에 위치했으며, 마을 앞으로 지례~부항간 도로가 나있다. 마을 동쪽으로는 이전리와 조마면 신곡리와 접하고 남쪽은 울곡리로 이어지고 서쪽은 신평 2리와 어깨를 견주고 있으며, 북으로는 대율에 머리를 맞대고 있다. 산간 고지대에 속하여 기후가 불규칙하고 벼농사는 1모작이 주류를 이루고 있다.

자연부락의 이름과 그 유래를 알아보면 다음과 같다.

등터 · 등현

1850년 무렵 김진규라는 사람이 지례면 활남에서 동재의 남동쪽에 마을을 이룩하였다. 그 후 지례면 일부(이전 · 율곡 · 신평), 성주부 금수면 일부(중리 · 은직골 · 고방골)를 외증산면이라 칭하였을 때 성주에서 올라오고 지례면 · 조마면에서도 올라온다 하여 이 마을을 등터 · 등현이라 칭하게 되었다 한다(전백원 63 외 4명).

원신평 · 새터 · 신기

조선 광해군 3년에 화순 최씨 유능이란 사람이 조마면 신안에서 이 곳으로 이주하여 잡목이 우거진 계곡을 개척하여 새터들이라 부른 것이 마을 이름이 되었다. 그 후 1906년 행정 구역개편 시 새터란 속명을 신평이라 고쳐 부르게 되었다 한다(이수돈 53 외 4명).

삼실 · 삼곡

지금부터 약 350년 전 전경만이란 선비가 지례에서 이 곳에 들어와 개척하였으며, 마전곡 · 성주곡 · 후곡의 세 골짜기를 합하여 마을을 이루었다고 삼실 · 삼곡이라 칭하게 되었다 한다(전백원 63 외 4명).

8) 이전리(泥田里)

옛날 진주 최씨와 밀양 박씨 성을 가진 두 선비가 마을을 개척하였고, 임진 왜란 때 사람들이 은신하여 살았다. 조선시대 성주목 외증산면의 소속이었다 가, 1914년 일제의 행정구역 개편시 불당골, 성암을 통합하여 지례면 이전리라 하였다.

면소재지에서 동으로 10킬로 떨어진 산간지대에 위치해 있고, 김천-조마-성 주 간 지방도로가 마을 입구쪽에 시원하게 누워 있으며, 산간오지 속의 평야처 럼 마을 앞에 들판이 형성되어 있다.

마을 동남쪽으로 길게 돌출되어 성주군 금수면과 접하고, 서쪽은 대율과 신 평 1리와 만나고, 북은 조마면에 머리를 맞대고 있다.

자연부락의 이름과 그 유래를 알아보면 다음과 같다.

진바실 · 진밭실 · 이전

옛날에 진주 최씨와 밀양 박씨성을 가진 두 선비가 이 마을을 개척하였다. 임진왜란 때 많은 사람들이 난을 피하기 위해 은신하여 있다가 이 마을에 살 기도 했다. 이 마을의 토질이 진흙이고 물기가 많아서 진밭실 · 진바실 · 이전 이라고 부르게 되었다(이원기 73 외 5명).

해평

옛날에 사람들이 이 마을을 지날 때마다 이 곳의 지세가 넓은 바다 위에 배 가 떠 있는 것 같아 보여서 이 마을 이름을 해평이라고 부르게 되었다.

9) 울곡리(蔚谷里)

조선시대 성주목 외증산면에 속해 울곡리, 내고리, 외고리라 하였고, 1895년 에 금산군에 편입되었다. 1906년 지례군 외증산면 소속이었다가 1914년 일제

시대 행정구역 개편시 김천군 지례면 울곡리라 하였다.

광복 후 금릉군 지례면 소속이 되었다. 지례면 동남쪽으로 길게 돌출되어 있는 산간오지 마을로 면소재지에서 9킬로 떨어져 있다. 울실, 내고, 외고 3개의 자연부락으로 이루어져 있으며, 동남으로 성주군 금수면과 맞대어 있고, 서쪽은 관덕리와 만나고, 북은 이전리와 인접하면서 조마면, 김천시로 빠지는 지방도로가 열려 있다.

자연부락의 이름과 그 유래를 알아보면 다음과 같다.

울실 · 웃실 · 울곡

옛날 이 선우라는 사람이 임진왜란 때 공을 세우고 이 곳을 개척하여 마을이 형성되었다. 개척 당시 마을 뒷산 계곡에서 내려다보니 지리적 형세가 마을을 감싸 안은 울타리 형상이고 피란처로 최적지이어서 마을 이름을 웃실 · 울곡이라고 칭하게 되었다(이병기 73 외 5명).

안기터 · 내고 · 내현

옛날 김 수남이란 선비가 묵은 터의 안쪽 계곡에 마을을 개척하였는데 기터의 안쪽에 위치해 있다 하여 안기터 · 내고 · 내현이라고 부른다(정대복 85 외 5명).

바깥기터 · 외고 · 외현

옛날 정기장 · 김연태라는 두 선비가 이 마을을 개척하였는데 기터의 바깥쪽에 위치해 있다고 바깥기터 · 외고 · 외현이라고 부른다(김선권 85 외 5명).

10) 여배리(汝培里)

조선 선조 때 이영년이라는 선비가 임진왜란을 피해 이 마을에 와서 정착하게 되었다.

원래 지례군 상현면에 속하였으며, 1914년에 속질과 도틀(도평)을 통합하여 지례면 여배리라 하였다. 1971년 속수(속질)와 도평(도틀)이 여배 2리로 떨어져 나가고 여배 1리로 남게 되었다.

면소재지에서 남쪽으로 국도 따라 4.5킬로 떨어져 있으며, 웃마을, 아랫마을로 2개 부락으로 이루어져 있다. 마을 앞은 감천이 흐르고, 하천 양옆으로 들이 형성되어 있다.

동쪽은 여배 2리(속수), 서쪽은 부항면과 경계를 이루고, 남쪽은 대덕면 가례리, 북쪽은 독고 3리(가좌) 마을과 접한다.

자연부락의 이름과 그 유래를 알아보면 다음과 같다.

너배 · 널보 · 광촌 · 여배 · 여배리

조선 선조 때 이영년이라는 선비가 임진왜란을 피하여 이 마을에 와서 정착하게 되었으며 마을 앞에 넓은 보가 있다고 널보 또는 광촌이라 불러오다가, 어느 선비가 너배를 여배로 부른 것이 마을의 이름이 되었다(임옥출 71 외 4명).

속수 · 속시

조선조 시절 평택인 박재출이라는 선비가 이 마을을 개척하였으며 그 당시 관덕리 궁남에서는 활을 쏘았고, 이 마을에서는 활을 묶었다 하여 속시라 부르게 되었다 한다. 그 후 속시가 잘못 와전되어 속수로 부르게 되었다 한다(김경수 69 외 4명).

도틀 · 도톨 · 도평

조선 순종 말 한 길손이 이 마을을 보고 풍수지리상 돼지 형국이라 하여 도틀 · 도톨이라 한 것이 이 마을의 이름이 되었다고 한다. 다른 설에 의하면 그 당시 최 아무개가 농작물을 해치는 산돼지가 많아 덫을 놓아 많은 산돼지를 잡았다고 도틀이라 부르게 되었다고도 한다. 또 도평이라고 부르게 된 연유는 광복되기 전 이현기라는 사람이 마을이 너무 메마르고 과일나무도 없는 것을 보고 앞으로 후손들이 복숭아꽃처럼 밝고 복숭아 과일처럼 싱싱하게 자라서 큰 인물이 되라는 뜻에서 도평이라는 이름을 지어 부르게 했다고 한다(김일권 58 외 4명).

이 마을의 방언으로는 돼지를 돝이라 하였음을 알 수가 있다.

3. 이 고장의 문화재

지례향교(知禮鄕校)

위치 : 김천시 지례면 교리 739번지

창건연대 : 알 수 없음

문헌이 없어 정확한 연대는 알 수 없으나 향교는 고려 인종 때에 처음 설립되고, 조선초에 전국 군, 현에 설립되었다고 했으나 지례 향교는 어느 때에 창설되었는지 알 수 없다. 명륜당 창설기에는 세종 8년에 지례 현감 동래인 정옹이 창건하고 성종 16년에 현감 김수문이 명륜당을 중건하고, 숙종 16년(1690)에 현감 류준광이 교궁을 중수하고, 영조 50년에 사반루를 건립한 것으로 되어 있다.

지례 향교는 1913년 김산 향교에 통합되었다가 유림의 여러 차례 진정으로 1920년에 복원되고 6.25 동란 때에는 임진왜란 때의 전철을 염려하여 전교 문맹곤, 문명현, 문종덕 등이 공자 영정과 27

위 성현 위패를 지례면 도곡리 문씨 재실에 봉안하고 삭망분향 하다가 1951년 8월에 천안했다.

1961년 대성전을 개수하고 1988년 군수 김덕배가 명륜당 서재를 보수하고 1990년에 동재를 신축 복원하였다.

지례 향교에는 흑판음화의 공자 영정이 봉안되고 있었는데 이 영정은 부항 출신 병마사 이회가 연경에 사신을 수행하다가 돌아오면서 가지고 와서 자기 집에 봉안했다가 1662년에 이석유, 김덕호 등 향유가 향교로 옮겨 봉안했는데 1978년에 도난 당하고 지금의 영정은 그 뒤에 제작한 것이다.

지례 향교는 임진왜란에 소실되었으나 오성위패는 화를 면했다. 대성전이 화염에 휩싸였을 때 위험을 무릅쓰고 화염 속에 뛰어들어 위패를 업어내어 뒷골짝 정결한 곳에 묻어 두었다가 왜병이 물러간 뒤에 대덕면 등고 송씨 정사로 옮겨 8년간 정결하게 제를 지냈다.

4. 이 고장의 전설

가. 장지도(張志道)와 그의 제자

교 1리에서 있었던 일로 고려 충혜왕 때 장지도란 이름난 학자가 있었다. 그에겐 아들이 없었는데 제자 중에 윤은보(尹殷保)와 서질이라는 사람은 스승을 친부모처럼 극진히 모셨다. 스승이 죽자 윤은보는 스승의 무덤 앞에서 3년간 시묘를 했는데 어느 날 꿈자리가 이상해 집으로 돌아오니 아버지가 돌아가셨다. 장례를 마치고 제사를 올리는데 갑자기 회오리바람이 불어와 제상 앞에 놓인 향로가 날아가 버렸다. 몇 달 후 까마귀가 그 향로를 물고 와서 묘 앞에 두고 갔다. 윤은보는 아버지 때문에 스승에 대한 제자의 도리를 다하지 못해 신령이 내린 계시라 생각하고 삭망(朔望)때 그 향로를 스승의 묘에 가져가서 썼다고 한다.

나. 가마꾼이 똥을 싸던 재

교 1리에서 성주로 넘어가는 고개는 원래 동산재(東山峠) 또는 동치(東峠)인데, 옛날 지례현이 경산부에 속해 있을 때 성주목사의 부름을 받고 성주로 가는 현감이 가마를 타고 가는데 가마꾼이 높은 재를 넘을 때는 힘이 들어 똥 쌀 지경이라 하여 똥재라고 한다.

다. 부항과 지례의 갈림목, 문질(門質)

도곡 1리에 있는 문길이란 마을은 한자로는 文吉, 門質로 쓴다. 이곳에 옛날 주막이 한 집 있었는데, 하서면(부항면)과 상현면(지례면)의 경계선 마을이라 문을 열고 서쪽으로 가면 하서면이고 동쪽으로 가면 상현면이라 하여 문질(문길)이라 한다고 전한다.

라. 화살을 줍던 속시(束矢) 마을

여배 2리 속수마을은 활남에서 쏜 화살이 산을 넘어 이곳에 떨어지면 한데 모아 묶어서 활남으로 가져간다고 한다. 이래서 속시인데 변해서 속수(速水)가 되었다 한다.

마. 구수(九水)골

관덕리 구수곡은 구시골. 구습골이라고도 하는데 이곳에 아홉 골짜기의 물이 모이는 곳이라고 한다. 또 옛날 마을 위쪽에 큰 바위가 있어 이를 일으키니 구슬이 담긴 구유(구시)가 있어 꺼내려는 찰나 번개가 쳐서 그냥 덮어두었다고 하여 구시골, 구슬곱이라 한다.

부항면(釜項面)

1. 마을의 내력

부항면은 지례현의 서쪽에 있으므로 서면이라 했는데 1895년(고종 32년) 지방관제 개편으로 상서면, 하서면으로 분할했다. 상서면은 단산, 사등, 월곡, 구룡, 학동, 어전, 부항, 지시, 서장, 상대, 하대, 해인, 대지 등 13개 동이며, 하서면은 죽전, 파천, 임곡, 안간, 대평, 두산, 말미, 교현, 내희, 외희, 죽동, 용촌, 유촌, 동산, 가물, 상지, 하지, 옥소, 신소, 신촌 등 21개 동리를 관할했다. 1914년에는 군면의 통합에 따라 상서, 하서 두 면을 합하여 부항면이라 하고 관내 34동을 사등, 월곡, 어전, 하대, 해인, 대지, 파천, 안간, 두산, 희곡, 유촌, 지좌, 신옥의 13동으로 개편했다.

부항면 사무소는 유촌리에 있었는데 1959년 말에 사등리 516번지로 이전하자 전 하서면 측의 격렬한 반대에 부딪혀 1960년 7월 12일에 유촌리 545번지에 출장소를 설치하고, 1963년에는 13개 법정 리동을 19개 행정 동리로 분할했다.

김천시 남쪽 서편에 위치한 부항면은 시청에서 32킬로 떨어지고 면의 서쪽은 삼도봉을 중심으로 북은 황악산, 남으로는 대덕산이 이어지는 준령으로 대체로 지대가 높고 동쪽으로는 평평한 지대이다. 서쪽으로는 어전, 해인, 대지, 안간의 여러 골짜기 물이 동으로 흘러 동쪽 끝에서 합류하면서 논이며 작은 들을 이루는바 기름지다. 동쪽에서 진입하는 도로는 중앙지점에서 세 갈래로 면내에만 이어지고 있다. 부항천의 수위는 변함이 적고 차가워서 모내기가 다른 지역에 비해 일찍 이루어진다.

김천의 남서부에 위치하며, 동으로는 지례면, 남으로는 대덕면, 북으로는 구성면과 접하고, 서로는 삼도봉을 지점으로 삼도가 접하는데 북은 충청북도 영동군, 남은 전라북도 무주군, 동은 경상북도 김천시이다.

2. 마을의 이름과 유래

1) 신옥리(新玉里)

본래 지례현에 속한 옥소, 신소인데 1895년에 하서면 관하가 되고 1914년에 이를 통합하여 신소의 신자와 옥소의 옥자를 따서 신옥리라 하고 부항면에 편입되었다.

부항면 동쪽끝 면의 입구에 있고 면소재지에서 동으로 9킬로 떨어진 들에 있는 두 마을-옥소, 밤시 마을이다. 밤시는 부항천을 앞에 두고 옥소는 부항천에서 남으로 넓은 들을 지나 골짜기에 있다. 서쪽은 지좌리 북쪽은 유촌리와 접하고 동쪽은 지례면 도곡리로 이어진다.

자연부락의 이름과 그 유래를 알아보면 다음과 같다.

밤나무골 · 밤소 · 밤시 · 신소

마을 뒷산의 지형이 밤에 보면 옥녀가 머리를 빗는 형이라 하여 밤소라 하였는데, 이 마을은 옥소동 구릉 건너편에 새로 생긴 옥소동이라 하여 신소동이라고도 하게 되었으며, 또 예로부터 밤나무 숲이 무성하여 밤나무 골이라고도 불러 왔다(박래경 46 외 6명).

옥소 · 옥소동 · 범박골

뒷산에 있는 옥소처럼 생긴 산봉우리의 모양에 의해서 옥소 · 옥소동이라 했다 한다. 또 마을 뒷산 입구에 범처럼 생긴 바위가 있다고 하여 범박골이라고도 한다(문태곤 56 외 6명).

2) 유촌리(柳村里)

원래 지례현 서면에 속한 용촌, 동산, 가물동이었는데 1895년에 하서면에 속했고, 1914년 3개 동과 유촌, 죽동을 통합하여 유촌리라 칭하였고 부항면에 편입되었다. 1963년에 용촌, 동산, 가물을 유촌 1리로 분동했다.

동산은 부항면이 된 이래 면소재지였는데 1959년 사등 2리로 이전하고 하서면 주민의 격렬한 반대로 인하여 유촌출장소가 1962년 5월 5일에 설치되었다.

면소재지에서 동으로 부항 간선도로를 따라 7.4킬로 떨어진 곳으로 용촌, 동산, 가물 마을로 이루어진다. 면내에서는 가장 넓은 오초평이고 들 가운데 부항천이 동류한다.

동남쪽으로는 신옥리, 서쪽으로는 지좌리, 남쪽으로는 유촌 2리, 북쪽으로는 주산인 비용산(495미터)이 마을을 접하고 있다.

자연부락의 이름과 그 유래를 알아보면 다음과 같다.

용촌

동산 남쪽에 있는 마을로 이 동네 뒤에 비룡봉이라는 산이 있는데, 이 산 아래 있는 마을이라 하여 용촌이라 하였다 한다(이창남 56 외 4명).

유촌리 서북쪽에 있는 비룡봉은 용이 승천했다는 성스런 산으로 이 산을 중심으로 명당이 많다 하여 묘를 유달리 많이 썼다.

가물리

달 그림자 어린 아름다운 자연이 너무도 곱구나(月影俳個佳物流暢)란 시구에서 가물리란 이름이 생겼다 한다. 아마 마을 앞에 흐르는 가(佳)란 냇물이 유명하며 괴석이 있고 맑은 물이 흘러 야경이 아름다워 이런 시가 나온 듯하며, 가물(佳物)이 가물(佳勿)로 바뀌어 부락명이 된 듯 하다고 한다(이예영 66 외 4명).

여기 가물은 거물과 같은 형태로 보이며 모두가 거무- 가무- 거북 신앙에서 비롯한 것이다.

버드내 · 유천

옛날 이 마을 냇가에 버드나무가 많이 자생하여 어느 선비가 천유정을 지었다 하며, 버드나무가 많은 냇가란 뜻에서 버드내, 유천이라 하였다(이봉기 65 외 4명).

삭골 · 삭곡

재산이 많은 외로운 노파가 있어 임종시 자기 소유의 전 재산을 동리에 희사하고 매삭에 봉제해 달라는 유언에 따라 삭일에 제사한 곳이라 해서 삭골 · 삭곡이라 하였다 한다(최도웅 51 외 4명).

새터 · 신기 · 앵서

새터는 새로 생긴 마을이란 뜻에서 연유된 동명이며, 또 앵서란 마을 이름이 있는데, 이는 이 곳에 꾀꼬리가 많이 살았다는 데서 연유된 동명이다(이홍기 59 외 5명).

3) 지좌리(智佐里)

본디는 지례현 서면에 속한 지자골-상지리, 하지리였는데, 1895년 나누어 하서면에 속했다가 1914년에 다시 합하여 지좌리로 되어 부항면에 편입되었다.

조선 초기 이성계가 왕위에 오르자 벼슬을 버리고 이곳에 낙향한 이존인의 후예가 부항면 학문의 대들보 구실을 했다. 그 후 12문중(門中)이 계를 조직하여 정자를 지었으며, 그 정자 이름이 한송정인데 그곳에서 학문을 논하였다. 그 후 한송정은 병자년 수해로 유실되고, 그 일부가 아직도 남아 있으며, 정자로 이하여 마을 이름을 한송정(寒松亭)이라 하였으며, 효자 이영보로 인해 효아촌으로도 불리었다.

면소재지에서 동으로 5.5킬로 떨어진 도로에서 남으로 넓은 평야를 지나서 있는 큰 마을이며 농경지 들 가운데 부항천이 흐르고 토지가 비옥하다. 마을 동쪽으로는 신옥리, 서로는 사등리, 북으로는 유촌리, 남으로는 큰 산이 막아서서 대덕면 조룡리와의 경계를 이룬다.

자연부락의 이름과 그 유래를 알아보면 다음과 같다.

한송정 · 지좌 · 지좌리

고려 공민왕 때 전서공 존인은 고려말의 72현 중의 한 사람으로서 관직을 버리고 삼도봉의 명승지인 구남천에 살면서 여생을 보내고, 그 아들 덕경은 한송정이라는 정자를 지어 이 마을에 살았는데, 이것이 유래가 되어 이 마을을 한송정이라 했다 한다.

한송정은 현재 지좌리의 옛 이름이다. 구차정은 지좌리에 있는 정자인데, 이 정자는 광해군때 경암 선생이 한송정 앞에 세웠으나, 병자년 홍수로 매몰되고 그 후 다시 정자를 지어 매년 3월이면 16현에 대한 추모제를 올리고 있다 (정원영 52 외 6명).

4) 사등리(沙等里)

본디는 지례현 서면에 속한 단산리였다. 1895년에 상서, 하서면이 합해서 상서면에 속했다가 1914년에 행정구역 개편으로 인해 사등리로 되었다. 1963년 단산 웃갯절, 아랫갯절마을을 사등 1리로 나누었다.

면 소재지에서 동으로 3킬로 떨어진 산간오지에 있는 웃단산, 아랫단산 두 마을 사이는 2킬로 사방이 산으로 둘러싸인다. 남쪽은 대덕면 조룡리와의 경계를 이루고 북쪽으로는 사등 2리인 면소재지, 동으로는 지좌리, 서로는 산악지대를 넘으면 어전 1리에 이웃해있다.

이 마을 태생으로 청백리로서 이름이 높은 이존실(李存實) 선생에 대한 이야기를 살펴보도록 한다.

본관은 벽진, 고려 말엽에 군기소감을 지냈다. 존실의 맏형인 존인은 고려 말에 문과에 급제하고 공서전서로 있다가 조선조가 들어서매 관직을 버리고 고향인 부항면 사등리로 돌아왔다.

원래는 성주인데 4대 조함이 이곳으로 옮겨 살았다. 맏형 존인을 따라 존의, 존례, 존실이 부항에서 살다가 존실은 양천동 하로 상곡리로 옮겼는데, 아들 덕손이 무과에 급제하고 거제현령을 지냈고 덕손의 아들이 유명한 청백리 이약동이다.

존실은 손자 양동의 공덕으로 병조참판이 증직되었다.

자연부락의 이름과 그 유래를 알아보면 다음과 같다.

웃갯절 · 상개사

옛날 개사란 절이 있어서 그 절 주위에 있는 마을을 갯절이라 하였는데, 그 갯절 마을보다 위쪽에 있는 마을이라 하여 웃갯절, 상개사라 하였다(이무진 53 외 4명).

사드래 · 사등 · 사월 · 사천 · 사호

이 마을 앞에 시내가 흐르고 있어 냇가의 모래에서 사(沙)자를 따고 이 마을 뒷산이 반월산이어서 월(月)자를 따서 마을 이름을 사드래·사월이라 했다 하며, 사등이란 명칭은 일제 시대 고쳐진 이름인데 지금도 행정 동명으로 쓰인다.

[배정소] 옛날 배씨와 정씨들이 이 주변에서 술을 마시며 놀았다는 곳으로

하천 양편에 암석이 솟아 있으며 그 사이에 폭포가 흐르고 있고 반석위에는 수십 명이 둘러앉아 놀 수 있는 곳으로 지금도 사람들이 찾는 명소이다.

[월파제] 사등에 있는 정안 이씨의 서당으로 이 곳 주민들이 한학을 수학하다가 일제의 탄압으로 중단되고 일어를 가르치는 학교의 교사로 사용되다가 광복 후 정안 이씨의 재실 겸 사월 경로당으로 사용하고 있다(이윤기 56 외 4명).

장자동 · 장자골

옛날에 백만장자가 이 곳에 살았다고 하여 장자동이라 하였고, 특산물로서는 호두와 감인데 특히 이 곳의 감은 씨가 적은 것이 특징이다(이수찬 54 외 4명).

한적동

이 마을은 사람들의 왕래가 적어 고요했었는데, 어느 때 한 선녀가 이 마을 뒷산에 있는 영천(靈泉)에 내려와 목욕을 하고 간 뒤에 동리 사람들은 마을이 정말 한적하다 하여 한적동이라 하였다 한다(이현준 68 외 2명).

5) 월곡리(月谷里)

조선초기에 월이곡부곡(月伊谷部曲)이었는데 말기는 지례현 서면 소관인 월곡, 구룡, 학동으로 1895년에 분면된 상서면에 소속되고, 1914년에 3개의 마을을 통합하여 월곡리라 하고 부항면에 편입되었다. 월곡 서북쪽에 있던 구룡동은 1963년 병자 수해로 유실되고 없어졌다. 현재는 농경지 하천이다.

면소재지에서 서쪽으로 2킬로 떨어진 좁은 들에 있는 월곡-달이실, 학동, 몽구동이다. 학동은 남쪽으로 어전 2리로 가는 길옆이며, 몽구동은 서쪽 깊은 골짜기에 있다. 동으로 사등리, 남으로는 넓은 골짜기로 어전 1, 2리로 이어지고, 서쪽은 하대리, 북쪽은 산이 막아 두산리와 경계를 이루고 있다.

자연부락의 이름과 그 유래를 알아보면 다음과 같다.

월곡 · 달애실 · 다리실 · 월곡리

본래 지례군 상서면의 지역으로서 마을 모습이 금두꺼비가 달을 바라보는 것 같다 하여 월곡 · 달애실 · 다리실이라 불리게 되었다 한다(박희택 45 외 5 명).

이 마을에는 월곡에 살았던 성태령(成泰領)이란 사람의 집에 백범 김구가 일본경찰을 죽이고 3개월 간 숨어 있었다 한다.

월(月)- 혹은 달-계의 지명은 대부분 높은 곳 혹은 새롭게 개척한 곳을 이르는 경우가 많이 있다.

학동 · 샛골

1000여 년 전 풍수설에 능한 어느 지관이 이 마을을 보고 학의 혈이라 하였다고 한다. 그래서 이 마을을 학동, 속명으로는 샛골이라 불리어 지고 있다(윤복술 43 외 5명).

몽구동(夢龜洞)

월곡리 서쪽에 있는 마을로 옛날에 어떤 사람이 꿈속에 큰 거북이를 보고 잠에서 깨어 거북이가 나타난 이 마을에 찾아와 보니 꿈속에서 본 그 곳에 거북이가 실제로 있었다 하여 이 마을을 몽구동이라 부르게 되었다 한다(김명한 44 외 5명).

6) 어전리(魚田里)

450년 전 허인이라는 선비가 이곳에 옮겨와 개척했다고 하며, 본디는 지례현 서면에 속한 어전리였다. 1895년에 나누어져 상서면에 속하였고, 1914년에 부항리에 통합되어 어전리라 칭하고 부항면에 편입되었다. 1963년에 어전리를 어전 1리로 나누었다.

부항면의 서남단에 위치, 면소재지에서 4.1킬로 떨어진 산간오지에 있는 단일 마을이다. 서쪽은 삼도봉과 전라북도 대덕산의 중간에 부항령-가목재가 전라북도와 경계를 이루고 남쪽은 준령을 넘어 대덕면에 접하고 동북쪽은 월곡리로 이어진다.

자연부락의 이름과 그 유래를 알아보면 다음과 같다.

어전 · 어전리 · 어전골

임진란 때 허인이라는 선비가 이 곳에 피란 와서 보니 들판의 형상이 마치 물고기처럼 생겼다 하여 어전이라 부르게 되었다 한다. 또 다른 유래는 이 마을 이름이 없었을 때 어떤 도인이 이 곳에 와서 보니 동네 서쪽의 작은 폭포수 아래에서 물고기들이 자유롭게 놀고 있어 어전이란 마을 이름을 지어 주었다 한다.

[어전재 · 어전령] 어전리 서쪽에 있는 고개로 경상북도와 전라북도의 경계를 이루고 있는데 삼국 시대에 신라군과 백제군이 싸웠던 재라 한다(허영곤 53 외 5명).

가목 · 가매실 · 부항

마을이 위치한 곳의 형상이 가마솥과 같이 생겼다 하여 가매실이라 하다가 지금은 한자로 부항이라 한다. 우리말로는 가목이라 하는데, 이는 가매목에서 중간의 매자를 버리고 가목이라 하였기 때문이다(최백윤 47 외 4명).

가목재에서 감내의 큰 줄기샘이 발원한다. 전라도와 경상도를 잇는 도로공사가 거의 마무리 부분에 와 있었고 고개 마루에 올라 보니 과연 마을들이 우묵한 가마솥처럼 보였다. 기원적으로는 가마-가미-거무(거미)-거북의 의미상 통함으로써 농경사회에서의 숭배대상인 거북신앙 곧 물 신앙을 드러내는 상징성을 바탕으로 하고 있다.

7) 하대리(下垈里)

조선시대는 지례현 서면에 속한 지시리, 서장리였다. 1895년에 나누어져 하서면에 예속되었다가 1914년에 이들과 주평, 음지촌, 양지촌을 통합하여 하대리라 하고 부항면에 편입되었다.

면 소재지-사등리에서 서쪽으로 5킬로 떨어진 양지에 자리한 하두대, 주평, 지시, 양지촌, 음지촌 마을로 이루어진다. 서북으로는 파천리와 접하고 서쪽으로는 삼도봉의 지맥이 길게 자리하였다.

자연부락의 이름과 그 유래를 알아보면 다음과 같다.

뱃들·주평

이 마을 양편으로 두 개의 개울물이 흐르고 그 개울물 사이에 마을이 자리잡고 있어 그 모습이 마치 물 위에 떠 있는 배와 같다고 하여 뱃들·주평이라 하였다 한다.(김봉학 64 외 5명).

진시·진실

300여 년 전에 살기 좋은 터라는 말에 따라 화순 최씨가 이 곳에 이주하여 살았는데, 살다보니 그 말이 옳다 하여 진시라 하였다 한다. 그것이 마을 이름이 되었다. 또 다른 유래는 부락 뒤에 있는 진등날이라는 고개 밑에 있다 하여 진등날의 진자와 마을이란 뜻의 실자를 따서 진실이 되었다가 지시로 변하였다는 설도 있다.

[박다래산·당산·단산] 지시 남쪽에 있는 산으로 박달나무가 많았다 하여 생긴 이름이라 하며, 또 예로부터 정월 대보름에 마을 사람들 중 깨끗한 사람을 뽑아 산신에게 마을의 평안을 빌던 산이라 하여 당산이라고 하였다 한다 (정수만 51 외 5명).

우리말에서 길다(長)를 질다로 소리를 내는 일이 종종 있는데 여기 진시 혹은 진실도 길게 생긴 골짜기를 뜻하는 것으로 보인다.

아랫두대 · 하두대 · 하대

이 마을의 지형이 말의 형상이라 하여 두대(斗臺)라 하였는데, 해인리의 두대와 구별하기 위하여 아랫두대라 하였다 하며 하대는 하두대의 양끝자를 취하여 쓴 이름이라 한다(정차용 53 외 5명).

조산동 · 조산마 · 장촌

옛날 장인들이 이룬 마을이라 하여 장인으로 불러 왔으나 이성출이라는 사람이 마을 이름이 좋지 않다 하여 조산동으로 고쳐 부르게 하였다 한다(이춘길 52 외 5명).

음달마 · 음지말 · 음지마 · 음지촌

1700년경 오치성이라는 사람이 이 곳에 이주하여 살게 되었는데 이 마을이 응달진 곳에 자리잡고 있다 하여 응달마 · 음지마 · 음지말 · 음지촌이라 하였다 한다(김동주 46 외 4명).

8) 해인리(海印里)

본디 지례현 서면에 속한 해인리, 상두대였는데, 1895년에 분면된 상서면에 귀속되고, 1914년에 두 마을을 통합하여 해인리라 칭하고 부항면에 편입되었다.
면소재지에서 5.5킬로 지점인 서쪽 끝 산간오지에 위치한 상두대, 해인동 마을로 삼도봉 아래에 있다. 삼도봉은 경북, 충북, 전북의 경계점으로 두 마을 간 거리는 약 2킬로, 북쪽은 대야리, 동쪽은 파천리로 이어진다.
자연부락의 이름과 그 유래를 알아보면 다음과 같다.

웃두대 · 상두대

280여 년전에 광산 김씨가 경기도 양주에서 이 곳에 이주하고 보니 동네의 형상이 말과 같이 생겼다 하여 두대라 하였는데, 이 곳 주민들이 아랫두대와 이 마을을 구별하여 웃두대라 하였다 한다(김용진 48 외 4명).

해인동 · 해인리

신라 시대에 삼도봉 아래 해인사라는 절이 있었는데 이 절의 이름을 따서 해인리라 하였다 한다(김만중 46 외 4명).

9) 대야리(大也里)

본디 지례현 서면에 속한 임곡이었는데, 1895년에 상하로 나누면서 하서면에 귀속되었고, 1914년에 하서면의 임곡 일부 신기와 상서면의 대지를 통합하여 대야리라 하고 부항면에 편입되었다. 1963년에 임곡을 대야 1리로 분동했으며 홍심동은 없어졌다.

면소재지에서 6킬로 떨어진 부항면 서남쪽 산간지대에 있는 갈평으로 비교적 넓은 지역이며, 남쪽으로는 하대리, 서쪽으로는 해인리, 동쪽으로는 파천리, 북쪽으로는 대야 2리로 이어진다.

자연부락의 이름과 그 유래를 알아보면 다음과 같다.

갈불 · 갈평

이 마을이 형성되기 전에 이 곳엔 칡덩굴이 많았다 하여 갈평이라 하였으며 조선 말엽에 김녕 김씨와 화순 최씨 등이 동리를 개척하였다 하며 대야리의 중심 마을이다(김기중 50 외 5명).

대야동 · 대야리

원래의 지명은 천지동이었는데, 신라 경순왕은 서민들이 사는 동리가 천지동이라 함은 부당하다 하여 지명을 고치게 하여 천(天)자에 일(一)자를 떼어 '대(大)', 지(地)자에 토(土)자를 떼어 '야(也)'로 하여 대야로 개칭하였다 한다. 또 다른 유래에 의하면, 이 마을 주위는 큰 산이 둘러 있어서 지형이 대야처럼 생겼다 하여서 대야동 · 대야리라고 부르게 되었다 한다(김이춘 44 외 5명).

10) 파천리(巴川里)

본래는 지례현 서면에 속한 춘천리였다. 1895년에 상서, 하서로 나누어져 하서면에 귀속되고, 1914년에 죽정전, 임곡과 통합하여 파천리라 하고 부항면에 편입되었다. 1963년에 춘천을 파천 1리로 나누었다.

파천 1리는 부항면 중심 지대에 있고, 면 소재지에서 서북쪽 6.5킬로 떨어진 야산지에 있다. 마을 앞 부항천은 물이 맑고 괴암이 많아 경관이 좋다. 동은 두산리, 남은 하대리, 서는 대야리, 북쪽은 높은 산이 막아서서 안간리와의 경계를 이루고 산아래 큰 연못이 있다. 현재 가마골은 온천지대로 개발 중에 있다. 온천 개발은 1989년 3월에 착공, 1994년 6월까지 현재 8개소에 대하여 그 가능성을 탐색하고 있다.

파(巴)-계열의 지명은 주로 뱀과 관련한 이름들이다. 이르자면 파(巴)-는 파충류의 뜻으로서 뱀 사(巳)에서 비롯한 것이기 때문이다.

자연부락의 이름과 그 유래를 알아보면 다음과 같다.

봄내 · 춘천 · 파천리

세심대에서 흐르는 맑은 물과 그 옆에 우거진 숲이 아름다워서 봄철에 놀기가 아주 좋았다 하여 춘천이라 하였다. 또한 마을이 남향으로 봄철의 냇물과 같이 맑고 온난하다하여 춘천이라고도 전해지고 있다.

[세심대] 봄내 마을 위쪽에 있는 것으로 옛날 한 선비가 넓고 깨끗한 반석 위로 흐르는 맑은 물은 세속에 물든 만인의 마음을 씻어줄 만하다하여 이 계곡 절벽에 횡서로 세심대를 새겨 놓고 떠났다고 한다(김성안 33 외 5명).

숲실 · 임곡

이 마을은 사방에 숲이 울창하여 숲실 · 임곡이라 불리게 되었다 한다. 현재

12가구가 거주하고 있으며, 산나물·담배·토종꿀이 생산되고 있다(박종진 50 외 5명).

대밭마·죽전

부룡동 남동쪽에 있는 마을로 이 마을 근처에 대나무가 무성하여 대밭마·죽전이라 하였으나 지금은 대밭을 찾아 볼 수 없다(김대환 65 외 6명).

11) 안간리(安礀里)

본디 지례현 서면에 속한 안간, 대평인데 1895년에 서면을 양분하여 하서면에 귀속되었고 1914년에 두 마을을 통합하여 안간리라 하고 부항면에 편입되었다.

부항면 북쪽끝 오지 마을로서 면 소재지와는 7.5킬로 떨어진 곳에 있는 대평, 웃안간, 아랫안간 마을이며, 동북쪽은 구성면 월계리, 마산리와 접하고, 남으로는 희곡리, 서쪽으로는 파천리와 인접하였다.

자연부락의 이름과 그 유래를 알아보면 다음과 같다.

안간·안가이

옛날 이 마을은 지세가 나빠 재난이 많았으므로 동리의 북쪽에서 들어오는 액을 막기 위해 동민들은 나무를 심고 둑을 쌓은 후, 편안히 살 수 있게 되기를 바라는 뜻에서 안자와 놓은 산 안쪽 골짜기에서 시내가 흘러 내린다하여 간자를 써서 마을 이름을 안간이라 했다 한다. 그래서인지 그 후 이 마을에는 큰 부자가 많이 났다고 한다(김희공 35 외 5명).

대평동

마을 뒤에 있는 밭이 넓다고 하여 대평이라 하였다. 예로부터 이 마을에는 마을의 지세가 배 모양으로 생겨 한 배 실으면 떠나야 한다고 전해지고 있어 재산을 모으면 이사가는 사람이 많다고 한다(정원재 35 외 5명).

12) 두산리(斗山里)

본래 지례현 서면에 속한 말미 갈계인데 1895년 상, 하로 나누어 하서면에 귀속되고, 1914년에 두 마을을 합하여 두산리라 하여 부항면에 편입되었고, 갈계 위쪽에 신갈계가 있었으나 없어지고 말았다. 부항면 중앙부로 면소재지에서 북으로 3킬로 떨어진 야산지대에 있는 갈계, 말미 마을이다. 갈계 앞 갈계천은 동류하면서 한 바퀴 굽이돌아 말미에 이른다. 동쪽은 희곡리, 남쪽은 사등리, 북쪽은 안간리와 인접해 있다.

자연부락의 이름과 그 유래를 알아보면 다음과 같다.

갈계

조선 효령대군 10대 손 현민이 이 마을을 개척한 후 냇물이 산허리를 감돌아 흐른다 하여 이 내를 갈계천이라 하고, 이 마을 이름을 갈계라 불렀다. 갈계로부터 1킬로 지점에 새갈계라는 조그만 마을이 있었는데 지금은 그 흔적만 남아 있다(백준팔 45 외 5명).

말미 · 두산 · 두산리

이 마을의 산 모양이 말과 같이 생겼다 하여 말미, 두산이라 부르게 되었다 하며, 현재 11가구가 거주하고 있다(류학곤 62 외 5명). 두산리 말미마을 남쪽 들인데 옛날 9형제가 살던 마을이었다. 지금은 구남천 유원지로 여름이면 위락객이 모이는 곳이다.

13) 희곡리(希谷里)

조선시대 지례현 서면에 속한 교현리였다. 1895년 상, 하로 나누면서 하서

면에 귀속, 1914년에 두 마을과 중희, 외희를 통합하여 희곡리로 하고 부항면
에 편입되었고, 1963년 교현, 내희를 희곡 1리로 나누었다.

부항면 동북쪽 끝으로 사등 2리에서 9.5킬로 떨어진 야지대에 있는 교현, 내
희마을이며 동북쪽은 희이령을 구성면 임평과의 경계로 하고, 남쪽으로는 유
촌리, 서쪽으로는 희곡 2리로 이어진다.

자연부락의 이름과 그 유래를 알아보면 다음과 같다.

가마고개 · 교현

왜골 북쪽에 있는 마을로 교현리 뒷산의 고개가 먼 곳에서 쳐다보면 가마같
이 보인다 하여 마을 이름을 가마고개 · 교현이라 하였다 한다(이 배 44 외 5
명).

안희실 · 내희

희곡리 중에서 가장 안쪽에 있다 하여 안희실 · 내희라 하는데, 희곡리는 인
희현 · 현희성 · 현희천의 삼희의 희를 따서 희곡리라고 부른다 한다(이현국
49 외 5명).

앳골 · 왜골 · 와야동 · 중희

희곡 중앙에 있는 마을로 옛날에 이 마을에서 기와를 구웠다고 하여 와야
(瓦也)의 와(瓦)자가 와(臥)로 바뀌고 음운이 변하여 왜곡 · 앳골이 되었다고
한다. 위치로 보아 희곡의 중앙에 있다 하여 중희라 하게 되었다(김영주 48 외
5명).

숫골 · 수동 · 외희

옛날부터 이 마을 사람들의 수명이 길었다 하여 수동 · 숫골이라 했다. 또한
지리적으로 보아 바깥쪽에 있다 하여 외희라 하게 되었다 한다(이종팔 53 외
5명).

3. 이 고장의 전설

가. 불교 탄압과 바위 문 부수기

뱃들 마을 입구에 마치 문과 같이 생긴 바위가 있다. 옛날 이곳 상두대에 권세를 가진 병사 가족이 살았는데, 이 병사가 불교를 매우 탄압하였다. 이 때 고승이 도사로 변장해 나타나 병사 가족에게 돌문 바위를 깨뜨리면 가정이 번창한다고 속여 돌문을 깨뜨리게 하니 바위 속에서 붉은 피가 쏟아지고 병사 가족도 사라지고 말았다는 전설이 있다.

나. 새길과 풍속

부항면 초대 면장 김훈상(金薰相)이 재임 시 김천에서 거창으로 넘어 가는 3번 국도가 부항면을 통과하도록 설계되었는데 그를 중심으로 한 면민들이 신작로는 미풍양속을 해친다 하여 반대하므로 지금과 같이 대덕면을 거치도록 변경되었다고 한다.

다. 성재

옛날 하대와 중평이 싸움을 일삼아 왔기에 가운데에 성을 쌓아 경계선을 만들었다고 하는데, 그 성을 성재라 한다.

라. 당산 이야기

지시 남쪽에 있는 산으로 박달나무가 많았다 하여 생긴 이름이라 하며, 또 예로부터 정월 대보름에 마을 사람들 중 깨끗한 사람을 뽑아 산신에게 마을의 평안을 빌던산이라 하여 당산이라고 하였다 한다.

마. 홍심동(紅心洞)의 무법자

대야리 남쪽 골짜기에 몇 집이 살고 있었다. 구한말 이곳에 살던 이용강(李

龍岡)은 경상도관찰사에서 해임 당하고 이곳에 정착하여 집을 짓고 살면서 부녀자를 농락하는 등 횡포를 부렸는데, 항일독립군 김산장의군(金山杖義軍)에게는 군량미 80석을 순순히 내놓았다 한다.

대덕면(大德面)

1. 마을의 내력

신라시대는 지품천(知品川)현에 속하였다가 757년에 개령군 지례현에 들게 되고 고려 현종 9년(1018년)에 성주 경산부 지례현으로 들게 된다. 조선시대는 지례현 남면이라고 불려졌다가 1895년에 상남, 하남, 외남의 삼개면으로 나누어졌다.

1914년에 상남, 하남, 외남 3개 면을 통합하여 대덕산의 이름을 따서 대덕면이라 칭하여 김천군에 속하게 하였으며, 32개 동을 화전, 문의, 태리, 연화, 덕산, 내감, 외감, 가례, 조룡, 중산, 추량, 관기의 12리로 통합 개편했다. 1949년에 김천읍이 시로 승격됨에 따라 금릉군 관내가 되었다. 1960년에 12개 리를 21개 리로 분할 개편하여 현재에 이르렀다.

김천의 남쪽 끝에 자리를 잡아 경북, 경남, 전북의 삼도 접경지대에 위치하여 김천시청에서 면소재지까지는 32킬로이다. 서로는 전북 무주군, 남으로는 경남 거창군과 접경하고, 북으로는 지례면과 부항면, 동으로는 증산면과 인접하고 있다.

소백산맥의 동남쪽 기슭에 위치하여 주위에 수도산(1,317미터), 월매산(1,023미터), 국사봉(875미터), 대덕산(1,290미터), 고드름산 등의 높은 산과 우두령과 주치령의 높은 고개가 있는 산간지대로 산이 전면적의 8할을 차지하고 있다.

수도산에서 발원한 화전천과 대덕산에서 비롯된 덕산천, 감주천이 합하여 북으로 흐르면서 황성계곡과 조룡 2리에서 시작된 추량천과 조룡천을 받아들여 감천 상류를 형성한다. 이들 냇가에 들이 있다. 김천~거창간을 연결하는 3호선 국도와 무주~대구간을 이어주는 30호선 국도가 대덕면의 동서와 남북으로 지나가고 2개의 지방도가 개통되고 있어서 교통이 편리하다.

산간지대인 관계로 김천시보다 겨울이 더 길고 추우며 봄철의 개화기가 5일 정도 늦고, 홍수와 한발 등 천재가 비교적 적은 편이다.

자연부락의 이름과 유래를 알아보면 다음과 같다.

2. 마을의 이름과 유래

1) 연화리(蓮花里)

조선시대는 지례현 남면 연화라 불리었던 마을이다. 1895년에 남면이 삼분되면서 상남면에 속하고, 1914년에 소태를 합하여 연화리라 칭하고 김천군(1949년부터는 금릉군 대덕면)에 들게 되었으며 1960년에 연화리에서 나누어져 연화 1리가 되었다.

마을의 북쪽과 남쪽은 산으로 되어 있고 덕산 1리와 감주에서 발원된 덕산천과 감주천이 마을 동쪽에서 합류하여 동으로 흐르고 두 냇물의 양안에 비교적 넓은 들이 형성되어 있다.

면소재지와는 30호 국도고 2.5킬로 거리이며 마을 앞에서 내감으로 가는 지방도가 남으로 갈라진다. 동은 관기 1리, 서는 연화 2리와 들로 연결되고 남은 외감리, 북은 관기 3리와 산으로 이어지고 있다.

자연부락의 이름과 그 유래를 알아보면 다음과 같다.

여내실 · 연화실 · 연화
본래 상남면의 지역으로 연하봉이 상주판관으로 왜병을 무찌르고 그 자손이 이 곳에 와서 정착하였다고 한다. 99가구 가운데 인동 장씨가 많이 거주하고 있다(정충영 45 외 4명).

소태실 · 소태 · 소대

연화 북서쪽으로 약 1킬로 떨어져 있고, 대봉산 밑에 자리잡고 있다. 임진왜란 때 어느 왕자의 장수를 빌기 위하여 태를 대봉산에 묻었다. 왕자의 태와 관련지어 마을 이름을 소태실이라고 하였다 한다(최만길 60 외 4명).

2) 덕산리(德山里)

조선시대는 지례현 남면 덕산이라 불리던 마을이었다. 1895년에 남면이 세 지역으로 나누어지면서 상남면에 속하게 되고, 1914년에 덕산과 주치가 통합되어 덕산리라 칭하고 김천군 대덕면에 편입되었으며, 1960년에 덕산리가 이분되면서 덕산 1리가 되었다. 소백산맥 기슭의 중턱에 위치하여 대덕산(1,290미터)을 비롯한 높은 산이 많은 고지대로 들이 적으며 이곳에서 발원된 덕산천이 동쪽으로 흐른다.

30호 국도로 면소재지에서 5.7킬로 거리이고, 이 도로는 주치령을 지나 전북 무풍과 연결된다. 동과 남은 덕산 2리, 서는 전북 무풍면, 북은 연화 2리와 이웃하고 있다.

자연부락의 이름과 그 유래를 알아보면 다음과 같다.

덕산

본디 지례부 상남면의 지역으로서 대덕산 밑이 되므로 덕산이라 하였다. 46가구 거주에 김녕 김씨가 많고 벼농사 외에 포도 재배를 하고 있다(이종철 57 외 2명).

옴배미 · 주티 · 주치

덕산 남쪽 약 1킬로 거리에 위치한 마을로 주치령 밑이 되므로 마을 이름을 주티·주치라 부르게 되었다 한다(이을암 62 외 4명).

3) 외감리(外甘里)

조선시대는 지례현 남면 외감이라 불리던 마을로 1895년에 남면이 세지역으로 나누어지면서 상남면에 속하게 되었다. 1914년에 절골(寺谷)을 병합하여 외감리라 칭하고 김천군 대덕면에 편입되었다.

대덕산(1,290미터)과 국사봉(875미터)의 사이 골짜기의 아래 쪽에 위치한 2개의 산촌인데 면소재지와는 4.5킬로 거리이다. 남에서 북으로 감주천이 흐르고 연화 1리 앞 30호 국도에서 갈라져 나온 지방도로가 좁은 골짜기를 거쳐 마을 앞을 지난다. 남은 내감리, 북은 연화 1리, 서는 덕산 2리, 동은 화전 1리와 접경하고 있다.

자연부락의 이름과 그 유래를 알아보면 다음과 같다.

외감 · 아랫감주

감천 골짜기의 제일 바깥에 위치하기 때문에 아랫감주 · 외감이라 하였다. 임진란 때 밀양 박씨 · 경주 이씨 · 김녕 김씨가 피란차 이 곳에 와서 정착하였다(김기태 72 외 2명).

절골

옛날 이 마을 뒷산인 대덕산 기슭에 큰절이 있었는데 그 절 밑에 형성된 마을이라 하여 절골이라 불리어 왔다고 한다. 벼농사를 주로 하고 부업으로 누에치기와 담배를 재배하고 있다(김기태 72 외 2명).

4) 내감리(內甘里)

조선시대는 지례현 남면에 속했던 중감, 내감의 2개의 마을로 1895년에 남면이 삼분되면서 상남면에 속하게 되었다. 1914년에 내감과 중감이 통합하여 내감리라 칭하고 김천군(1949년부터는 금릉군) 대덕면에 편입되었다.

대덕산(1,290미터)과 국사봉(875미터)의 사이 골짜기의 위쪽 산간오지에 위치한 벽촌으로 면소재지에서 6킬로 떨어져 있으며 덕산천의 지류인 감주천의 발원지이다. 연화 1리 앞 30호 국도에서 갈라져 나온 지방도의 종점으로 남과 서는 준령으로 경남 거창군과 경계하고, 북은 덕산 2리와 외감리, 동은 문의리와 이웃하고 있다.

자연부락의 이름과 그 유래를 알아보면 다음과 같다.

내감 · 웃감주

감천 골짜기의 4개의 부락(내감 · 외감 · 중감 · 절골)중에서 가장 위쪽에 있는 마을이라 해서 웃감주 또는 내감이라고 했다(박해룡 75 외 3명).

진터 · 중감

감천 골짜기의 중간에 위치하고 있다 하여 중감이라 했는데 임진왜란 때 공장군과 박장군이 이 곳에서 진을 친 사실이 있다 하여 진터라고도 한다(박해룡 80 외 3명).

5) 가례리(加禮里)

조선시대는 지례현 남면에 속했던 가례, 천곡, 석정의 세 마을이었는데, 1895년에 남면이 삼분되면서 하남면에 귀속되었다. 1914년에 위 3개 마을과 새로 생긴 덕봉을 합하여 가례리라 하고 김천군(1949년부터는 금릉군) 대덕면에 편입되었다.

면소재지에서 북으로 3호 국도를 따라 4킬로 거리에 있어 면내에서 가장 넓은 가례 한들 이웃에 산재하는 마을로 인근에 대덕천과 그의 지류인 봉곡천이 흐르고 있으며 동은 증산면, 북은 부항면과 산으로 경계하고, 남은 증산 1리,

서는 조룡 1리와 평지로 이어지고 있다.

자연부락의 이름과 그 유래를 알아보면 다음과 같다.

가례

원래의 가례 마을은 없어졌고, 현재의 가례마을은 조선 시대에 이주한 마을이다. 마을 모양이 가래같이 길게 생겼다고 하여 가례라고 불려졌다고 한다. 원래의 가례 마을이 폐동된 유래는 다음과 같다. 조선 시대 중이 탁발 온 것을 욕설로 조롱하였다. 그 뒤 그 중은 이 마을의 큰 바위를 가리키며 이것을 깨뜨리면 마을에 큰 부자와 벼슬할 인물이 많이 나올 것이라 했다. 마을 사람들은 석수를 불러 그 바위를 깨뜨리니 그 속에서 학이 한 마리 나와 날아갔는데, 그 후 이 마을엔 질병과 재난이 심하여 폐동이 되고 말았다고 하며 이 바위의 모양이 귀인이 타는 가마와 같다 하여 가마바위라고 한다(정계술 81 외 4명).

덕봉

가례 마을 동쪽에 있는 덕봉산 서쪽 산기슭에 있는 마을로서 산의 이름을 따서 덕봉이라 부르게 되었다고 한다(신용조 82 외 2명).

석정

가례 북쪽에 있는 마을로 마을 입구에 큰 느티나무가 있고 그 옆으로 큰돌이 산재해 있어 마을 이름을 석정이라 했으며, 옛날에는 이 곳에 정자가 있었다고 하나 지금은 그 흔적을 찾을 수 없고 여름철이면 휴식처로 이용되고 있다(문종달 69 외 4명).

천동

가례 북쪽에 있는 마을로 이 골짜기에는 작은 샘이 있어서 천동이라고 하며 한 가구만이 살고 모두 타처로 이주하였다(이대기 68 외 4명).

6) 조룡리(釣龍里)

조선시대는 지례현 남면 조룡, 쌍괴, 양지의 3마을이었는데, 1895년에 남면이 나누어지면서 하남면에 속하게 되었다. 1914년에 위 3마을과 봉곡, 조현을 통합하여 조룡리라 칭하고 김천군(1949년부터 금릉군) 대덕면에 들게 되었다. 1960년에 봉곡, 하조현이 나누어지고 원조룡, 양지촌, 음지촌, 신기, 신촌이 조룡 1리가 되었다.

면소재지에서 3호 국도를 따라 북으로 4킬로 지점에서 서쪽으로 갈라진 도로변에 5개의 마을이 산재해 있고 마을 앞에 봉곡천이 동류하며 들이 비교적 넓다. 북은 부항면, 남은 중산 2리와 산으로, 서는 조룡 2리와 좁은 골짝기로 접경하고, 남은 가례리와 들로 이어져 있다.

자연부락의 이름과 그 유래를 알아보면 다음과 같다.

조룡골(원조룡)·조룡

이 마을이 있는 골짜기에 용구라는 맑은 연못이 있어 용이 살았다고 하며, 용을 낚은 곳이라 하여 마을 이름을 조룡이라 부르게 되었다. 1914년 쌍괴리·양지리·조현리·봉곡리를 합하여 조룡리라 하였다. 지금도 못이 있었던 자리에는 작은 웅덩이가 남아 있다(김종일 63 외 4명).(그림 은행나무)

양지매(양지촌)

엄지말 북쪽에 자리잡고 있는 마을로 양지쪽에 이루어진 마을이라 하여 붙여진 이름이라고 한다(김주사 62 외 4명).

음지마(음지촌)

섬실 중 가장 먼저 이루어진 마을로서 산 밑 응달에 위치하였다 하여 음지마·음지촌이라 창하게 되었다(김재관 62 외 4명).

새터(신기)

음지마 북동쪽에 있는 마을로서 새로 터를 닦아 형성된 마을이라고 하여 새터·신기라 불리게 되었다고 한다(김주숙 77 외 4명).

새땀(신촌)

조룡 남동쪽에 있는 마을로서 새로 생긴 마을이라 해서 새땀·신촌이라 부르고 있다고 한다(김주소 71 외 4명).

웃새재(봉곡, 상조현)·상새재

봉곡사를 중심으로 하여 뒤에 있다고 하여 윗새재·상새재·상조현이라 불러왔다고 하며 비봉산 밑이 되고 있다(정경술 75 외 4명).

본디 새재라 함은 무슨 새와 관련이 있기도 하겠지만 새-사이의 대응으로 보아 특정한 마을과 마을의 사이를 삼는 작은 고개를 이른다. 문경 새재의 경우도 예외는 아니다.

아랫새재(하조현)·하새재

봉곡사를 중심으로 하여 아래 있다고 하여 아랫새재·하새재·하조현이라 불러왔다고 한다(김소준 70 외 4명).

7) 추량리(秋良里)

조선시대는 지례현 남면 추장이라 불리던 마을로 1895년에 남면이 삼분되면서 하남면에 속하게 되었다. 1914년에 송전, 백석, 황성을 병합하여 추량리라 부르고 김천군(1949년부터는 금릉군) 대덕면에 들게 되었다. 1960년에 송전, 백석, 황성이 분동되어 추장이 추량 1리가 되었다.

면소재지에서 동으로 30호 국도를 따라 1킬로 지점인 구릉지대에 자리한다. 동과 서는 산이고 그 사이를 수도산에서 발원한 추량천이 남북으로 흐르고 그 천변에 경사진 들이 있다. 동은 험준한 고드름산 줄기로 증산면과 사이하고, 서는 노루목재를 사이에 두고 관기 2리와 이웃하며, 남은 추량 2리, 북은 중산 1리와 계곡과 들로 이어져 있다.

자연부락의 이름으로 가래실이 있음을 보면 여기 한자로 적은 가을추(秋)자 추량은 가래나무 추(楸)자 추량이 옳을 것으로 보인다. 행여 간단하게 적으려는 의도였다면 몰라도 가래실이 쓰임을 볼 때 본디의 가래나무의 뜻을 살리는 것이 좋을 것으로 상정한다.

자연부락의 이름과 그 유래를 알아보면 다음과 같다.

가래실(추량.주장) · 추장리

면소가 있는 관기리에서 남동쪽으로 약 1킬로쯤 떨어진 곳에 위치하며, 60여 가구 중 서산 정씨와 성산 배씨가 대부분을 차지하고 있다. 이 마을은 정해표라는 사람이 개척하였는데, 마을의 생김새가 떡가래같이 생겼다 하여 가래실이라 이름지었다고 한다(배명호 90 외 2명).

솔밭골(松田)

지세필이라는 사람이 개척한 이 마을은 둘레에 소나무숲이 우거져 있다 하여 솔밭골 · 송전리라 이름지었다. 25가구가 살며 김녕 김씨가 많다(박법하 65 외 3명).

주막담(백석)

면소재지인 관기리에서 남동쪽으로 약 1.9킬로 떨어진 곳에 위치하며 30여

가구 중 충주 지씨와 김해 김씨가 대부분이다. 이 곳은 대구·성주 등지에서
오는 행상들이 이 마을의 주막집에서 쉬어 갔다 하여 주막담이라고 불러 왔다.
1969년 김선출이 주막 뒤에 큰 바위가 있었기에 백석동이라 이름지었다고 한
다(배명호 90 외 2명).

지푸이(황성)

면소가 있는 관기리에서 남동쪽으로 2.3킬로쯤 떨어진 곳에 위치하며 15~
16가구 중 주로 충주 지씨가 살고 있다. 이 마을은 황성골이라는 골짜기 아래
에 위치하고 있기에 황성골이라 하였으며, 골짜기가 매우 깊기 때문에 지푸이
라고도 한다(박법하 65 외 3명).

여기 지푸이가 깊다는 뜻으로 쓰임을 보면 지품천은 곧 깊다는 것을 확인할
수 있는 셈이다.

8) 관기리(館基里)

조선시대는 지례현 남면 관기라 불리던 마을로 1895년에 남면이 삼분되면
서 상남면에 속하게 되었고, 1914년에 관기, 장곡, 호미와 새로 마을이 형성된
상시, 하시를 통합하여 관기리라 칭하고 김천군(1949년부터는 금릉군) 대덕면
에 편입되었다. 그 뒤 1960년에 관기리가 세 지역으로 나누어지면서 관기, 상
시가 관기 1리가 되었다.

대덕면 소재지인 관기 2리와 접속된 마을로 화전천과 덕산천이 합류하여
대덕천을 이루는 지점이라 평야가 넓다. 3호 국도와 30호 국도가 만나 교통이
편리하며 김천에서는 32킬로 거리이다. 동은 관기 2리와 연속되고, 서는 연화
1리, 남은 화전 2리, 북은 관기 3리와 접경하고 있다.

자연부락의 이름과 그 유래를 알아보면 다음과 같다.

관기 · 관터

관터는 옛날 관기라 하였는데, 조선 선조시 관사와 여관이 있었고 관청이

있는 곳이었기 때문이며 일제 시대 관기로 변경되었다(김병규 69 외 2명).

웃장터(상시)

맨 처음 시장이 섰던 곳이며 장의 위쪽이 된다고 웃장터라 부르게 되었다 한다. 46가구가 거주하고 있으며 경주 이씨·김해 김씨가 많이 살고 있다(문종직 55 외 1명).

아랫장터(하시)

장이 서는 곳이며 관기리의 일부로서 그 위치가 아랫 쪽에 있다 하여 아랫장터라 부르게 되었다 하며, 86가구가 거주하고 있으며 김녕 김씨가 많이 살고 있다(이출이 69 외 2명).

장곡

관기에서 남쪽으로 700미터정도 떨어진 곳에 위치하며 옛날 이 곳에는 역이 있어 고을원이 여행할 때에 역마를 갈아탔고 말을 먹였다. 또 마을 뒤 골짜기가 길어 장곡이라 불렀다 한다(권영섭 65 외 1명).

호미

마을 뒷산이 마치 미인이 머리를 산발한 것 같은 옥녀봉이 있으며, 마을 모양이 호랑이 꼬리부분이라 하여 호미(虎尾) 마을이라 불리어 오다가, 일제 시 호미(好美)로 변경되었다. 또 호주촌이라 하여 닭을 먹이면 해롭다고 지금도 마을에서는 닭을 기르지 않고 있다(박재하 56 외 1명).

9) 화전리(花田里)

조선시대는 화전, 외산, 내산이라 칭하던 3개 마을로 지례현 남면에 속했다가 1895년에 외남면에 속하게 되었다. 1914년에 기동, 월매를 병합하여 화전리라 부르고 김천군(1949년부터는 금릉군) 대덕면에 편입되었다.

1960년에 기동, 월매가 살림을 났다. 화전, 외산, 내산, 신기의 4마을이 화전 1리로 되었는데, 1969년에 광신원이 생기면서 이에 포함되었다.

마을 근처에 월매산(1,023미터)을 비롯한 큰 산이 많고 들이 적으며 수도산과 우두령에서 발원된 화전천이 북으로 흐르고 있다. 3호 국도변의 화전동 외는 골짜기와 구릉지대에 산재하는 5개의 마을로 대덕면 소재지와는 3~4킬로 거리에 있다. 동은 화전 2리, 서는 내외감, 남은 문의리, 북은 연화 1리와 이웃하고 있다.

지명분포로 보면 꽃 화자가 들어가는 경우가 상당수 있는데 마을의 모양이 꽃송이처럼 두드러지게 튀어나온 곳을 이르는 일이 많이 있다. 여기도 툭 튀어나온 모양을 그린 것으로 보인다.

자연부락의 이름과 그 유래를 알아보면 다음과 같다.

꽃밭(화전)

면사무소가 있는 관기리에서 남서쪽으로 약 2킬로 떨어진 국도변에 자리하며 각성 이 모여 30여 가구를 이루고 있다. 기와집으로 통일된 부촌으로 대학생이 가장 많은 마을이다. 벼농사를 주로 하고 누에고치·담배·과수를 재배하고 있다(황인상 40 외 2명).

넘터골(외산)·늠텃골

면 소재지가 있는 관기리에서 남서쪽으로 약 3.6킬로쯤 떨어진 곳에 자리하고 있는 작은 마을이다. 현재 장수 황씨·정안 이씨 등의 각성이 10여 가구가 농업으로서 생계를 유지하고 있다(박봉두 49 외 3명).

안산(내산)

관기리에서 남서쪽으로 약 3.5킬로, 새터에서 약 1킬로쯤 떨어진 곳에 위치하는 15여 가구의 마을이다. 장수 황씨와 정안 이씨가 주로 살고 있으며, 농사를 주업으로 누에치기와 엽연초 재배를 많이 하고 있다(이옥환 46 외 3명).

새터(新基)

관기리에서 남서쪽으로 2.5킬로쯤 떨어진 곳에 위치한다. 30여 가구 중 장수 황씨가 많이 살고 벼농사를 비롯하여 누에치기와 엽연초 재배를 많이 하고 있다(이옥환 46 외 3명).

광신원

면 소재지인 관기리에서 약2.6킬로 정도, 화전에서 약 600미터 거리에 위치한다. 1800년 성산 이씨가 개척하여 오유골이라 불러오다가 1969년에 나환자가 입주하여 광신원이라 개칭하여 금일에 이르고 있으며 각성받이 20여 가구가 모여 살고 있다(박봉두 49 외 3명).

달매(월매)

면소가 있는 관기리에서 남서쪽으로 약 1킬로쯤 떨어진 곳에 위치하고 있으며, 40여 가구의 각성받이로 이루어진 마을이다. 은진 송씨가 마을을 개척하였는데, 월매산하에 자리하였다 하여 달매·월매라 이름지었다고 전해오며, 풍수설에 의하면 이 곳은 매화낙지(梅花落地)의 명당자리라고 한다(이태균 69 외 3명).

땅이름의 일반적인 보기를 통하여 보면 달(月. 達)-이 들어가는 경우에는 '높다, 크다'의 뜻으로 쓰임이 많다. 이를 고려하면 달매란 높은 산이란 말이요, 더 나아가서 달-닭-새로 이어지는바, 산악숭배 혹은 태양숭배와 무관하지가 않다.

텃골(기동)

면소가 있는 관기리에서 남서쪽으로 약 500미터 정도 떨어진 곳에 위치하는 40여 가구의 마을이다. 밀양 박씨와 다른 각성이 모여 마을을 이루고 있다. 이 마을은 고려 왕조 때 화순 최씨가 개척하였는데 원래는 텃골이라 하다가 기동으로 개칭하였다 한다(이옥환 46 외 3명).

10) 문의리(文義里)

조선시대는 지례현 남면 기동, 문의라 불리던 마을로 1895년에 남면에 삼분되면서 외남면에 속하게 되었다. 1914년에 곡암, 하임기를 통합하여 문의리라 칭하고 김천군(1949년부터는 금릉군) 대덕면에 편입되었다.

동에 월매산(1,023미터), 서에 국사봉(875미터) 등 높은 산이 많은 고지대로 들이 적다. 태 1, 2리에서 발원된 화전천이 북류하고, 화전천이 돈대를 이루어 논밭이 되고 있다. 3호 국도가 남북으로 관통하고 면소재지와는 4.5킬로 거리이다. 동은 화전 2리, 서는 경남 거창군, 남은 대 1리, 북은 화전 1, 2리와 접경한다.

자연부락의 이름과 그 유래를 알아보면 다음과 같다.

기릿매(기림마·내촌·원문의)

문의리의 중심인 임터의 서쪽 1500미터의 거리에 있으며 10여 가구가 거주하며, 고랭지 채소를 주로 생산하고 있다(이현원 67 외 2명).

꼭두바우(곡암)

임기 북쪽에 있는 마을로 마을 앞에 굽은 바위가 있어서 마을 이름을 곡두바우, 곡암이라 부르게 되었다고 한다(황의택 72 외 1명).

11) 태리(台里)

조선시대는 지례현 남면에 속했던 여서 마을로 1895년에 남면이 삼분되면서 외남면에 귀속되었다. 1914년에 여서(예서), 곡촌, 태동, 조항, 덕석이 통합되어 태리라 칭하고 김천군(1949년부터는 금릉군) 대덕면에 편입되었다. 1960년에 태리가 이분되면서 예서, 곡촌, 덕석이 태 1리가 되었다.

대덕면의 남쪽끝으로 경상남도와 경계선에 위치하고 부근에 수도산(1,317

미터), 우두령, 국사봉(875미터), 월매산 (1,023미터) 등 고산준령이 있는 산간 오지로 들은 높은 지대이면서도 매우 좁은 편이다. 3호 국도로 면소재지와는 5 킬로 거리이며 골담 앞에서 옛길로는 우두령, 새길로는 배터재를 통하여 거창군 웅양면과 연결된다. 동은 태 2리, 남과 서는 경남 거창군, 북은 문의리와 접경하고 있다.

자연부락의 이름과 그 유래를 알아보면 다음과 같다.

골담 · 곡촌 · 외촌

산골짜기에 있는 마을이라 해서 골담이라 했고 거창에서 김천으로 오는 국도 밖에 있는 마을이라 해서 외촌이라 부르기도 한다(김종학 65 외 2명).

예서목 · 예서 · 예성동

대덕면에서 거창으로 넘어 가는 고갯마루 오른 쪽에 있는 마을이며, 골담 서쪽 마을이라 해서 예서라고 한다. 또 옛 성터가 마을 뒷산에 있다 하여 예성동이라 쓰게 되었다고 한다(이범식 46 외 2명).

안마 · 댓골 · 대동 · 내촌 · 죽동

지형이 전대 모양이라서 대동이라고 하였다는 설도 있고 대나무가 많아서 댓골 혹은 죽동이라고도 하고 국도 안쪽에 위치한다 하여 안마 혹은 내촌이라고도 한다(신종술 57 외 2명).

13) 중산리(中山里)

조선시대는 지례현 남면 중산이라 불리던 마을로 1895년에 남면이 갈라지면서 하남면에 속하게 되었다. 1914년에 다화와 합하여 중산리라 부르고 김천군(1949년부터는 금릉군) 대덕면에 편입되었으며, 1960년에 중산리가 이분되면서 중산 1리가 되었다.

마을 뒤의 고드름산 줄기를 비롯하여 산이 많고 들이 적은 편이며 대덕천과 추량천이 마을 앞에서 합류하여 북으로 흐른다. 면소재지와는 3킬로 거리이며, 마을 앞을 3호 국도가 남북으로 지난다. 동은 증산면과 고드름산으로 사이를 삼고, 남은 추량 1리, 서는 증산 2리, 북은 가례리와 이웃하고 있다.

자연부락의 이름과 그 유래를 알아보면 다음과 같다.

증산리

이 곳은 남평 문씨·서산 정씨·김해 김씨가 주로 사는 60여 가구의 마을이다. 면사무소가 있는 관기리에서 북동쪽으로 약 3킬로정도 떨어진 국도변에 위치하고 있다. 마을 뒤 골짜기 중턱에서 맑은 샘물이 솟아나는데 피부병에 효험이 있어 팔도 강산에서 많은 사람들이 찾아들었다고 한다(정창균 60 외 4명).

다부실(다화)

세종 때 송천상과 서은이 지례에 거주하다가 임진왜란 때 피난차 이 곳에 와서 이 마을을 개척하였다. 부자가 많이 나오라는 뜻에서 다부실이라 칭하였고, 1879년에 마을 뒤 산세가 심(心)자 모양이며 마음이 꽃처럼 아름다운 것이 제일이라는 뜻으로 다화라고 개칭하였다 한다(정주경 63 외 1명).

3. 이 고장의 문화재

이 고장의 문화재로서는 봉곡사와 섬계서원을 들 수 있다. 그 내력을 살펴보면 다음과 같다.

봉곡사

위치 : 경상북도 김천시 대덕면 조룡 2리 882번지
창건연대 : 신라 선덕여왕 13년(644년)

　창립자 : 자장대덕

　전해 오는 봉곡사 중수사적비에 따르면 이 절은 신라 고찰이라 하였다. 즉 신라시대 자장대덕이 도량을 처음으로 세우고 이어서 고려 초 도선 국사가 다시 세웠다고 하였다. 이보다 앞서 영휴 대사가 기록한 봉곡사 사적(1685년)에는 1717년 불이 났을 때 알게 된 상량문을 들어 고려 태조 천수 5년(922) 도선 국사가 처음으로 지었다고 하여 절의 창건연대를 추정함에 어려움이 있다.

　그러나 영유대사는 사적을 편찬하고 나서 13년후 사승 현윤 대사의 청으로 사적기를 다시 기록하면서 자장대덕의 창건 후 고려초 도선국사가 세웠다고 보는 것이 무난하리라 본다. 봉곡사 사적에는 봉곡사가 가장 왕성하였던 1700년대만 하여도 18전각이 있었던 것으로 기록되어 있다. 그러나 지금은 대웅전 명부전을 비롯하여 동산실과 그 동의 요사채만 전해진다.

섬계서원

위치 : 김천시 대덕면 조룡 445-1
창건연대 : 1802년(순조 2년)
소유자 : 김녕 김씨 문중

　1820년(순조 2년)에 세워졌으며, 1868년(고종 5년) 대원군의 서원 철폐령으로 헐리고 그 자리에 원허비를 세웠다. 1899년에는 새로 강당을 세웠다.

　섬계서원은 5현을 모셔 제사하고 있는데 정침인 세충사에는 충의공 백촌 김문기 선생을 중심으로 하고 맏아들 영월군수 여병재 현석공을 배향하고, 동 별묘에는 반곡 장지도 선생과 절효 윤은보, 남계 서즐을 모시고, 향사는 본래 춘추로 받들어 오다가 10수년 전부터 3월 중정(中丁) 날에 봄에 올리는 제향으로 유림들이 모시고 있다.

　충의공 백촌 김문기 선생은 김녕 김씨로 신라 56대 경순왕의 제4 왕자 대안군 은열공의 7세손 김영군 시흥공의 9세손이다. 1456년(세조 2년) 병자사화 때 이조판서로 이개등과 함께 단종 복위를 꾀하다가 사전에 들통이 나 목숨을 바친 충신으로 1778년부터 사육신 논쟁으로 의견이 분분한 백촌 선생이다.

배향위 현석공은 백촌 선생의 맏아들이며, 병자사화 당시 영월군수로 부자 동시에 자신의 의리를 지키기 위하여 순절하였다. 종향위 반곡 장지도 선생은 옥산 장씨 수원 부원군 을포의 손자로 지례에서 태어나 고려 공민왕조에 문과에 급제하여 벼슬이 기거주지의 주사에 오르고, 조선 건국 후 벌어진 조선 초기의 정치적 혼란과 정권을 둘러싼 골육상잔의 참상을 보고 환멸을 느껴 고향으로 돌아와 후진 양성에 헌신한 선비였다.

동별묘에 같이 배향된 대효자 남계 서즐, 절효 윤은보는 그의 효행이 삼강행실도에 오른 특기할 만한 제자들이다. 사후에 자손이 없는 반곡 장지도 선생을 친부모 못지 않게 정성을 다하여 제사를 모신 분들이다.

1959년에 이 고장의 선비인 이만영, 박원동, 이현돈 등이 각지 유림에 복원을 호소하고 본손인 김연식, 철규, 석규, 정연, 정수 등이 전국을 순회 모금하여 1961년 서원의 정침인 세충사를 세우고 동별묘를 세우지 못함에 세충사를 가로막아 위패를 봉안하고 춘추 향사를 받들어 오다가 1995년 도비 5천만 원의 지원을 받아 1996년 11월에 동별묘를 세워 3현을 예전과 같이 봉안하였다.

은행나무

지 정 : 경상북도 기념물 제91호, 1993.8.18
위 치 : 김천시 대덕면 추량리 1031-2
나 이 : 약 380년
규 모 : 높이 37미터, 둘레 6.6미터, 동서 30.6미터, 남북 24.5미터

이 은행나무는 서산 정씨 소유로 서산 정씨 6세손 사신이 김천시 봉산면(봉계)에서 추량 마을로 옮겨 살았고, 11세손 처우가 동몽 교관을 지내고 만년에 이곳에 단을 쌓고 은행나무 한 그루를 심은 것이 이만큼 자란 것이다.

연대로 따지면 380년의 수령이다. 나무 아래 집이 있고 길이 났지만 지금까지 아무런 피해가 없었는데 딱 한번 6.25 전쟁을 예언이나 하듯 세 개의 큰 나무 가지가 한꺼번에 땅에 떨어진 적이 있었다고 한다.

4. 이 고장의 전설

가. 평생을 총각으로 살았던 강필수 신당(神堂)

연화리 마을에 살던 강필수의 신위에게 정월 초이튿날 제사를 올리는 곳이다. 강필수는 총각으로 평생을 살았는데 위풍이 당당하여 거만스런 사람이 말을 타고 마을 앞을 지날 때는 강필수가 마주 쳐다보기만 하면 말이 제자리걸음을 했다 한다. 그리고 마을 가운데에 있던 그 신당을 50년 전에 지금의 자리로 옮겼더니 옮긴 사람의 가족이 몰살당하고, 지금도 제수로 쓰는 벼를 말릴 때는 새도 먹지 않는다고 한다. 마을에서는 그를 수호신으로 받들고 있는데, 6.25전란에도 그의 덕분으로 이 마을에는 아무 탈이 없었다 한다.

나. 아흔아홉 다랭이나 되는 외감리 골짜기

외감리 골짜기의 한 마지기 땅이 아흔 아홉 다랭이나 된다고 한다. 모를 다 심고 일어서서 삿갓을 들고 보니 삿갓 밑에 한 다랭이가 남았더라고 한다.

다. 새재로 잘못 안 송국영 장군

외감리 동쪽에 솟은 산인데 임진란 때 나라에서는 송국영 장군에게 새재를 지켜 왜병을 막으라고 보냈는데, 이 곳이 문경 새재인 줄 잘못 알고 왜병을 기다렸으나 오지 않고 서울은 이미 함락된지라 뒤늦게 자신의 판단이 잘못된 것을 깨닫고 자결하여 이 산에 묻혀 그 뒤부터 장군봉으로 불려진다고 한다.

라. 부자와 노승

큰 가례골은 가례 앞 한들 남쪽 끝인데 이곳에 가례마을이 있었다. 옛날 마을의 부자가 인색해서 탁발 온 중을 박대했더니 중이 도사를 시켜 마을 앞에 있는 가마바위를 깨뜨리라고 시켰다. 석공으로 하여금 깨뜨리게 하였더니 바위 속에서 학이 날아간 후로 마을에 재앙이 끊이지 않아 지금의 마을로 옮겼다고 한다.

마. 임진란에 은행나무 피화(被火)

조룡 1리 섬계서원에 있는 은행나무가 임진란 때 불이 붙은 것을 호미로 긁어서 진화했다고 하는데, 지금은 천연기념물 제300호로 지정되어 있다.

바. 까마귀와 봉곡사(鳳谷寺) 자리

조룡 2리에 있는 봉곡사는 원래 산 너머 부항면 갯절 마을에 절터를 잡고 목수 일을 시작하자 까마귀가 자꾸만 자귀 밥을 물고 산 너머로 갔다. 그래서 따라가 보았더니 지금의 절 자리에 자귀 밥을 떨구는지라 살펴보니 명당이어서 이 곳으로 옮겨 봉곡사를 지었다고 한다.

사. 오누이와 돌무덤

문의리 기릿마의 남서쪽에 있는 성재(산이름)에 임진왜란 때 왜적을 막기 위해 성을 쌓는데 남녀노소가 일체가 되어 일을 하였다. 그 중에 어느 남매가 있어 누이동생은 돌을 나르고 오빠는 그 돌로 성을 쌓았는데 성을 다 쌓았다는 오라비의 기별을 듣고 누이가 치마에 싼 돌을 중도에 버렸더니 커다란 돌무덤이 되었다. 그 돌무덤을 사람들은 돌너들이라고 부르고, 그 성을 여성(女城) 또는 치마성, 성재라고도 부른다고 한다.

아. 정씨네 묘 쓰기와 청석

대덕면 관기리 앞 화전천과 덕산천의 합류 지점에 있는 산에 옛날 서산 정씨가 묘를 쓰려고 열두 길 깊이로 땅을 팠더니 청석이 있어 이를 일으키니 학한 마리가 날아가고, 또 한 마리가 날자 황급히 청석을 덮으려고 하니 학이 다리를 다쳤다. 그 자리에 묘를 쓴 후로 그 가문에 장애인이 많이 났다 한다.

자. 호미금계(虎尾禁鷄)

대덕면 관기 3리 홈마을(호미)은 뒷산이 풍수지리로 호랑이 꼬리의 형상이라 하여 호미산(虎尾山)이다. 산아래 마을에서 닭소리가 나면 호랑이가 새벽이 된 줄 알고 도망가게 되어 마을 운세가 쇠퇴한다 하여 예로부터 닭을 기르지 않는다고 한다.

차. 원가래 마을의 가마 바위

조선시대에 중이 마을에 탁발 온 것을 욕설로 조롱하자 그 중이 이 마을의 큰 바위를 가리키며 이것을 깨뜨리면 마을에 큰 부자와 벼슬할 인물이 많이 나올 것이라 했다. 마을 사람들이 석수를 불러 그 바위를 깨뜨리니 그 속에서 학이 한 마리 나와 날아갔는데, 그 후 이 마을엔 질병과 재난이 심하여 원가래 마을은 없어지고 말았다고 하며, 이 바위의 모양이 귀인이 타는 가마와 같다 하여 가마바위라고 부른다고 한다.

증산면(甑山面)

1. 마을의 내력

조선시대는 성주목(군)에 속해 있었으며 관내에 있는 시루봉(甑峰)의 이름을 따서 증산면이라 칭하였고 37개 동으로 이루어졌다. 1895년 지방 행정구역 개편에 따라 성주군 외증산면과 성주군 내증산면으로 나누어졌다. 그 뒤 1906년에 내증산면은 지례군에 편입되었다. 1914년에 다시 외증산면도 지례면에 합해졌다. 한편 내증산면은 증산면이라 개칭하여 김천군에 편입됨과 동시에 29개 동을 부항, 동안, 황정, 평촌, 유성, 금곡, 황정, 수도, 장전, 황점의 10개 동으로 다시 개편되었다. 1949년에 김천읍이 시로 승격됨에 따라 금릉군 관내에 들었다. 1973년 유성동을 1, 2동으로 분할하여 11개 동이 되었다.

김천시 남단에 위치하며 경북, 경남의 도계를 이루며 김천시청에서 면소재지인 옥동까지는 32킬로 거리이다. 동은 성주군, 서는 대덕면, 남은 경남 거창군, 북은 지례면과 접경하고 있다.

면 주위가 수도산(1,317미터), 단지봉(1,321미터), 목통령, 형제봉(1,022미터), 삼방산 등 고산준령으로 둘러싸인 분지로 산의 면적이 전체 넓이의 86.5퍼센트를 차지하는 김천시 제일의 산간오지 면이다. 북의 황항 및 부항리에서 발원된 남암천과 서의 수도산에서 발원한 대가천, 그리고 남의 황점 및 장전리에서 비롯된 목통천이 흘러 면 소재지 아래에서 합하여 옥류천을 이루어 성주군 방면 동쪽으로 흐르고 이들 가천 변에 좁은 들이 이루어져 있다.

무주~대구간을 연결하는 30호선 국도가 면을 동서로 지나고, 지례면 속수

앞 3호선 국도에서 갈라져 나온 33호 군도가 면을 남북으로 달리어 장전리에 이르고 이 두 도로가 면소재지에서 교차되어 교통이 편리하다. 불령산(수도산)에 천년고찰인 청암사와 수도암이 있고 경치가 뛰어난 골짜기가 많아 관광지로서의 전망이 밝은 편이며, 면 전체가 고지대인 관계로 여름은 시원하고 겨울은 길며 추운 고장이다.

증산의 증(甑)은 시루가마를 뜻하는 것으로 부항의 부(釜)와 무관하지가 않다. 그것은 부산-대증(大甑)에서 가마와 시루가 같은 개념으로 통용됨을 알 수가 있기 때문이다. 이는 본디 성주 쪽에 가깝기는 하지만 그 계열로 보아 부항과 무관하지가 아니하다.

증산면의 마을이름과 그 유래를 알아보면 다음과 같다.

2. 마을의 이름과 유래

1) 황항리(黃項里)

조선시대는 성주목 증산면에 속한 황항, 임평으로 1895년에 증산면이 갈라지면서 성주군 내증산면에 속하게 되었고, 1906년에 황정리의 일부를 편입하여 이름은 그대로 황항리라 하고 지례군 내증산면 관할로 옮겼다가 1914년에 황항과 임평이 통합되어 황항리라 칭하여 김천군(1949년부터는 금릉군) 증산면 관내가 되었다.

증산면 북단 산간오지에 있어 버스가 다니지 않는 마을로 면소재지와는 6.5킬로 거리이며, 부항리에서 동북쪽으로 갈려 들어간다. 사방이 산으로 둘러싸인 남암천의 발원지이며 동은 성주군 금수면, 남은 황정리, 서는 부항리, 북은 지례면과 이웃하고 있다.

자연부락의 이름과 그 유래를 알아보면 다음과 같다.

누루목(황항)

본래 지례군 내증산면의 지역으로서 높은 지대에 위치하여 주위가 황토빛이므로 누루목이라 불렀고, 그것을 한자로 의역한 것이 황항이라 한다. 1914년 행정 구역 통합에 따라 황정리 일부를 합하여 황항리라 해서 김천군 증산면에 편입시켰다. 일제시만 해도 백석군이 두 집이나 있을 정도로 부촌이었다. 본 면의 면사무소가 있던 곳이다(서정효 40 외 4명).

논산의 옛 이름이 연산 혹은 황산벌이었는데 여기서 논-누르-느리의 대응을 보이는바, 황항의 경우도 그런 가능성이 있을 것으로 본다. 또는 항(黃)-자가 들어가는 마을의 위치는 대부분 가운데를 이르는 일이 많이 있으니 황항도 가운데를 이르지 않나 한다.

인패이(임평) · 인평

황항리 남서쪽에 있는 마을로 다음과 같은 이야기가 전한다. 옛날 몹시 가물던 어느 해 사촌간에 물싸움이 벌어져 살인을 하는 불행한 일이 일어났다. 그 후 사람들은 사람이 사람을 때린 들이라 하여 인패이들이라 한 것이 오늘날 인패이 · 인팽으로 불리게 되었다고 한다. 또 다른 유래에 의하면 옛날 임씨가 이 마을에 처음 자리를 잡고 논밭을 개간하여 살았다고 하여 임평이라 불리어진다고 한다(이기봉 58 외 2명).

2) 부항리(釜項里)

조선시대는 성주목 증산면에 속한 월도, 한적, 시동이라 불리던 마을로 1895년에 증산면이 양분되면서 성주군 내증산면에 속하게 되었다. 1906년에 지례군 내증산면에 편입되었다가 1914년에 위 3개 마을과 신기를 합하여 부항리라 개칭하여 김천군(1949년부터는 금릉군) 증산면 관내가 되었으며, 병자년(1936년) 대홍수 때 신기에 살던 수재민이 이주하여 이전부락과 새마의 두 마을이 새로 형성되었고 주막뜸이 추가되었다.

증산면 북단 산간오지의 골짝에 산재하는 7개의 마을로 면소재지에서 3~4 킬로 거리이다. 지례면 속수에서 가목재를 넘어 면소재지로 연결되는 6호선 군도가 지난다. 동은 황항리, 서는 대덕면, 남은 황정리와 동안리, 북은 지례면 과 접경한다.

증산의 증(甑)-이 가마부(釜)의 부항과 걸림이 있을 것으로 보인다. 부산의 옛 이름이 대증(大甑)이니 여기서도 증-부의 대응성이 찾아진다. 흔히 방언에 시루를 시루가마라고도 이름은 이러한 뒷받침을 하기에 충분하다고 본다.

자연부락의 이름과 그 유래를 알아보면 다음과 같다.

월섬(월도)

부항리에서 가장 먼저 이루어진 마을로 산 위에 섬같이 생긴 마을이다. 마 을 뒤에 달뜨기난당이란 높은 산봉우리가 있는데 정월 대보름 달맞이 놀이인 달집 그슬르기를 할 때 가장 먼저 달을 볼 수가 있고 연기가 가장 빨리 올라갈 수 있는 곳이다. 이 달뜨기난당과 섬같이 생긴 모양에서 마을 이름을 월섬이라 불렀고 한자로 월도라 쓰게 되었다고 한다(이기봉 58 외 2명).

한적골(한적)

교통이 발달되기 이전 옛날 사람들의 생각으로 아늑하고 한적한 곳이 사람 살기에 가장 좋다고 생각되던 때에 터를 잡은 곳이라 부항리에서 가장 살기 좋고 아늑한 곳이라고 하여 한적골·한적동이라 불렀다고 한다(이기봉 58 외 2명).

새터(신기)

주막이란 마을이 생긴 다음에 생긴 마을이다. 약 200년 전에 새로 터를 잡 아 생긴 곳이라는 뜻에서, 즉 신기라 부르게 되었다고 한다(이기봉 58 외 2 명).

감나무골(시동)

병자년 수해 시 새터에서 옮겨 살게 되어 생긴 마을로 감나무가 많아서 부르게 된 이름이라 한다(우재영 63 외 3명).

이전불(이전부락, 용암)

병자년 수해로 새터에서 이전하여 살게된 데서 유래된 이름이라 한다. 15가구의 각성이 거주하고 있으며 높은 지대에 둘러싸인 관계로 공기가 맑으며 서로 돕는 아름다운 풍속과 인정이 넘치는 마을이다(이기봉 58 외 3명).

새마

병자년 수해로 새터에서 다시 이주하여 새로 생긴 마을이라고 새마라 불렀는데 그 곳 사람들은 자기들 나름대로 월도·월계동으로 이름하려 했으나 통용되지 않았다고 한다(이기봉 58 외 2명).

주막뜸·주막땀

옛날 현대식 도로가 생기기 전에 해인사와 거창으로 가는 길목으로서 4월 초파일 경에는 길을 이을 정도로 길손이 많아 장사가 잘 되는 주막이 있었는데 여기서 유래하여 언제부터인가 이 마을을 주막뜸이라 부르게 되었다고 한다(이기봉 58 외 2명).

3) 동안리(東安里)

조선시대는 성주목 증산면에 속한 상동, 하동, 월포, 조산이라 불리던 마을로 1895년에 증산면이 양분되면서 성주군 내증산면에 귀속되었다. 1906년에 지례군 내증산면에 편입되었다가 1914년에 위 4개 마을을 통합하여 동안리라 개칭하고 김천군(1949년부터는 금릉군) 증산면 관하가 되었다.

서쪽에는 험준한 고드름산 줄기가 있고 동에는 황항리에서 발원된 남암천이 남류하고 산촌치고는 들이 넓은 편이다. 면소재지에서 북으로 2킬로 떨어진 거리인데 6호선 군도로 연결된다. 동은 황정리, 서는 대덕면, 남은 평촌리, 북은 부항리와 이웃하고 있다.

자연부락의 이름과 그 유래를 알아보면 다음과 같다.

조산말 · 조산 · 금포

언제인지는 알 수 없으나 마을 입구에 산처럼 생긴 작은 탑을 쌓은 이후에 인근에 사는 주민들이 조산 · 조산말로 부르게 되었다. 또, 산촌이라 의식이 풍부하지 못한 주민들이 부를 기원하는 마음에서 금포라 즐겨 불렀다고 전한다(성복출 55 외 4명).

월포 · 월포리

옛날 남암천과 목통천이 합류하는 곳에 큰 보가 있었다고 전하며 그 곳의 달구경이 좋다 하여 월포 · 월포리라 부르게 되었다고 한다(성희태 71 외 4명).

4) 황정리(黃亭里)

조선시대는 성주목 증산면에 속한 황정, 봉산, 고동이라 불리던 마을로 1895년에 증산면이 갈라지면서 성주군 내증산면에 속하게 되었다. 1906년에 지례군 내증산면에 편입되었다가, 1914년에 위 3개의 마을과 풍령이 통합되어 황정리라 하여 김천군(1949년부터는 금릉군) 증산면 관할이 되었으며, 1936년 병자년 대홍수 뒤에 수재민이 모여들어 신기 마을을 새로 이루었다.

동으로는 월출산 줄기가 달리고 서로 갈수록 낮아진 동고서저(東高西低)의 야산지대에 산재하는 4개의 마을로 풍령을 제외한 면소재지에서 1~2킬로 거리에 있다. 동은 성주군, 서는 동안리, 남은 유성 1, 2리, 북은 황항리와 이웃한다.

자연부락의 이름과 그 유래를 알아보면 다음과 같다.

원황정 · 황정

옛날 경산 이씨가 약 350년 전에 개척하였으며, 그 당시 동 입구에 유림이 울창하여 그 밑에 정자를 지었다. 농토가 비옥하여 오곡이 풍성하였으며 봄 · 여름의 꾀꼬리 소리와 가을빛이 좋다고 하여 황정리라 칭하였다고 한다(정하석 58 외 4명).

봉산

이 마을 입구에 약 580년쯤 되는 큰 느티나무가 있으며, 이 느티나무에 산새들이 울음소리가 특이하다는 뜻으로 봉산이라 불렀다고 하며 20여 가구가 사는데, 주로 인동 장씨와 진양 강씨이다(장기황 55 외 4명).

새뜸(新基)

병자년 홍수 때 수해를 만난 사람들이 이 곳으로 이주하여 새로 터를 잡고 집을 지었다고 하여 생긴 이름이라 전한다(장학용 77 외 4명).

바람재(風嶺)

천상봉 줄기에 위치하여 지대가 높고 바람이 거세다 하여 바람재 · 풍령이라 부르게 되었다(배재수 67 외 4명).

5) 평촌리(平村里)

조선시대는 성주목 증산면에 속한 평촌, 장평, 추령의 세 마을로 1895년에 증산면이 갈라지면서 성주군 내증산면에 속하게 되었다. 1906년에 지례군 내증산면에 편입되었다가, 1914년에 평촌, 장평, 추령이 통합하여 평촌리라 칭하여 김천군(1949년부터는 금릉군) 증산면에 들게 되었다.

남, 서, 북의 삼면이 산으로 둘러싸이고 동은 평야로 되어 있으며, 천년 고찰인 청암사가 있으며 면 소재지와는 30호선 국도로 1.5킬로 거리이다. 가랫재,

청암사골, 수도리의 세 골짜기에서 발원된 3개의 계천이 장평 남쪽에서 합하여 대가천을 이룬다. 서는 대덕면, 남은 수도리, 북은 동안리와 산으로 이웃하고, 동은 유성 1리와 이어져 있다.

자연부락의 이름과 그 유래를 알아보면 다음과 같다.

들마(평촌)

옛날 이 곳에 이씨·한씨·박씨 삼성이 합심하여 전답을 이루니, 들이 넓고 평평하여 대평이라 했는데, 이 들에 마을이 이루어졌으므로 들마·평촌이라 불렀다(전일만 63 외 6명).

장뜰(장평)

옥동에서 2.7킬로 떨어진 곳에 있는 마을로 30여 가구가 살고 있는데, 이 마을의 지형이 해주선형(解舟船形)이라 배를 매는 말뚝이 필요하다 하여 마을 이름을 장뜰·장평이라 부르게 되었다고 한다(전일만 63 외 6명).

6) 수도리(修道里)

조선시대는 성주목 증산면에 속한 수도 마을로 1895년에 증산면이 갈라지면서 성주군 내증산면에 속하게 되었고, 1906년에 지례군 내증산면에 편입되었다가, 1914년에 수도리라 칭하여 김천군(1949년부터는 금릉군) 증산면이 되었다.

증산면 남서쪽 끝을 점하여 서에 수도산(1,316미터), 남에 단지봉(1,327미터)이 있는 산간오지에 자리한 마을인데 면소재지와는 8킬로 거리이고 교통이 극히 불편하다. 해발 800미터의 높은 지대로 여름철에도 개울물이 차다. 동은 금곡리와 황점리, 서와 남은 경남 거창군, 북은 평촌리와 이웃하고 있다.

자연부락의 이름과 그 유래를 알아보면 다음과 같다.

수도 · 수도리

마을 뒷산인 수도산 중턱에 소도암
이 있는데 이 암자는 신라의 도선국사
가 수도장이 절터로 적합하다 하여 창
건한 것이다. 그리고 뒷산도 본 이름은
선유봉이라 하였는데 국왕께 상주하여
수도산이라 고쳤다.

이 곳은 첩첩산중으로 옛날부터 나
라에 죄를 지었거나 또는 일제 강점기
에 항일 투쟁 의사들이 피신차 와서 전
답을 이루고 살아 왔는데 수도사라는
절 이름을 따서 수도리라 하게 되었다 한다(박경회 65 외 6명).

수도암에는 신라시대의 것으로 추정되는 3층 석탑이 있다.(그림 3층 석탑)

내원

고려 때 이 곳에 내원사가 있었는데 이 절이 없어지자 이 절터를 이용하여
사람들이 모여 살게 되면서 절 이름을 따서 내원이라 하였다(박경회 65 외 1
명).

7) 유성리(柳城里)

조선시대는 성주목 증산면에 속한 옥동 마을로 1895년에 증산면이 갈라지
면서 성주군 내증산면에 속하게 되었다. 1906년에 지례군 내증산면에 편입되
었다가 1914년에 옥동, 유성, 지소를 합하여 유성리라 개칭하여 김천군(1949년
부터는 금릉군) 증산면 관내에 들게되었다. 1973년 유성, 지소가 나누어져 옥
동이 유성 1리가 되었다.

김천시에서 32킬로 거리인 면소재지 마을로, 마을 뒤에 증산면을 상징하는

시루봉(증산)이 솟아 있다. 수도산과 황항리에서 다르게 발원된 대가천과 남암천이 마을에서 합류하여 옥류천을 이루어 동으로 흐르고 주위의 들이 넓다. 동은 유성 2리, 서는 평촌리, 남은 금곡리, 북은 황정리와 접경하고 있다.

자연부락의 이름과 그 유래를 알아보면 다음과 같다.

옥동(옥류동, 백천강)·백천구

이곳은 증산면 사무소가 있는 곳으로서 매월 2일·7일로 5일장이 서는 곳이다. 옛날에는 쌍계사라는 유명한 사찰이 있었는데 이 사찰이 쇠퇴하면서 마을이 형성되기 시작하였다.

6·25 때 공비로 말미암아 이 사찰이 완전 소실되자 본격적인 마을이 형성되고 각처에 산재하던 관공서도 이 곳을 흐르는 맑은 물과 돌이 아름답다고 하여 백천구라 했는데 광해군 때 판서 정 술 선생이 놀러왔다가 냇물이 바위에 부딪쳐서 흘러가는 것이 마치 옥이 굴러가는 것과 같다고 하여 옥류동이라 명명했다고 하며 이 옥류동을 줄여서 옥동이라 부르게 되었다(배재즙 67 외 6명).

버들밭(원유성, 유성)

옛날 이 곳은 냇가에 버들숲이 무성하였는데 350여 년 전에 황씨라는 분이 이 곳에 정착하여 살면서부터 마을이 형성되고 차츰 버들을 베어내고 그 곳을 농토로 개간하여 버들밭이라고 불려지다가 행정 동명이 정해지면서 유성이라 부르게 되었다고 한다(배재도 67 외 6명).

지소(지촌)

유성리 동쪽에 있는 마을로서 이 곳은 앞 냇물이 맑고 수량이 많아 종이를 만들기에 알맞은 곳이어서 한지를 생산하게 되어 청암사·쌍계사·수도사 등에 제공하다가 이 곳의 한지가 질이 좋으므로 조정에 바쳤다고 전해진다. 이에 연유하여 이 곳을 지촌·지소라 부르게 되었다고 하며 지금도 한지 생산을 계승하고 있다(배재도 67 외 6명).

8) 금곡리(金谷里)

조선시대는 성주목 증산면에 속한 금곡, 개정지, 거물 마을로 1895년에 증산면이 갈라지면서 성주군 내증산면에 속하게 되었다. 1906년에 지례군 내증산면에 편입되었다가, 1914년에 금곡, 개정, 거물리 주변에 산재하는 작은 마을을 합하여 금곡리라 개칭하여 김천군(1949년부터는 금릉군) 증산면이 되었다.

동과 서는 높은 산지로 되어 있고 리의 중간부에 목통천이 북으로 흐르며, 그 냇가에 좁은 들이 형성되고 이 들을 따라 6호선 군도가 남북으로 지나고 있다. 원금곡에서 면소재지까지는 북으로 3.1킬로이다. 동은 성주군, 서는 수도리, 남은 장전리와 왕점리, 북은 유성 1, 2리와 이웃하고 있다.

자연부락의 이름과 그 유래를 알아보면 다음과 같다.

구금곡

지금으로부터 390여 년 전 임진왜란 당시, 안동 권씨가 이 곳에 피난을 와서 이룬 마을이다. 금곡이란 지명의 유래는 옛날 이 고을에 사금이 많이 나와서 금광이 매우 성하였으므로 금을 캐는 사람들이 붙여준 것이라 한다(백문흠 61 외 2명).

안터(내기)

병자년 대홍수 때 금곡이 물바다가 되어 전답과 가옥이 모두 떠내려가고 사람이 7명이나 죽어 안터밭에 새로 집을 짓고 살게 된 후부터 밭이름인 안터가 마을 이름이 되었다고 한다(백문흠 61 외 4명).

거무리(거물리)

옛날 이 마을 앞에 거무리(거머리)가 너무 많아서 사람들이 접근을 못했으며 어떤 때는 민가에까지 침범하므로 마을 사람들이 그 못을 메워버렸다고 한다. 거머리가 많았던 마을이라 하여 거무리라 한 것이 한자음으로 거물리라 하였다 한다(백문흠 61 외 4명).

거북을 지역 방언에 따라서는 거미-거무라고도 이르는바, 거머리의 원 의미는 거북을 드러내는 것으로 거북을 농경시대의 토템으로 섬기던 신앙에서 비롯한 것으로 보인다.

거북신에 대한 두려움을 드러낸 것이다.

주막뜸

옛날에 말을 타고 김천에서 합천 해인사나 거창으로 가는 통로인 이 곳에는 주막이 있었다고 하여 이 마을을 주막이라 하였다고 한다(백문흠 61 외 4명).

개정지(개정지, 개정)

거물리 북쪽에 있는 마을로 마을 입구에 크고 작은 아름다운 정자나무가 있었다 하여 개정지·가정지로 불리어졌다고 한다(백문흠 61이 4명).

9) 장전리(長田里)

조선시대는 성주목 증산면에 속했던 장전, 청천, 송계의 세 마을을 일렀다. 1895년에 증산면이 갈라지면서 성주군 내증산면에 귀속되고, 1906년에 지례군 내증산면에 편입되었다가, 1914년 청천, 송계, 선무기, 마고실과 그 주변의 작은 마을을 합하여 장전리라 개칭하여 김천군(1949년부터는 금릉군) 증산면이 되었다.

증산면의 남동끝에 위치하여 동남북을 에워싼 높은 산이 서로 갈수록 낮아져 마을의 서쪽은 넓은 계곡을 이루고 있다. 장전리와 황점리에서 발원된 목통천의 지류가 이 계곡을 따라 북으로 흐르고, 그의 양안에 꽤 넓은 들이 형성되어 있다.

면소재지와는 6호선 군도로 6킬로 거리이며, 동은 성주군, 남은 거창군, 북은 금곡리와 접경하고 있다. 이 곳에 있는 청천, 마고실하면 이보다 더한 산촌이 다른 곳에도 있으나 김천시 역에서는 벽지의 대명사로 통용되고 있다. 마고실은 마지막골이라는 뜻으로 막다에서 비롯한 이름으로 볼 수 있다.

자연부락의 이름과 그 유래를 알아보면 다음과 같다.

청천이(청천)

봉탑 서쪽 맑은 냇가에 있는 부락으로 마을 양쪽에 푸르고 맑은 냇물이 계속 흐르고 있어 청천이·청천이라 부르게 되었다고 한다(배재즙 67 외 4명).

마구실(마고실)

이 마을은 성주로 가는 통로로서 예로부터 말을 많이 길렀던 마고실이 있었다 하여 마을 이름까지 마구실·마고실이 되었다고 한다. 다른 유래에 따르면 옛날에 마고할머니가 성만재에서 쉬어 갔다고 하여 마고실이라 하였다고 한다(배재즙 67 외 4명).

서무터(선무기)

100여 년 전 김천 지역의 천주교 발상지로서 천주교 신자들이 이 곳에 정착하여 살았다. 착함을 전하는 곳이라고 하여 선무기라 하였으며, 훗날 서무터로 변경되어 부르게 되었고 10여 가구의 천주교 신자들이 살고 있다(67 외 4명).

봉답(鳳畓)

주민들의 대부분이 밭을 일구어 살아가며 논이 적어서 논을 봉처럼 귀하게 받들었다는 뜻에서 봉답이라 이름하였다. 10여 가구의 각성이 소농으로 상부상조하며 살아가고 있다(배재즙 67 외 4명).

11) 황점리(黃店里)

조선시대는 성주목 증산면에 속한 황점, 초동, 문례, 죽항이라 불리던 네 마을로 1895년에 증산면이 갈라지면서 내증산면에 속하게 되었고, 1906년에 지례군 내증산면에 편입되었다. 1914년에 황점, 초동, 문례, 죽항과 석장을 통합하여 황점리라 개칭하여 김천군(1949년부터는 금릉군) 증산면이 되었다.

증산면의 남쪽끝인 산간오지의 작은 마을로 면소재지에서 7.5킬로 거리이다. 동은 형제봉(1,022미터), 서는 단지봉(1,327미터), 북은 새목양지(984미터)가 둘러싸고, 북동쪽으로 골짜기가 트여 목통천의 상류가 흐르고 교통이 매우 불편하다. 동은 장전리, 서는 수도리, 북은 금곡리, 남은 거창군과 이웃하고 있다.

자연부락의 이름과 그 유래를 알아보면 다음과 같다.

원황점

원래 황(璜)을 구운 황점이 있었던 마을이라고 하여 원황점이라 한다. 김해 김씨 중간 시조가 유황을 구워 상납한 것이 마을 조성의 시초였다. 당시 암행어사 박문수가 이 곳 목통령 고개를 넘다가 기아 상태에서 실신하여 쓰러진 일이 있었는데, 마침 이 광경을 황점에 살던 어떤 부인이 발견하여 자기의 젖을 빨아 먹여 소생시켰다 한다.

그 후 어사 박문수는 그 사례로 부인의 소망을 물으니 매년 황을 구워 조정에 상납하는 부담을 없애 달라는 청을 했는데, 이 청이 임금님께 상주되어 그 후는 황을 굽는 일이 중지되었다는 전설이 있다(김재숙 69 외 5명).

대목(죽항)

원황점으로 들어서는 길목에 마을이 있고, 대나무가 무성하므로 지어진 이름이라고 한다. 8가구의 각성이 거주하고 있으며 특산물로는 담배·약초 등이 성하다(기재숙 69 외 5명).

초막골(초동)

대목 서쪽에 있는 마을로 옛날부터 이 곳에는 풀이 많아서 풀로 막을 짓고 농사일을 하였다고 하여 초막골·초동이라 한다(김재숙 69 외 5명).

돌마당(석장)

옛날 이 곳에 이주한 사람들이 집을 지으려고 하는데 집터가 될 만한 곳은 모두 돌이 많아 큰 애로를 겪었다고 하여서 마을 이름을 석장이라 지었다고 하며 지금도 이 곳에는 다른 지역과 비교할 때 돌이 많다(김재숙 69 외 5명).

문이(문례)

박씨가 처음 이 마을에 이주하여 살면서 글을 가르치고 예를 숭상하므로 이웃 주민들이 이를 앙모하여 부르게 된 이름이라고 한다(김재숙 69 외 5명).

3. 이 고장의 문화재

청암사

위치 : 경상북도 김천시 증산면 평촌리 188번지
창건연대 : 신라 헌안왕 3년(859)
창립자 : 신라 도선국사

이 절은 조선 인조 25년(1647) 불로 다 타버렸는데 벽암 성청 두 스님이 덕유산에서 이 소식을 듣고 그 문도인 허정 대사로 하여금 청암사를 다시 세우도록 하니 이에 허정대사가 심혈을 기울

여 청암사를 다시 세웠다.

이로부터 130여 년이 지난 정조 6년(1782)에 다시 재화를 입어 절의 건물이 타버리자 환우 대사가 다시 신궁보전과 누당을 중건하였는데 이를 제3차 중창이라 한다. 그리고 고종 9년에는 주지 대운당 용각화상이 극락전을 창건하였다.

1911년 9월 21일 밤 청암사는 다시 화재를 입어 절이 모두 타버렸다. 이에 대운대사가 화주가 되어 대중을 위로하고 독려하여 그 다음 해 다시 청암사를 다시 세웠다. 특히 대사는 중국 강소성으로부터 석가상을 조성하여 대웅전을 봉안하는 등 전각의 장엄을 완성하였다. 이를 청암사 제4차 중창이라고 한다.

수도암

위치 : 증산면 소재지
창건 연대 : 알 수 없음

이 절은 불영산(해발 1360미터) 중턱에 위치한 깊고 그윽한 암자이다. 암자 위치도 1050미터의 고지대이므로 여름에도 모기 없고 그 아래 마을과는 한달 가까운 계절 차이를 보이고 있다.

본래 불영산은 수도산이라고 불려져 왔는데 100여 년 전부터 부처님의 영험과 가호가 많다 하여 불영산이라고 고쳐 불렀으며 또 이곳 석불 이마에서부터 자주 빛이 났으므로 불영산이라 불리어졌으며 수행자가 모여 수도하고 마음 밝히는 곳이라 하여 수도암이라고 부르게 되었다.

수도암 창건 연대는 따로 전하는 것이 없으나 청암사 사적비에 쌍계사(현 증산면 소재지), 청암사, 수도암은 같이 세웠다고 하였다.

이 절은 도선국사가 처음으로 세운 후 꾸준히 선원으로 수행자가 자취를 숨기고 수도하던 곳이다. 현재에도 결재기간에는 절 안에 대중이 약 30명 그 가운데 수도승이 25명 가까이 언제나 정진하고 있으며 원근 각지에서 많은 신도들이 찾아와 기도하고 있다.

수도암에는 현재 본당인 대적광전, 약광전, 나한전, 조사전, 선원, 휴원으로 관음전 그리고 부속 건물로 3, 4동 건물이 있으며 부속 암자로서 정각, 서전, 낙가가 있다.

4. 이 고장의 전설

가. 용바우 전설

황정리 이전부락 동쪽에 있는 바위로 이곳에 전(田)씨 성을 가진 사람이 묘를 쓴 뒤 그 집안에 장사가 태어나 역적모의를 할까 두려워 산소의 혈을 끊었더니 용마가 나와 울고 갔다고 한다. 이로 인하여 이전부락을 용암(龍岩)이라고도 한다. 황정리 고무실 안골짜기에 있는 바위로 이 마을 금(琴)씨가 스님을 박대한 후 다시 노승이 찾아와 이 용 바위를 깨뜨리면 금씨 집안이 흥한다고 하여 시키는 대로했더니 바위 속에서 붉은 피가 사흘 동안 흘러나오고 그 뒤로 금씨는 망했다 한다.

나. 고무실(鼓舞室) 유래담

황정리 고무실은 전에는 고동(鼓洞)이었는데, 정승을 지냈던 금(琴)씨가 낙향하여 살면서 항상 노래와 춤으로 세월을 보냈기 때문에 붙여진 마을 이름이라 한다.

다. 수도암 약광전 석불 옮기는 이야기

이 석불은 거창 땅 부처골에서 다듬어져 이곳으로 옮겨졌다고 한다. 부처골에서 불상이 완성되어 운반하는 방법을 의논하는데, 난데없이 수염이 하얀 노승이 나타나 운반하기를 청했다. 노승은 돌로 된 불상을 등에 업고 쏜살 같이 달려 따라가던 사람들이 아무도 따를 수가 없었다. 노승은 고개를 넘어 수도암 입구(대적광 전 자리)까지 와서 칡넝쿨에 걸려 넘어졌다. 노승은 고개를 넘어 수도암 입구(대적광전 자리)까지 와서 칡넝쿨에 걸려 넘어졌다.

노승은 화를 내고 수도산 산신을 불러 놓고 "부처님을 모시고 오는데 칡넝쿨에 걸려 넘어지게 하였으니 앞으로 이 절 주위에 칡이 일절 자라지 못하게 하라."고 호령하고는 어디론지 사라져 버렸다. 뒤따라오던 사람들은 어찌 된 영문인지 몰라 멍하니 서로의 얼굴들만 바라보다가 누군가 먼저 "부처님의 화신(化身)이다."고 말하니, 모두들 노승이 떠난 곳을 향해 절을 하고, 이 절을 짓는데 아무런 어려움이 없도록 해 달라고 빌었다고 한다. 그 뒤로 이곳 수도암에는 모든 초목들은 서식하고 있으나, 칡은 절 주위에 일절 없어졌다고 한다.

라. 쌀가마를 옮겨준 수도암 나한

옛날 한 사도가 공양미를 메고 거창읍에서 이곳까지 산을 넘어 오는데 한 동자가 나타나 "수도암에 있는 사람인데 스님께서 저에게 짐을 받아 오라 해서 왔습니다." 하고 쌀가마니를 받아 어깨에 메고 나는 듯이 산을 넘어 갔다. 뒤를 따라 절에 도착해보니 쌀가마니는 마루에 있었고 사람은 아무도 없었다. 큰 소리로 사람을 찾자 그제서야 스님이 선실에서 나왔다. 고맙다는 인사를 하는데 영문을 모르는 스님이 까닭을 되묻자 노인은 자초지종을 얘기했다. 스님이 눈을 감고 잠시 생각하더니 나한전으로 들어가 살펴보니 나한님의 어깨에 지푸라기가 묻어 있지 않는가. 이렇듯 수도암에서는 나한님의 신통력에 의한 기적이 자주 일어난다고 한다.

마. 수도암의 골칫거리 나무를 베어낸 나한

수도암에 대적광전을 덮을 만큼 거대한 느티나무가 법당의 기와를 상하게 해서 비가 새어 스님들의 걱정거리가 되었다. 어느 날 노승 한 분만 절을 지키고 있는데 갑자기 여러 사람들의 웅성거리는 소리가 있어 선실에서 정진하다

밖을 내다보았으나 아무 기척이 없었다. 다시 참선을 계속하는데 이번에는 크게 영차영차 하는 소리가 나서, 노승이 방문을 열고 나가려고 하는 순간에 쿵 하는 소리가 났다. 법당 쪽을 돌아보았더니 이게 웬일인가. 법당 뒤의 나무가 뿌리째 뽑혀서 법당 탑 있는 곳에 거꾸로 쳐 박혀 있는 게 아닌가. 노승이 곰곰이 생각하다가 문득 떠오르는 것이 있어서 16나한을 모신 나한전에 가 보았다. 아니나 다를까 나한님들의 어깨와 손에 잎새와 나무껍질이 묻어 있었던 것이다. 그 거목은 법당 쪽으로 무게가 실려 법당을 헐지 않고는 베어낼 수 없는 것이었다. 그 후 대중 스님들은 그 나무를 베어다가 화목으로 사용하고 밑둥치는 남아 있었는데 1969년 선원(禪院)을 지으면서 치웠다고 한다.

바. 돌을 날라준 마고 할미

장전리 마고실은 마구실이라고도 하는데 마고할미가 성만재에 내려와 사람을 괴롭혔다 하고, 또 천태성 마고할미가 만리장성을 쌓을 때 이곳의 돌을 치마에 싸서 날랐다고도 한다.

사. 천주교를 박해하던 서무터[善武基]

장전리 서무터는 한자로는 선무기(善武基)로 표시하는데 100여 년 전에 천주교 신자들이 박해를 피해 들어와 정착하여 성주 땅 천주교의 발상지가 되었다 한다. 지금도 성당이 있고 6가구 전원이 신자라 한다.

아. 박문수와 황점(黃店)

황점은 옛날 유황을 끓여 정제하던 곳이다. 이에 얽힌 이야기로 박문수 어사가 목통령을 넘다가 허기져 쓰러졌다. 지나가는 한 부인이 젖을 먹여 살렸는데 뒤에 어사가 부인을 찾아와 소원을 물었다. 그때 제발 유황 일을 그만두게 해달라고 애원했더니 유황의 상납이 중단되었다 한다.

김천 관련 지명 자료

삼국사기(三國史記) 지리지 권 34

　개령군은 옛날 감문소국이었다. 진흥왕 18년 양 나라 영정 원년에 군주를 두었으며 청주를 삼았다. 진평왕 때에 이르러 주를 폐하였다가 문무왕 원년에 감문군을 두고 경덕왕 때는 이름을 고쳐 지금까지 쓴다. 영현으로 넷이 있는데 어모현은 본디 금물현이었다. 달리 음달현이라고도 이른다. 경덕왕 때 고쳐서 지금에 이른다. 김산현은 경덕왕 때 주현의 이름을 고쳐 지금도 쓴다. 지례현은 본디 지품현이었는데 경덕왕 때 고쳐서 지금도 그렇게 쓴다. 무풍현의 본디 이름은 무산이었는데 경덕왕 때 고쳐서 지금도 쓴다.

　開寧郡古甘文小國也眞興王十八年梁永定元年置軍主爲靑州眞平王時州廢文武王元年置甘文郡景德王改名今因之領縣四禦侮縣本今勿縣一云陰達景德王改名今因之金山縣景德王改州縣名及今並因之知禮縣本知品川縣景德王改名今因之茂豊縣本茂山縣景德王改名今因之

고려사(高麗史)

개령군

　개령군은 본디 감문소국이었는데 신라가 취하고 진흥왕 때 군주를 두어 청주를 삼았다. 진평왕 때 주를 폐하고 문무왕 때 감문군을 삼는다. 경덕왕 때 이름을 고쳐 현종 9년에 와서 개령군에 속하게 한다. 명종 때 감무를 두었다.

　開寧郡本甘文小國新羅取之眞興王置軍主爲靑州眞平王廢州文武王爲甘文郡景德王 改名顯宗九年來屬明宗二年置監務

어모현

어모현은 본디 신라의 금물현이었다. 달리 음달이라고도 한다. 경덕왕 때 지금의 이름으로 고쳐 개령군의 영현으로 삼았다. 현종 9년에 와서 속하게 하였다.

　禦侮縣本新羅今勿縣一云陰達景德王改今名爲開寧郡領縣顯宗九年來屬

지례현

지례현은 본디 신라의 지품천현이었는데 경덕왕 때 이름을 고쳐 개령군의 영현으로 삼았다. 현종 9년에 와서 속하게 하였다. 공양왕 2년에 감무를 두고 별호를 구성이라 하였다.

　知禮縣本新羅知品川縣景德王改名爲開寧郡領縣顯宗九年來屬恭讓王二年置監務別號龜城

김산현

김산현은 본디 신라의 김산현이었는데 개령군의 영현으로 삼았다. 고려 때에도 옛 이름을 썼다. 현종 9년에 와서 속하게 하였다. 공양왕 2년에 감무를 두고 별호를 금릉이라 하였다.

　金山縣本新羅金山縣爲開寧郡領縣高麗仍舊名顯宗九年來屬恭讓王二年置監務別號金陵

세종실록 지리지

김산군(金山郡)

신라 때 감문군의 영현이었고 고려 현종 9년 무오에 경산부에 속하였다. 공양왕 2년 경오에 비로소 감무를 두었다. 본조에 들어 와 공양왕 원년 기묘에 임금의 태를 현의 서쪽 10리 어름에 있는 황악산에 봉안하였다. 이로 인하여 지군사로 승격을 하게 되었으며 별호를 금릉이라 하였다. 속현이 하나 있었는데 어모현이었다.

본디는 금물현으로 달리 음달현이라 하였다. 경덕왕 때 이름을 고쳐 감문군 영현이 되었다. 현종 9년 무오에 상주 관내가 되었고 본조 태조 2년 계유에 들어 와서 김산으로 귀속되었다. 지금은 직할촌이 되었고 부곡이 하나였는데 조마이고 향이 하나 있는데 연명이고 수가 하나였는데 황금이었다. 사방의 경계를 보면 동으로 개령까지는 11리가 되며 서로는 충청도 황간까지 11리가 되며 남으로는 지례까지 11리가 되었다. 북으로는 상주 관내까지 24리가 되었다.

집은 533호이고 인구는 3064명이었다. 군사로는 시위군 72, 영군 15, 진군 14, 선군 179명이 있었다. 본 군의 토성은 넷이 있는데 전·김·이·백이다. 어모에는 육성이 있으니 박·정·방·오·전·심이고 뒤에 들어 온 래성은 둘인데 김과 홍이다. 속성은 하나인데 신인데 향리가 되었다. 조마의 속성은 하나인데 임이며 연명의 성은 여섯이 있으니 권·김·강·이·장·백이고, 황금의 성으로는 셋이 있으니 이·전·김이며 속성에 둘이 있으니 주와 문이다.

토양은 비옥하며 기후는 따뜻하다. 밭은 4673결이며 이 가운데 논은 8분의 3이고 땅은 벼와 조, 옥수수와 피, 그리고 목화 재배에 적당하였다. 토산품으로 조정에 바치는 토공으로는 꿀과 황납, 그리고 옻, 여우 가죽과 이리 가죽, 그리고 노루 가죽이 있으며 약재로는 당귀, 오미자, 목적이 있다. 그 밖의 토산으로는 은어와 송이가 있고 사기 만드는 자기소는 하나인데 황금소 보현리에 있고 중품이 나왔다. 질그릇 만드는 도기소로는 둘이 있는데 하나는 군의 남쪽 건천리에 있고 중품이 나오며 다른 하나는 황금소 추풍역리에 있는데 하품이 나온다.

속문산 석성은 군의 북쪽 27리에 있으며 높고 험하며 둘레가 492보이며 성 안에 샘이 둘 못이 둘이 있고 군창이 있었다. 역은 셋이니 김천과 추풍, 그리고 신역이 그 것이다. 봉화는 둘인데 봉화대가 높은 곳에 있다.

성은 군남쪽에 있는데 남으로는 지례 산성에서 준거하며 서로는 황간 관내인 김화현 눌이항에 준거한다. 소산은 군북쪽에 있는데 동으로는 개령 성황당에 준거하며 북으로는 공성 회룡산에 준거한다.

新羅時爲甘文郡領縣高麗顯宗九年戊午屬京山府任內恭讓王二年庚午始置監務本朝　恭靖王元年己卯安御胎于縣西十里黃岳山陸爲知郡事別號金陵屬縣一禦侮縣本今勿縣一云陰達景德王改今名爲甘文郡領縣顯宗九年戊午屬尙州任內本朝太祖二年癸酉來屬今爲直村部曲一助馬鄕一延命所一黃金四境東距開寧十一里西距忠淸道黃澗十九里南距知禮二十六里北距尙州任內功城二十四里戶五百三十三口三千六十四軍丁侍衛軍七十二營軍十五鎭軍十四船軍一百七十九本郡土姓四全金白李禦侮姓六朴鄭方吳田沈來姓二金黃續姓一申今爲鄕吏助馬續姓一林延命姓六權金姜李張白黃金姓三李全金續姓二朱文厥土肥風氣暖墾田四千六百七十三結水田八分之三土宜稻粟黍稷木綿土貢蜂蜜黃蠟漆蕩狐皮狸皮獐皮藥材當歸五味子木賊土産銀口魚松茸磁器所一在黃金所普賢里中品陶器所二一在郡南乾川里中品一在黃金所秋風驛里下品俗門山石城在郡北二十七里高險周回四百九十二步內有泉二池二有軍倉　驛三金泉秋風新驛烽火二處高　城在郡南南准知禮山城西准黃澗任內金化縣訥伊項　所山在郡北東准開寧城隍堂北准功城回龍山

개령현(開寧縣)

개령현은 본디 감문소국이었는데 신라가 취하였다. 진흥왕 때에는 청주를 두었으니 중국으로 치면 진 나라 무제 때 영정 원년 정축이고 진평왕 때에는 주를 없애 버렸다. 문주왕 때 감문군을 두었으니 당나라 고종 용삭 원년 신유에 해당하였다. 경덕왕 때 개령군으로 이름을 고쳤다. 현종 9년 무오에 상주관

내로 하였다가 명종 임진년에 비로소 감무를 두었다. 본조에 들어 와서도 이를
이었다. 태종 13년 계사에 조례를 고쳐 현감을 두었다. 사방의 경계로는 동쪽
으로 선산이 14리이며 서로는 김산까지 9리이며 남으로는 성주까지 31리이다.
다시 북으로는 김산까지 19리였다.

집 수는 531호이며 인구는 2359명이었다. 군인으로는 시위군이 65, 영군이
5, 진군이 9, 선군이 146이었다. 토성으로 다섯이 있으니 홍·임·문·전·심
이며 뒤에 들어온 성으로는 다섯이 있는데 옹·정·박·김·백이었다. 촌성으
로 하나가 있으니 구씨요, 속성으로는 다섯이 있으니 정이 둘인데 하나는 경주
이며 다른 하나는 동래이다. 김씨는 춘천에서 백씨는 청도에서 왔고 윤씨는 그
본이 미상이나 모두 향리였다.

그 땅은 비옥하며 기후가 따뜻하다. 밭은 4190결이고 이 가운데 논은 5분의
2가 좀 넘는다. 땅은 벼와 옥수수, 옻과 뽕나무, 목화가 있고 토공품으로는 호
도 옻, 여우 가죽과 이리 가죽이 있다. 약재로는 맥문동이 있다. 도기소는 하나
있는데 현의 북쪽 마산리에 있는데 하품이 나온다. 역은 둘이니 양천과 부상이
요, 봉화대는 하나이고 성황당은 현북쪽에 있다. 동으로는 선산 남산에 준거하
며 서로는 김산 소산에 준거하고 있다. 경계를 넘어가는 곳은 연명향인데 현의
남촌에 들어간다.

開寧縣本甘文小國新羅取之眞興王置靑州卽陳武帝永定元年丁丑眞平王廢州
文武王置甘文郡卽唐高宗龍朔元年辛酉　景德王改名開寧郡高麗顯宗九年戊午屬
尙州任內明宗壬辰始置監務本朝因之　太宗十三年癸巳例改爲縣監四境東距善山
十四里西距金山九里南距星州三十一里北距金山十九里戶五百三十單一口二千三
百五十九軍丁侍衛軍六十五營軍五鎭軍九船軍一百四十六土姓五洪林文田尋來姓
五翁鄭朴金白村姓一仇續姓五鄭二　一慶州來　一東萊來　金春川來白淸道來　尹本
未詳皆爲鄕吏　厥土肥風氣暖墾田四千一百九十結　水田五分之二强　土宜稻黍漆
桑木綿土貢胡桃　漆狐皮獐皮狸皮藥材麥門冬陶器所一在縣北馬山里下品驛二楊
川扶桑烽火一處　城隍堂在縣北東准善山南山西准金山所山　越境處金山任內延命
鄕入縣南村

지례현(知禮縣)

지품천현은 경덕왕 때 지금의 이름으로 고치고 개령군의 영현으로 삼았다. 현종 9년 무오에 경산부 관내로 하고 공양왕 2년 경오에 비로소 감무를 두었다. 본조에서도 이로 말미암는다. 태종 13년 계사에 조례를 고쳐 현감을 두었다. 별호를 구성이라 하고 부곡이 둘이 있었는데 월이곡과 두의곡이었다. 사방의 경계로는, 동으로 성주까지 9리이고 서로는 전라도 무주까지 26리였다. 남으로는 거창까지 33리이며 북으로 김산까지 11리이며 집은 230이요, 인구는 1200명이었다.

군인으로는 시위군이 30, 진군이 20, 선군이 80이었다. 본현의 토성으로는 넷이 있는데 박·전·장·강이요, 옛 문헌에는 전(錢)을 전(全)으로 하였다. 속성에 둘이 있는데 이씨는 약목에서 왔으며 문씨는 본이 미상이나 모두 향청의 아전이었다.

월이곡의 속성은 하나인데 박이요, 두의곡의 속성은 하나인데 주다. 모두가 향청의 아전이었다. 그 땅은 비옥함과 척박함이 반씩이며 기후는 찬 편이었다. 밭은 1238결이요, 이 가운데 논은 3분의 1이 넘는다.

땅은 벼와 조, 옥수수와 배에 적당하다. 토산으로 조정에 바치는 토공품은 꿀과 황납, 호두와 옻, 종이 이리 가죽과 노루 가죽이 있고 토산품으로는 매운 감초와 송이, 은어가 있다.

구산 석성은 현의 남쪽 3리에 있으며 높고 험하다. 둘레는 146보이며 성안에는 물이 없고 군창이 있다. 역으로는 둘이 있는데 작내와 장곡역이다. 봉화는 하나였는데 구산이고 이 산은 현의 서남쪽에 있다. 남으로는 거창의 거을봉에 준거하며 북으로는 김산의 고성에 준거한다.

知品川縣景德王改今名爲開寧郡領縣顯宗九年戊午屬京山府任內恭讓王二年庚午始置監務本朝因之 太宗十三年癸巳例改爲縣監別號龜城部曲二月伊谷頭衣谷四境東距星州九里西距全羅道茂州二十六里南距居昌三十三北距金山十一里戶二百三十口一千二百軍丁侍衛軍三十鎭軍二十船軍八十本縣土姓四朴錢張康古文錢

作全續姓二李若木來 文本未詳皆爲鄕吏月伊谷續姓一朴頭衣谷續姓一朱皆爲鄕吏
厥土肥瘠相半風氣寒墾田一千二百三十八結水田三分之一强 土宜稻粟黍梨土貢蜂
蜜黃蠟胡桃漆紙狸皮獐皮土産辛甘草松茸銀口魚龜山石城在縣南三里高險周回一
百四十六步城內無水有軍倉驛二作乃長谷驛烽火一處龜山在縣西南南准居昌巨乙
屹北准金山高城

대동지지(大東地志)

김산(金山)

(연혁) 본디는 신라의 동잠이었다. 경덕왕 16년에 김산으로 고쳐 개령군의
영현을 삼게 된다. 고려 현종 9년에 경산부에 속하게 하였다가 공양왕 2년에
감무를 둔다. 조선왕조 정종이 즉위하던 해에 임금의 태를 봉안하면서 군으로
승격시켰다.

(관원) 군수 겸 상주진관병마동첨절제사 1인

(고읍) 어모- 북쪽 35리쯤에 있다. 신라 아달라 왕 4년에 감물현을 두었다.
달리 금물 혹은 음달이라 하였다. 경덕왕 16년에 어모로 고쳐 개령군의 영현으
로 삼는다. 고려 현종 9년에 상주에 속하게 하였다가 조선조 태조에 와서 김산
에 속하게 한다.

(방면) 군내 종10 미곡서초8 종10 고가대 남초5 종10 건천 남초40 종50반
성주 지례 양읍 사이 조마 서남초40 종50 과곡내 남초30 종45 파니 서초10 종
15 본디는 파매우 지금은 봉계라 한다. 토지가 비옥하여 백성들이 넉넉한 삶을
누린다. 황금소 서북초30 종50 구소요 북초15 종40 천상 북초10종15 천하 북초
15 종20 위량 동북 초20 종50 대항 서남초15 종45 연명 본디 연명향이었다. 동
초20 종40을 넘어서면 성주 북쪽의 경계가 된다. 또한 개령의 남쪽 경계가 된
다.

○굴곡부곡 남 3리 신가량부곡 남 23리 조마부곡 남 25리 지금은 조마면 어미곡부곡이다. 남 27리이고 수다부곡 남 28리

(산수) 오파산은 동쪽 5리 황악산 서 15리 황간과의 경계이고 직지사가 있다. 절의 북쪽 봉우리이고 정종의 태를 봉안하였다. 또한 능여암이 있다. 속문산은 북쪽 37리이며 고산은 서북 35리에 있다. 고산은 서북 35리에 있으며 상주의 공성과 중모 두 옛 현의 경계가 된다. 극락산은 서북 11리에 있으며 황간과의 경계를 이룬다. 흑운산은 31리에 있다.

○복룡사 - 삼성산 서쪽 15리에 있으며 황간과의 경계를 이룬다. 덕대산은 서남 25리에 있다.

(고개) 추풍령 -서북 35리에 있으며 호남과 영남의 목 부분이 된다. 고개는 높고 험하지는 않으며 봉우리들이 평화롭다. 시냇물은 맑고 영동의 동서에 자리하고 있다. 땅은 기름지고 쉽게 물을 댈 수가 있다. 괘방령은 서쪽 15리에 있으며 황간과의 경계를 이룬다. 좌현은 속문산의 동쪽에 있으며 선산의 경계가 된다. 전현은 건천면에 있고 성주와의 경계를 이룬다. 병점은 남 1리에 있다. ○진흥사 석현은 서남 40리에 있고 지례와 경계를 이룬다.

○감천- 동 11리에 있으며 지례와의 경계로부터 굽이쳐 동북으로 흘러서 개령으로 흘러 든다. 상세한 것은 선산의 경계를 볼 것이다. 직지천은 황악산에서 근원 샘이 나와 남쪽으로 흐르다가 군의 서남쪽을 돌아 흘러 감천으로 든다. 아천은 동 15리에 있으며 근원 샘은 속문 흑운 두 산에서 흘러 나와 남으로 흐르다가 감천으로 든다. 연화지 못은 남쪽 1리에 있다.

(성지) 속문산의 고성은 북쪽 45리에 있으며 마치 어모 고현의 성과 같다. 둘레는 2450자에 이르며 샘은 둘이고 못도 둘이다. 고성산의 고성은 남 9리에 있으며 성터가 남아 있다.

(봉수) 고성산 앞 부분을 볼 것이다. 소산은 북 29리에 있다.

(창고) 읍창이 김천 역사에 있다.

(역참) 김천 길 남 10리에 있다. ○속역 19 ○찰방 한 사람 추풍역은 서북 15리에 있으며 문산역은 북 3리에 있다. 두하원은 북 25리에 있으며 상주로 가

는 길목에 있다.

(토산품) 대 감 송이 석담 봉밀 은어

(누정) 풍월루 - 읍내 봉황대- 봉황대의 서쪽에 용금문이 있다.

(전고)

신라 진덕왕 원년에 백제가 동잠과 감물을 침공하였다. 무주를 참고할 것이다. ○고려 우왕 6년에 왜적이 어모를 쳐들어 왔고 9년에 왜적이 김산을 쳐들어 왔다. ○본조 선조 25년에 왜적이 김산을 함락시켰다.

(沿革) 本新羅桐岑景德王十六年改金山爲開寧郡領縣高麗顯宗九年屬京山府恭讓王二年置監務本朝定宗卽位之年陞爲郡以安御胎

(邑號) 金陵

(官員) 郡守兼尙州鎭管兵馬同僉節制使一員

(古邑) 禦侮-北三十五里新羅阿達羅王四年置甘勿縣一云今勿一云陰達景德王十六年 改禦侮爲開寧郡領縣高麗顯宗九年屬尙州本朝太祖朝來屬

(方面) 郡內 終十 米谷 西初八終十 金泉 南初八終十 古可大 南初五終十 乾川 南初四十終五十半入星州知禮兩邑間 助馬 西南初四十終五十 果谷內 南初三十終四十五 巴爾 西初十終十五本巴買虞今稱鳳溪土地膏玉民皆饒給 黃金所 西北初三十終五十 仇所要 北初十五終四十 川上 北初十終十五 川下 北初十五終二十 位良東北初二十終五十 代項西南初十五終四十五 延命本延命鄕東初二十終四十越在星州北界 開寧南界 ○屈曲部曲南三 新加良部曲南二十三 助馬部曲南二十五今助馬面於米谷部曲南二十七 水多部曲所南二十八

(山水) 五波山東五里 黃岳山西十五里黃澗界有直指寺寺之北峯安定宗御胎又有能如庵 俗門山北三十七里 高山西北三十五里 尙州之功成中牟二古縣界 極樂山西北十一里黃澗界 黑雲山三十一里 ○伏龍寺 三聖山西十五里黃澗界 德大山西南二十五里

(嶺路) 秋豊嶺西北三十五里黃澗界爲湖嶺咽喉嶺不高峻峯巒和平溪澗澄淸嶺之東西地肥饒易灌漑 掛榜嶺西十五里黃澗界 左峴俗門山之東善山界 箭縣在乾川面星州界 鈴岾南十一里 ○眞興寺 石峴西南四十里知禮界 ○甘川東十一里自

知禮界屈曲而東北流入于開寧地詳善山界　直指川源出黃岳山南流環郡西南入于
甘川 牙川東十五里源出俗門黑雲兩山南流入于甘川 鳶華池南一里
　(城池)　俗門山古城北四十五里疑禦侮古縣之鎭城周二千四百五十尺泉二池二
高城山古城南九里有遺址
　(烽燧) 高城山見上 所山北二十九里
　(倉庫) 邑倉 金泉驛倉
　(驛站) 金泉道南十里 ○屬驛十九 ○察訪一員秋豐驛西北三十里 文山驛北三
豆下院北二十五里尙州路
　(土産) 竹柿松蕈石蕈蜂蜜銀口魚
　(樓亭) 風月樓 邑內 鳳凰臺 臺西湧金門
　(典故) 新羅眞德王元年百濟來攻桐岑甘勿見茂朱 ○高麗辛禑六年倭寇禦侮九
年倭寇金山 ○本朝宣祖二十五年倭陷金山

개령(開寧)

　(연혁) 본디는 감물 소국이었다. 신라 조분왕 2년에 정벌당하였다. 진흥왕
18년에 감문주를 두었으며 사찬 기종으로 하여금 군주를 삼았고 진평왕 때 주
를 폐하였다. 문무왕 원년에 다시 감문군으로 위상을 살렸으며 경덕왕 16년에
개령군으로 고쳤다. 그 영현으로 4현이 있다. 어모 김산, 그리고 지례와 무풍이
있으며 무두 상주에 속하게 된다. 고려 현종 9년에 주에 속하게 하였으며 명종
2년에 감무를 두었으며 본조 태종 13년에 현감으로 고쳤으며 선조 34년에 김
산군에 합하게 하였다. 역적 길운절을 주살하고 39년에 선산부에 속하게 한다.
광해주 원년에 다시 현을 두게 된다.
　(읍호) 감주
　(관원) 현감 겸 상주 진관 병마 절제 도위 1인
　(방면) 적전- 동 종10 동서 종10 아포- 동초10 종20 곡송-위와 같다. 농소-
서남초10 종30 적현부곡- 북 15리 하활촌부곡 상오지부곡 금물도부곡
　(산수) 감문산은 달리 성황산이라고도 한다. 북 2리에 있다. ○계림사 유산

동 2리에 있다. 소산 감천을 지나 익하산 동북쪽에 자리한다. 옆으로는 감문국 시절의 궁궐터가 있다. ○고방사 태성상- 동 12리에 있다. 복우산-북 20리 선산에 있다. ○문수사 금오산- 남 30리에 있으며 서산 인동의 경계가 된다. 서편에는 갈항사가 있다. 운봉산-달리 우암산이라고도 한다. 남 30리에 있다. 황산-걸수산 남쪽 지맥이다.

(고개) 우현-목우산의 서편에 있다. 선산과의 경계가 된다. 갈항현-남 20리에 있다. ○감천 -남 2리에 있고 김산 경계로부터 동으로 흘러 선산과 경계 지점으로 든다.

○냇물의 상하좌우로는 모두가 비옥한 들판이 있고 물에 인접하여 9개의 제방을 쌓아 관개시설이 좋다. 가물이 있어도 재해가 없다. 아천- 서 15리에 있으며 김산과의 경계를 이룬다.

(성지) 고성- 북 2리에 있으며 감문국 시절의 성으로 보인다. 고성의 옛터는 태성산에 있다.

(봉수) 성황산- 산 부분을 볼 것이다.

(창고) 읍창-동창도 30리에 있다.

(역도) 양천역- 동 3리에 있다. 부상역- 남 30리에 있다.

(토산) 대 감 밤 은어

(능묘) 김효왕릉- 북 20리에 큰 무덤이 있는데 세상에 전하기를 김효왕릉이라 한다. 장릉- 현서쪽 웅현리에 있다. 세상에 전해오기를 감문국 시절 장부인의 능이라 한다.

(서원) 덕림서원 - 현종 기유년에 세웠고 숙종 정축년에 사액을 하였다. 김종직 - 밀양 부분을 볼 것이다. 정붕 - 선산부분을 볼 것이다. 정경세 - 선산부분을 볼 것이다.

(沿革) 本甘文小國新羅助賁王二年伐取之甘文郡眞興王十八年置甘文州以沙湌起宗爲軍主眞平王時廢州文武王元年復位甘文郡景德王十六年改開寧郡領縣四禦侮金山知禮茂豐隷尙州高麗顯宗九年屬尙州明宗二年置監務本朝太宗十三年改縣監宣祖三十四年合于金山郡以逆敵吉云節伏誅三十九年以屬善山府光海主元年

復置

（邑號）甘州

（官員）縣監兼尙州鎭管兵馬節制都尉一員

（方面）赤田東終十 東西終十 牙浦東初十終二十 曲松上同 農所西南初十終三十 赤峴南初五終四十 西面終十 北面初十終二十 ○達烏村部曲 茂嶺谷部曲俱南二十 多叱村部曲北十五 下活村部曲 上烏知部曲 今勿刀部曲

（山水）甘文山一云城隍山北二里 ○鷄林寺 柳山東二里小産甘川經翼下山之北東沆傍有甘文國時宮室遺址乞水山南三十里星州界 ○高方寺 台星山東十二里伏牛山北二十里善山 ○文殊寺 金烏山南三十里善山仁同界西有葛項寺 雲峯山一作雲暗南三十里 荒山乞水山南支

（嶺路）右峴伏牛山之西善山界 葛項峴南二十里 ○甘川南二里自金山界東流入善山界 ○川之上下左右皆沃野平疇沿水作九堰利灌漑宜秔稻水旱無災 牙川西十五里金山界

（城池）古城北二里甘文國時城 古城遺址在台星山

（烽燧）城隍山見山

（倉庫）邑倉 東倉道三十里

（驛道）楊川驛東三里扶桑驛南三十里

（土産）竹柿栗銀口魚

（陵墓）金孝王陵北二十里有大塚世傳甘文國金孝王陵 獐陵縣西熊峴里世傳甘文國時獐夫人陵

（書院）德林書院顯宗己酉建肅宗丁丑賜額 金宗直見密陽 鄭鵬見善山 鄭經世見尙州

지례(知禮)

（연혁）본디는 신라 지품천현이었고 산청의 옛 이름과 같다. 경덕왕 16년에 지례로 고쳐서 개령군의 영현으로 삼았다. 고려 현종 9년에 경산부에 속하게 하였으며 공양왕 2년에 감무를 두었다. 본조 태종 13년에 들어와 현감을 고쳐

두게 된다.

(읍호) 구성 (관원) 현감 일인 겸 상주진관병마절제도위 1인

(방면) 하현-내초1 종10 상현-내초5 종10 상남-초8 종30 하북-초8 종15 ○ 월이곡부곡 사등량부곡 모두 서쪽 15 두의곡부곡 30

(산수) 구산-남 2리 대덕산-서남 40리 무주의 고풍 고현과의 경계 문의산-남 5리 수도산-동 15리 성주경계 남산-남 5리 아을산-남 10리 문암산- 달리 비봉산이라 한다. 서남 30리 ○봉곡사 사발점- 남 9리 궁곡사 삼도봉- 서북 40리 무주의 무풍 고현 황간현과 본현 3읍의 갈림 경계가 된다. 충청 전라 경상 3도가 인접한 고로 붙여진 이름이다. 공자동과 백이동은 모두 북 20리에 있다.

(고개) 우마현- 서남 45리에 있으며 거창과의 경계가 되며 군사적 요충지이다. 부항형-동 30리에 있으며 성주와의 경계가 된다. 병현-동 12리에 있으며 성주와의 경계가 된다. 석현-북 15리에 있다. 산의지치-남 40리에 있으며 거창과의 경계가 된다.

○감천 - 감천의 근원은 셋이다. 하나는 현의 서쪽 30리 부항령에서 나오고 내감이라 한다. 다른 하나는 대덕산에 나오는데 외감이라 하고 다른 하나는 우마현에서 나와 합하여 북으로 흐르다가 구산 아래를 지나 동북으로 흘러 김산의 경계로 흘러든다. 다시 북동으로 흘러 개령 선산을 지나는데 통칭 감천이라 한다. 상세한 것은 선산 부분을 볼 것이다. 현전천 - 근원은 삼도봉에서 나와 동으로 흘러 현 앞을 지나 감천으로 합류한다.

(성지) 구산 고성 - 둘레가 1343자이다.

(봉수) 구산-윗 부분을 볼 것이다.

(토산) 해송자 석류 감 송이 석담 봉밀 은어

(전고) 고려 우왕 9년에 왜적이 지례를 쳐들어 왔다. 본조 선조 25년 왜적이 지례를 함락시켰고 8월에 의병장 김면이 지례에 주둔하는 왜적을 토벌하여 불태워 죽였다. 거의 다 죽였다. 아군도 50여 인이나 죽었다.

(沿革) 本新羅知品川與山淸古號同景德王十六年改知禮爲開寧郡領縣高麗顯宗九年屬京山府恭讓王二年置監務 本朝太宗十三年改縣監

(邑號) 龜城

(官員) 縣監一員兼尙州鎭管兵馬節制都尉 一員

(方面) 下縣內初一終十 上縣內初五終十 上南初二十六從四十六 下南初十終二十五 上面初二十五終三十五 下西初十終二十五 上北初八終三十 下北初八終十五 ○月伊谷部曲 沙等良部曲俱西二十五 頭衣谷部曲三十

(山水) 龜山南二里 大德山西南四十里 茂州之茂豊古縣界 文義山南五里 修道山東十五里星州界 南山南五里 阿乙山南十里 文岩山一云飛鳳山西南三十里 ○鳳谷寺 沙鉢岾南九里弓谷寺 三道峯西北四十里茂州之茂豊古縣及黃澗縣本縣三邑之交界忠全慶三道之會故名 孔子洞 伯夷洞俱北二十里

(嶺路) 牛馬峴西南四十五里居昌界 牛頭峴南四十五里居昌界要害 釜項縣東三十里星州界 餅峴東十二里星州界 石峴北十五里 山衣之峙南四十里居昌界

○甘川甘源有三一出縣西三十五里茂朱之釜項嶺稱內甘一出大德山稱外甘川一出牛馬縣合而北流經龜山之下東北流入金山界北東流經開寧善山通稱甘川詳善山 縣前川源出三道峯東流經縣前合于甘川

(城池) 龜山古城周一千三百四十三尺

(熢燧) 龜山見上

(土産) 海松子石榴柿松蕈石蕈蜂蜜銀口魚

(典故) 高麗辛禑九年倭寇知禮 本朝 宣祖二十五年倭陷知禮八月義兵將金沔討知禮所據倭敵燒殺幾盡我軍死者五十餘人

감문국개령지(甘文國開寧誌)

우문(禹文) 지음

지금 개령은 감문국이니 감문국이 어느 때 어느 누구로부터 창건되었다는 사실 기록이 없으므로 그 연대와 역대의 계보를 모른다. 또한 어느 왕 때에 감문국이 망했는 지를 현재 나로서는 알 수가 없으나 우리나라가 단군에서 삼한에 이르기까지 구전 설화 시대로 볼 수 있고 이 감문국도 삼한(변·진·마한) 말기에 여러 곳에서 제왕들이 앞을 다투어 나오므로 패권을 지닌 왕들이 판을 치게 되었다.

후한서에 이르기를, 삼한은 무릇 78국이니 백제도 그 한 나라이다 라고 함을 보면 틀림없이 감문국도 그 78국의 하나였음은 분명할 것이다. 따라서 그 연대도 어느 정도인가를 가늠할 수 있다.

당시에 사벌국 가야국 서벌나국(후에 신라) 낙랑국 동부여국(후에 고구려) 십제국(후에 백제국) 소문국 압량국 골화국 대가야국 우산국 등 하나하나 들 수 없을 만큼 많은 소국들이 공존하다가 구 진한 지역에 있던 나라들은 차차 신라의 세력에 합병이 되고 변한의 지역에 있던 작은 나라들은 백제에 합병이 되었다. 마한의 지역에 있던 나라들은 고구려에 속하게 되니 이로써 세상은 다시 삼국이 솥 모양으로 내려오다가 뒤에 신라가 통일을 하게 된다.

그러면 감문국은 언제 신라에게 멸망당하였는가. 삼국사기에 따르면 신라 조분 니사금 2년 7월에 이찬 석우로를 대장군으로 하여 감문국을 토벌하였고 그 땅을 군으로 하였다는 기록이 있다.

그러면 지금부터 1703년 전에 감문국은 깨어지고 신라 영토에 들어가 하나의 군이 되었던 것이다. 몇 해 몇 대에 걸친 영화를 누리었던가. 이를 알 수 없음을 안타까울 따름이다.

이후로 신라 진흥왕 18년 곧 양나라 영정 원년에 군주를 두고 감문군을 청주라 하고 이름을 고쳤으며 진평왕 때에 주를 없애고 문무왕 원년에 다시 감문군을 두게 된다. 경덕왕 때에 개령군으로 개칭한다. 개령이라 함은 이 때에 부르게 된 것이고 영현은 넷인데 어모현 김산현, 지례현, 그리고 무산현이 그 것이다. 당시의 빛나던 고장이 지금 와서 어떤 모습인가.

 뒤에 고려 현종 때에 상주부에 속하였다가 명종 때에 감무를 두게 된다. 선조 신축년에 길운절의 역모 사건으로 말미암아 김산군에 속하였다가 병오년 금오산성 보장사로 선산부에 귀속된다. 기유년에 다시 현으로 되고 고종조에 들어와서 문호 개방을 하면서 지방제를 통일하게 되니 다시 군으로 승격되어 대정 3년에 김산 지례, 그리고 개령 3군이 합하여 김천이 되었고 역사는 흘러 오늘날의 개령면이 되었다.

군명- 감문 청주 개령(별호 감주)

관직- 구개령현시 현감 음 6품 좌수 1인 별감 2인 아전 70인 진인 27인 사령 27인 관노 28집 관비 4집

현개령면황
(면소) 면장 1인 직원 8인 협의원 10인 구장 13인 농촌 조합장 13인
(학교) 교장 1인 훈도 6인 학무위원 7인 문묘 장의 4인
(주재소) 순사부장 1인 순사 2인

성씨
(고성) 홍·임·문·전·심·윤·옹·정·박·김·백(이상읍)홍·문·전· 구·림(이상 달오촌)홍·구 하활곡상오지 금물도동...(이상무주곡) 문·구(이상 다질촌) 이·김·최·박·정·오·나·도(이상 신증)
(현성) 허(분성) 이(홍양) 나(수성) 홍(남양) 문(남평) 배(성산) 우(다양) 전(죽산) 강(신천) 도(성산) 박(밀양) 김(김해) 김(일선) 안(순흥) 오(함양)

산천

감문산은 일명 성황산이니 북 2리에 있고 문경 주흘산의 낙맥이다. 상주 용문산을 지나 산 상봉에는 옛날 봉수터가 있고 개령의 진산이 된다. 관학산은 감문산의 지맥이니 동모리에 있고 서쪽 기슭에 우씨의 화학정이 있다.

유산은 감문산의 한 줄기로서 동쪽 2리에 있고 앞쪽으로 감천이 흐른다.

복우산은 북 20리에 있고 상주 백화산에서 이어진 산맥이다. 태성산은 동 12리에 있으며 복우산의 한 줄기이다. 우현은 동 17리에 있고 복우산의 동쪽이다.

운봉산은 동 31리에 있으니 성주 가야산으로부터 오고 금오산의 중심맥이 된다. 금오산은 남 27리에 있으며 운봉산 줄기이고 고려 말엽 충신 길재의 숨어 살 던 곳이다. 오늘날에도 옛 자취가 남아 있다. 갈항현은 남 27리에 있으며 금오산에서 내린 지맥이다. 신라 때 지어진 갈항사가 있었던 곳이다.

감천은 지례 우두령에서 발원하여 김산의 황악산 골물과 합하여 뱀처럼 길게 흐른다. 남 2리쯤에 있고 이 물을 대는 논과 밭이 많으며 옛날 감문국 시절로부터 전해 오는 이야기로 아포의 반란군 30인이 난을 일으켰는데 밤에 감천 물을 건너려니 물이 많이 범람함을 보고 물러갔다는 말이 있다.

어모천은 서 5리에 있으며 근원의 하나는 고사에서 하나는 흑승산에서 비롯하여 합수한 물이 감천으로 흘러 든다.

풍속

예로부터 개령 사람들은 근면하고 절약하여 농사와 누에치기를 잘하고 재산을 잘 관리하여 부유하게 사니 좀 지나치게 말하면 인색한 편이라고 할 수 있다.

다른 고장 사람들이 말하기를 개령 사람 앉은자리 풀도 안 난다 하니 가히 그 인색함을 알만하다. 비유하건대 개성사람과 같다고나 할까.

방리

(구개령군)

부곡면- 양천동 화전동 교동 구교동 횡천동 광한동 물노동
서면 - 대보동 황경동 상신동 중신리 오용동 대억동 우량동 화목동 덕림리
　자 방리
곡송면 -곡송리 신풍리 태성동 완동 장기동 대오동 월류동 소재동
북면 - 삼봉동 오성동 가척동 광촌 동성동 명천리 상보리 하보리 대양리
아포면 - 명례리 구암리 봉소리 문곡리 미곶리 봉명리 신촌 공쌍동 보신리
　송 면리 양산리
동면 - 칠산리 아야리 회성덩 신기리 대증동 숭산리 상송리 금계리 덕계리
　작동 마암리 동신동 인동 동촌 남촌
남면 - 천동 연봉리 봉곡동 오수리 갈항리 초곡리 종상리 석정리 용천리 지
　산리 옥산동 마곡리 운양리 운봉리 신전리 상릉동 부상리 지경동
농소면 - 신촌 고곡리 호동 응곡리 농신촌 지동 율곡동 소신리 대방리 봉현
　리 둔동
(현개령면)은 구 부곡면 일원과 서면 일부를 합하여 개령면 일면이 되었으
니 그 구역은 겨우 2방리에 불과하고 동명은 아래와 같다.

대광동(대보 묘광) 황계동(황경) 신룡동(상신 중신 오천) 서부동(부억 우
량 화목) 덕촌동(덕림 자방) 양천동(양천) 동부동(화전 교동 구교) 광천동(횡
천 광한) 남전동(물노)

호구

(구) 갑오년 조사 = 호구 4225

　　　　　　인구 18593(남9149 여 9443)

(현) 최근 조사 = 호구 1188

　　　　　　인구 7337

전부(田賦)

한전... 2018결 51부 8속 내각양경하 967결 12부5속, 때로 1051결 19부 3속
수전... 1824결 33부 6속 내각양경하 799결 62부 8속, 때로 1024결 78속, 한

전, 수전을 통틀어 농부에게 땔감 23속, 탄 1두 8승, 꿩 1마리, 짚풀 5속, 본관에서 소용

전세

호조목 1동 3필 19척 6촌, 군자창목 1동 35필 11척 1촌, 균역청목 1동 12필 25척 8촌, 이월 수봉, 삼월상납정묘조례 기준

공목

40동 48필 20척 8촌, 삼월수봉 사월상납 동내부정묘 조례 기준

대동

선혜청목 59동 36필, 위태목 4동 11필 23척 3촌, 약재목, 3필 30척, 균역청목 2동 28필 18척 5촌 수봉 5월상납(균역청결전 1219양 9전 6푼 상동 정묘조례 기준)

군액

훈련도감	포수보 121인	어영정군 188	자보 201
	파말 260	상납보 385	강작보 177
금위	정군 77	자보 133	상납보 202
	강작보 102		
병조납	기병 218	보군 468	금군보 48
	호련대보 8	경역보 5	유청군 4
충훈부충익	13		
균청납선무	군관 76		
장악원	악공보 8		
사옹원	장인 175		
우병영	주진군 60	양여보 2	파말 206

봉수	군 25	보인 75	
감영성	정군 15	수철장 40	격군 2
	조역군 1	무부군뇌 4	세악수 2
	여사부 24		
상주진	별장 1	파총 1	초관 6
	기패관 14	마군 49	보 86
	보군 547	수졸 90	
금오진	파총 1	초관 4	기패관 10
	보군 411	수졸 65	
관군관 13			
이노작대	파총 1	초관 1	기패관 2
	보군 112	수졸 14	

성지

동부연당- 이 연당 못은 불과 삼천평의 작은 못이나 고감문국 궁기 옆자리로 보아서 그 당시 궁터였던 느낌이 있고 연꽃이 만발할 때에는 말 그대로 향기가 십리나 나며 현재로는 유산 아래 동부동에 있다.

임수

개령수- 개령은 예부터 방천 잘 하기로 유명하지만 그 까닭은 천방이 많은 까닭이며 이 숲도 감천의 범람을 막을 목적으로 강호 김숙자가 현감으로 있을 때 점필재 김종직 선생이 심은 나무이니 남쪽 2리쯤에 있다.

창고

사창 대동고 진휼고 군기고 관청고 금오산고 - 이상은 현재 없다
(참고) 금년 처음으로 대신역전에 군농회 곡창이 세워지다.

군기

군용즙물은 융희 4년 일한합병에 의하야 조령으로 일시에 불태웠다.

관방(무)

진보(무)

봉수

성황산 - 동 쪽 10리쯤에 있고 방위로는 해좌사
건령산 - 남쪽 5리에 있다.
고종 을미년에 폐지하다.

학교

1. 향교. 전에 서 1리쯤에 사자사로 학교를 삼다가 기유년 복현시에 동— 1
   리쯤에 옮겼고 다시 북 1리에 세어 두었다.
1. 덕림서원. 숙종 병진년에 창건한바 점필재 김종직, 신당 정붕, 문장공 정
   경세를 배향하다가 병인년에 헐었다.
1. 일신서원. 충절 이사경을 배향하다가 병인년에 헐어버렸다.
1. 공립보통학교. 동부동에 있고 훈도가 9인이며 생도가 471인이었다.

단묘

1. 문묘 현재 향교내에 봉안함.
1. 사직단 서 3리(현재 없음).
1. 성황단 옛날 감문산에 있는 것을 남 5리쯤에 옮겼다(현재 없음).
1. 여제단 북 5리쯤에 있음(현재 없음).

구묘

이사경묘(아포면) 이복묘(위양면금라동) 유후조묘(개령면 동부동)

불우

계림사(감문산 중턱에 있으며 북 5리)　　갈항사(금무)

대양사(금무)　　　　　　　　　　　　문수사(금무)

고방사(현재 농소면 걸수산북)

궁실(무)

공해

면소 보통학교 경찰관주재소 우편소 정거장 동사 등

누정

무민루 - 본내 객관 동쪽에 있다가 객관 남쪽으로 옮겨 섰고 현재는 없음.

동악정 - 유동산 상봉에 있던 것인데 현재 없음.

추흥루 - 객관 북에 있던 것인데 현재 없음.

송월당 - 현재 없음.

팔승정 - 본시 남 3리에 있던 것인데 현 동부동 면소 앞에 있음.

도로

면 앞에 있던 3등 도로는 김천 15리, 선산 30리에 달하고 남대신역에 통하는 이등도로가 있고 곡송면으로 가는 등외도로가 있으며 김산, 성주, 상주 등으로 통하는 옛길이 있다.

섬(무)

교량

감천교 - 아포면을 건너는 다리로 가을에 놓고 봄에는 뜯는다. 이 작업은 개령과 아포의 양면 부역으로 하고 이 다리의 넓이는 7척, 길이는 310척이다.

도선 - 이 나룻배는 원래 없던 것으로 여름 장마에 감천수가 범람하면 도저히 교통이 두절하므로 유지인 우상학씨의 개인 회사로 도선을 갖추었고 정사년부터 일반의 통행에 제공되었다.

제방 - 묘광제 묘광동 탄동제 광덕동 대양제 대양동 동작제 덕남동 소재제 소재동 적전제 남전동 적현제 지산동 연지제 인동 구명은 장능 김제 문곡제 인동 구명은 조영기제 미곳제 인동 구명은 적지제 저전제 인동 길지제 제석동 대지제 국사동 석연제 대신동 포평제 지동 달만제 남 20리

시장 - 읍내장 4일, 9일에 개시하던 것을 대정 3년 4월에 김,지,개 3군이 합병하면서 없어졌다.

현재는 대신장 이천장이 있을 뿐이다.

역원

1. 양천역 동 2리 현재 양천역이니 북쪽 선산 안곡역과는 30리요, 남쪽 부상역과는 30리이다.

1. 부상역 남 30리에 있으니 현재 남면 부상동, 북으로 양천역과는 30리, 남으로 성주 답계역과는 40리이다.

1. 관 부상에 있었다.

이상은 고종 을미년에 모두 폐지되었다.

1. 동원 서원 용육원 홍신원 비하원 갈항원 미늑원 건천원 이상 8원이 예전엔 있었고 최근에 없어졌다.

1. 대신역 남 5리에 있고 현재 아포면 대신동에 있으니 당시 경부선의 중요한 역이었다.

참고 지난 해 4월부터 아포 간이역이 신설되다.

목장(무)

형승

4읍의 길목에 있으니 서거정기에 4읍이란 상주 · 선산 · 김산 · 성주를 말함

이요, 장천열수이니 윤자영 시에 장천일파유이활 열수천층수묵농이라 함이 있
다.

고적

궁궐유지 - 지금부터 약 2천년전에 감문국시절의 궁궐은 1700년전에 신라
　　에 망하였으나 오늘날까지 그 궁궐의 자취는 오늘까지 주춧돌이 있고 사
　　람들로 하여금 옛날에 대한 감회를 자아내게 한다. 그 터는 지금 유동산
　　북동원 옆이었고 연당의 부근 일대이었으니 유구한 세월에 눈물의 자취
　　가 역력하다.

세자궁지 - 이 세자궁도 감문국 시절의 이야기니 실록이 없으므로 미상하
　　나 동부동(구교동) 호두산 왼쪽 아래이니 그 터에 지금 패구 나무 5발이
　　나 되는 것이 옛말을 일러주는 듯하며 세칭 이 터를 세자궁터라 하나니
　　라.

김효왕릉 - 이 능은 감문국 김효 왕릉이니 현 감문면 삼성동(구오성동)에
　　있으니 지금은 잡초만 무성하여 보는 사람의 안타까운 가슴을 진정할 수
　　없을 따름이다.

　　　옛 무덤 거치러지고
　　　거친 풀이 요란하니
　　　아마도 김효왕 넋이
　　　편치 않은가 하노라

장릉 - 일명 장부인릉이라 하고 달리 장희릉이라 하나니 현재 서부동 서편
　　응현에 있으니 감문국 때의 어느 임금의 총회였을 것이다.

　　　사랑하는 장희가 어이 갔단 말인가
　　　한 번 가면 못 올 길을 어이 간단 말인가
　　　궁궐에 게신 임금님의 옷깃에
　　　구슬 같은 눈을 떨어트리고
　　　천백 년 잘 있어라 축원드렸지만

어인 일 오늘날 잡초 우거진 무덤 우에

무심한 까마귀 앉았다 날러간다.

석불 - 이 석불은 소상한 기록이 없으므로 어느 때 어느 누구의 솜씨로 만

들어 졌는지 알 배 없으나 신라 때에 된 것만은 확실한 것이다. 지금부터

천년 전에 된 것으로 짐작이 된다. 현재 유산아래 연지 못 가에 홀로 말

없이 있으니 말 없는 가운데 몇 번이나 울었던가

석탑 - 이 석탑은 서부 웅현에 있으니 장릉 앞이라 이에 대한 기록도 없으

므로 알 바 없으나 저자 추측컨대 근처에 신라 때 사자사란 절이 있었을

것이다. 아마 이 때의 건물인 듯하고 지금 다 부서진 것은 임진란에 그리

된 것으로 보인다.

갈항사 고지 - 이 절은 신라 승 승전이가 있던 곳인바 천보 17년에 세운 탑

이 동서에 있었던 것을 (1176년전) 대정 5년에 총독부 박물관으로 이관

하였다.

△달오촌부곡 △다질촌부곡△하활전부곡△금물도부곡△상오지부곡

(이상 모두 없음)

토산

안식향 지황(이상 무) 조 시 석류 등등

진공

옛날 하던 것이요, 근세에 와서 없어졌던 것이나 참고로 좌에 열기한다.

인삼 구기자 감국 백복령 백출 백작약 조루인 산약 시호 연시 토사자 차전

자 지골피 사삼 반하 백지 생토 생치 건치 호도 등등

봉름

옛날 관수미는 3백 석이었고 현재는 국고로부터 월급을 주며 정름이란 없

어졌다.

환적(생략)

면장체임(생략)

문과(생략)

소과(생략)

무과(생략)

인물(생략)

충절

이사경 - 전의인. 호 송일당 문의공 대제학 언 후손 고려에서 치사관 정헌 판사재감사 공민왕 시 세상이 장차 어지러워짐을 보고 다섯 아들을 데리고 개령 아포면 보신리에서 숨어 살았다. 방에다 공민왕의 그림을 걸어놓고 아침저녁으로 절을 하였다. 송일당기사를 찬술 용암 박운의 명현록에 기록. 일신서원에 제향을 모심.

이여량 - 성산인. 고려 개국공신 선산백 능일의 후손 홍무 경신에 새원이 되고 문과에 급제 벼슬이 안렴부사에 이름 고려가 망하자 벼슬을 그만둠 행장이 있음.

이극 - 전의인. 임진란에 망우당 곽재우와 함께 의병을 일으키고 화왕성을 지켰다. 왕정을 지키고 의기를 드높였다. 사적은 창의록에 기록.

나봉린 - 수성인. 무과에 급제 벼슬이 현감, 어렸을 때부터 큰 뜻을 품고 위풍당당한 무력이 있었다. 임진란을 당하여 현감 최기준 김산 군수 주몽룡과 함께 의병장 정기룡을 숭상, 김각영 한명윤 박이룡 이 필 등과 의병을 모아 적에 대항하였다. 전세가 불리함을 보고 충절을 지킬 것을 주장 순절. 원종훈에 기록되었다.

이식 - 전의인. 이극의 아우 망우당 곽재우와 함께 의병을 창도 화왕성에서 근왕의 일을 보았다. 창의록에 기록.

이충국 - 전의인. 선조 임진란에 충절을 지켜 순국 그의 의관을 광한동 낙
　　양산에 장사 지냄.
정인희 - 청주인. 임진란에 현감 이희급 교리 김연궁과 함께 적에게 항거
　　불리하게 되어 마침내 성읍이 함락되었고 그 후 창녕 화왕성에서 의병을
　　창도함.
김영걸 - 김해인. 절효공 극일의 후손. 영종 무신 변란에 마침 개령의 관원
　　으로 가족을 이끌고 관군 수백과 함께 의병을 창도 우두령으로 가서 적
　　과 맞서 싸우다가 해침을 당해 전사, 그 아들 만의가 그 아비의 죽음을
　　보고 적과 맞서 싸우다가 순절하니 아비는 충성하다 죽고 아들은 효도하
　　다 죽었다 할 것이다. 고종 때 정려를 내리고 감찰의 벼슬을 추증 뒤에
　　호조참판을 제수 받는다.
박신명 - 밀양인. 이락당 여거의 후손으로 무신의 난리에 무공을 세웠다. 원
　　종공훈에 기록되고 통덕랑을 제수 받는다.
송규대 - 은진인. 무신란에 무공을 세워 원종공신록에 기록되고 군자감 주
　　부의 벼슬을 제수 받는다.

효행

임비 - 현청의 아전 부모를 위하여 앞뒤 6년 동안 묘살이를 하고 태종 때
　　정려를 내렸다.(정려-충신 효자 열녀를 표창하기 위하여 그 동네에 정문
　　을 세워 주는 것)
서문 - 제포의 선졸. 어렸을 적 아비가 죽었다. 장성하여 복상을 하고자 하
　　였으나 이루지 못하였다. 어미가 죽고 3년 동안 묘살이를 하였다. 아비의
　　묘를 어미의 묘와 함께 모셨다. 다시 묘살이 3년을 하니 그 사실이 알려
　　져 정려를 받음.
김유성 - 묘살이를 3년 하였다. 하루 한 끼를 먹었는데 이 사실이 알려져 정
　　려를 받음.
이연손 - 어미가 살았을 때 항상 우레의 소리를 무서워하였다. 이어 어미가

죽었는데 우레 소리가 나서 어미의 무덤으로 가서 하늘에 닿도록 통곡을
하였다. 우레가 그치고 나서 울음을 그쳤다. 늙도록 효행을 게을리 하지
않으니 이 사실이 알려져 정려를 내렸다.

임우춘 - 동지 파의 아들 선조 때 왜적에게 아비를 잃고 자신도 적의 포로
가 되었다. 바로 아비의 무덤 옆에 가서 묘를 바라다보면서 곡을 하면서
이르기를, 조상님 여기 있습니다. 이 곳을 버리고 어디로 가야합니까. 너
희들이 나를 반드시 죽일 것이다. 적을 꾸짖고 굴복하지 않았다. 스스로
자결을 하고 급히 아내에게 가니 아내가 시신을 안고 통곡을 하였다. 한
칼에 같이 죽으니 이 사실이 알려져 정려를 내렸다.

이영진 - 아비가 병들자 손가락을 잘라 그 피를 먹였다. 어미를 지성으로
봉양하였는데 날아가는 오리를 잡고 꿩이 집들로 날아드는 감동적인 일
들이 있었다. 숙종 병인에 정려를 받았고 참봉을 제수 받는다. 벼슬이 현
감에 이르다.

김이화 - 상산인. 직제학 조의 후손 천성이 순수하고 효성스러웠다. 가정의
규율을 엄히 하고 마을을 풍속을 정리하였다. 부모와 형제 친구간에 효행
과 화목을 힘썼으니 장계를 올렸으나 정려를 받지 못 하였다. 마을 사람
들은 못내 안타까워하였다.

최기 - 화순인. 성정이 효성스럽고 행동이 돈독하였다. 사람들의 칭송을 받
았다. 벼슬은 호조좌랑

서유민 - 달성인. 천성이 효성스러웠다. 나이 17세에 아비가 병을 얻어 죽게
되어 손을 잘라 피를 내어 먹이니 며칠 동안 더 살았다. 이어 돌아가니
예로써 상을 마치고 묘 살이 3년을 모셨다. 마을에서 칭송을 하였다.

김운석 - 김해인. 어미가 병들자 산에 기도를 하는데 우물을 파고 밥을 지
었다. 성의를 다 하여 열흘을 마치고 집에 돌아오니 어미의 병은 약도 아
니하였는데 나았다. 샘이 약이라고 사람들은 효행에 감동하였다.

강치선 - 진주인. 나이 14세에 아비 상을 당하여 예를 다하여 모셨다. 어미
가 칠순에 저어들어 10년 동안 병 수발을 하는데 약수발과 대소변 돌보

기를 몸소 하였다. 운남산에 단을 모셔서 매일 밤 자신이 어미 대신 해달
라고 빌었다. 이어 어미가 돌아간 후 묘살이를 3년 동안 하였다. 마을 사
람들이 모두 감동하였다.

김종언 - 김해인. 효심을 다하여 어버이를 섬겼다. 병 수발을 3년 동안 하는
데 산 기도를 백일 동안 드렸다. 꿈에 신기한 약을 받아 시험삼아 드리니
효험을 보았으니 마을 사람들이 그의 효행에 감동하였다. 벼슬은 자헌동
돈재에 이르다.

유사원 - 강릉인. 약관의 나이에 아비 상을 당하고 그 슬픔이 예절을 지났
다. 오십 년 동안 어미를 모시는 동안 지극한 정성은 한결 같았다. 어미가
돌아간 후 울기를 그치지 않고 상복을 벗지 않으니 뜰 앞의 백일홍나무
가 3년 동안 꽃이 피지 않았다. 상을 마치자 다시 꽃이 피었다는 것이다.
세상 사람들이 나무도 효행에 감동하여 그리되었다고 했다.

김우 - 선산인. 어미가 병들자 단을 차려 놓고 하늘에 빌었으나 마침내 그
병세가 위독하였다. 손가락의 피를 내어 드리니 다시 소생하였으나 이내
돌아갔다. 묘 살이 3년을 하였고 마을 사람들은 그이 선행을 칭송하였다.

정명시 - 청주인. 효행으로써 통덕랑을 제수 받았다. 호를 나재라 하며 신열
도의 효자전에 효행이 실려 있다.

김병채 - 김해인. 어버이의 병세가 위독하여 손가락의 피를 내어 드리며 찬
바람 몰아치는 겨울밤에 단을 모아 놓고 하늘에 빌었다. 산꿩이 부엌에
들어와 어버이 봉양을 드리는 감동적인 일 이 생겼다.

김순 - 김해인. 아비가 병이 깊어 허벅지 살을 베어 드려 회생시키고 효행
으로써 여러 차례 고을 수령의 추천에 올랐다.

윤범원 - 파평인. 태사 화달의 후손이다. 나이 겨우 다섯 살에 아비상을 당
하여 초종 장례를 어른과 같이 모셨다. 홀어미를 모시고 어미가 좋아하는
음식 이바지를 하면서도 조금도 군색한 기색이 없었다. 아침저녁으로 문
안을 드림이 한결 같았고 아우 무원과 함께 모두가 효행을 힘쓰니 마을
사람들이 칭송을 하였다.

이준영 - 성산인. 홀어미의 병세가 위독하여지자 지성으로 탕을 올리고 7년을 한결 같이 모셨다. 그래서인지 어름을 깨고 잉어를 구하고 흰 새가 뜰에 드는 등의 이변이 일어났다.

송필석 - 은진인. 어미를 효성껏 모셨으나 돌아가시자 묘 살이 3년을 하였고 마을에서 표창을 하였다.

양병학 - 남원인. 아비가 3년 동안 병을 앓고 어미는 8년을 앓아 누웠다. 그 효성을 다 하였으니 군에서는 상을 내렸고 마을에서 표창을 하였다.

박래진 - 밀양인. 지극한 효성으로 어버이를 모셨고 노친을 위하여 양식 빚을 내기도 하였다. 사람들은 오십에도 효행이 저러하다고 했다. 평소 임금과 부모는 하나라는 의를 가지고 늦게까지 왕촉의 절행을 본으로 삼았다. 자세한 것은 행장을 보라. 호는 지암이다.

한정이 - 청주인. 어버이를 효로서 섬겼다. 아비는 달걀을 좋아하여 따로 닭을 길러 아비 공양을 하였는데 하루에 알 두 개를 낳으니 마을에서 칭송이 높았다.

권씨 - 백형원의 아내. 시집 간 후 나이 25세에 지아비가 난치병이 들어 하늘에 빌기를 대신 적게 해달라고 빌었다. 뜻 같지는 아니하였다. 같이 따라서 죽고싶었으나 늙으신 시아버지와 어린 아이를 생각하매 억지로 참았고 장례절차를 틀림없이 치렀다. 시아버지와 아이를 잘 봉양하여 예로써 모든 것을 마쳤다.

이씨 - 김석봉의 아내. 시집을 가보니 집안이 몹시 가난하였다. 지성으로 시아비를 받들고 키질과 바느질로 의식을 해결하였다. 조금도 군색한 모습을 보이지 않고 삼년상을 당하매 극진한 예로써 하니 마을에서 칭송이 높았다.

열행

나씨 - 인의 최뢰의 아내. 임진년에 적을 피해 산으로 갔다. 항상 작은 수절도를 차고 다녔다. 길을 잘못 들어 어느 날 저녁 무렵 갑자기 적을 만나

게 되었다. 적이 범하려고 하자 칼을 빼어 자결을 하였다. 그 남 다른 열
행에 듣는 이로 하여금 안타까이 여기지 않는 이가 없었다. 마을의 추천
을 받았으며 선조 때 그 사실이 알려져 정려를 받았다.

엄씨 - 산인 정임열의 아내. 임진란에 그 지아비와 함께 충청도로 난을 피
하여 갔는데 적들이 뒤를 쫓아 왔다. 난리를 피하려는 사람들이 앞을 다
투어 배에 올라 엄씨도 여러 사람들에게 떠밀려 자신만 배 뒤에 올라탔
다. 지아비는 미처 배에 오르지 못하였다. 엄씨는 뱃사람에게 잠시 배를
머물러 배 뒤에라도 지아비를 태워달라고 간청을 하였다. 뱃사람은 듣지
않으니 그의 지아비는 언덕에 올라 소리쳤다. 내 이제 물에 빠져 죽을 터
이니 나의 뼈를 거두어 달라고 하였다. 엄씨는 그 소리를 듣자 물에 빠져
죽고 배에 탄 사람들은 모두가 애석해 하였다. 그 뒤 지아비는 벼슬길에
나아갔고 그 사실이 알려져 정려를 받았다.

남씨 - 종사랑 이성제의 아내. 그 지아비가 독한 병에 걸려 주었다. 남씨는
6일 동안 밥을 먹지 않고 마침내 자결을 하였다. 숙종 때 그 사실로 정려
를 받았다.

이씨 - 장사랑 오여건의 아내. 그 지아비가 병으로 죽자 같은 날로 우물에
빠져 죽었다. 그 사실이 알려져 정려를 받았다.

도씨 - 현령 박상남의 아내. 내외가 함께 자는데 지아비가 큰 호랑이에게
잡힌 바 되었다. 도씨는 자신이 몸소 호랑이를 맞서 지아비를 잡고 놓지
않았다. 호랑이는 지아비를 물고 밖으로 나갔다. 밤새도록 호랑이와 싸움
을 하였다. 앞서거니 뒤서거니 끝내 지아비를 놓지 않았다. 겨우 호랑이
의 화를 면하였다. 이 사실이 알려져 정려를 받았다.

김씨 - 사인 백영희의 아내. 지아비의 병이 있어 지성으로 간병을 하였지만
점점 위독하게 되어 손가락을 끊어 피를 흘려 넣어 주었다. 드디어 소생
하게 되었고 마을 사람들이 부인의 열행을 칭송하였다.

전씨 - 사인 김용욱의 아내. 지아비의 상을 당해 즉시 함께 죽으려고 하였으
나 지아비의 염을 해 줄 사람이 없어 죽지 못하고 밤낮으로 빈소를 떠나

지 않고 극진한 예로써 상을 치렀다. 이어 시집 올 때 입었던 옷을 입고 편안한 마음으로 임종하였다. 마을 사람들이 부인의 열행을 칭송하였다.

임씨 - 가선 백기록의 아내. 지아비가 병이 나자 허벅지를 베어 병자를 돌보니 차도가 있었고 모두 감복하여 남 다른 부인의 열행을 칭찬하였다.

정씨 - 박봉하의 아내. 나이 17세에 문득 지아비의 상을 당하게 되니 초종 장례를 극진하게 모셨다. 그리고 나서 편안한 마음으로 하세를 하니 마을 사람이 안타까워 않는 사람이 없었다.

성씨 - 사인 이종희의 아내. 지아비가 병이 들어 점차 고칠 수 없게 되자 손가락을 잘라 피를 내어 병자에게 흘리니 병이 나았고 마을 사람들이 칭송하였다.

박씨 - 사인 백영원의 아내. 지아비가 병이 들어 손가락을 잘라 나는 피로 병자를 주니 열흘 동안 더 살다가 죽었다.

김씨 - 사인 강희웅의 아내. 나이 겨우 17세에 시집을 간 뒤 지성으로 시부모를 모셨고 지아비가 심한 병을 앓게 되어 하늘에 자신이 대신 죽게 해 달라고 빌었다. 단지를 하여 세 차례나 병자에게 주니 겨우 이틀을 더 살다가 마침내 하세를 하였다. 죽기를 결심하고 스스로 집 나무에 목을 매려는데 시부모가 위급하여 구차하게 육십 칠일을 더 살다가 묘를 바라다보고 울면서 음식을 전폐하고 스스로 자결하였다.

전씨 - 이용태의 아내. 지아비가 병이 들매 단지를 하여 병자에게 피를 주니 살아나 수개월을 더 살다가 하세를 하였다. 상을 다 마치고 죽었다.

김씨 - 사인 이종화의 아내 지아비가 병이 들어 단지를 하여 피를 흘리고 같은 무덤에 묻어 달라고 유언을 하였다.

박씨 - 김창원의 아내. 지아비가 병들어 단을 쌓고 하늘에 빌었다. 마침내 지아비의 상을 당하매 칠일 동안 음식을 먹지 않았다. 죽으려고 하였으나 그 시부모의 의지할 데 없음을 가엾게 여기고 편안한 마음과 얼굴로 종신하도록 부모를 모셨다. 마을 사람들이 부인의 열행을 칭송하였다.

시거고증(*自~ 始居 - 어디에서부터 처음 들어 와 살다)

1. 농소면
[입석동] 이은곤 경주인 호조정랑 구 7세손 강원도 홍천에서 옮겨 와 시거
　　　　　관 부사
　　　　　김연현 김해인 충간공 보 후 성주에서 와 시거(*후＝후손)
[신　촌] 남만석 영양인 자사 민 후 영양에서 와 시거 관 호조참의
　　　　　윤　현 파평인 첨지 삼산 후 안성에서 와 시거
[덕 촌] 강치남 진주인 대제학 통계 회중 후 황간에서 와 시거
[월 곡] 박성표 밀양인 일감찰 이락당 홍거후 영동에서 와 시거관 전적
　　　　　김태원 김해인 눌암 한영후 김산에서 와 시거
　　　　　한성석 진주인 헌납겸후 상주두문곡에서 와 시거
　　　　　김극하 김해인 안경공영정후 선산에서 와 시거
　　　　　전맹서 옥천인 충간공 식 7세손 선산에서 와 시거
　　　　　이정용 경주인 문충공익재 제현후 청주에서 와 시거
[용암동] 김채휘 김해인 눌암한영후 김산에서 와 시거
　　　　　이　시 성산인 성산백능일후 자성주시거(自- 어디로부터)
[봉곡동] 김충양 김해인 절효 극일 현손 임진왜란 때 자남원월곡 시거
　　　　　김　곤 상산인 삼사우사득재후 자상주 시거
　　　　　양시강 남원인 용성군주운후 자함양 시거
[연명동] 김복난 김녕인 충의공 백촌문기후 자성주 시거
[노곡동] 최경상 화순인 평장사 계신 후 자김산조마면 시거

2. 남 면
[봉천동] 박경립 밀양인 일감찰이락당홍거 8세손 자영동시거 호 천석 증예
　　　　　조참의(증- 죽은 뒤에 내리는 벼슬이란 의미)
　　　　　김병채 김해인 판서 불비후 자김산시거

[운남동] 백은눌 수원인 충숙공장 8세손 임진란에 가족을 인솔, 전쟁을 피
하여 방황하다가 북경의 소식을 듣고 임금이 계신 곳을 향하여 통
곡, 어디에 살까를 몰랐다. 길에서 영험한 할미를 만나 그가 가리
키는 곳으로 가서 살게 되었다. 관 참봉
이익신 전주인 문절공정재유인후 시거
이순기 전주인 충강공양진당
강성년 진주인 은열공민첨공후 자성주시거 은열공숙청 묘재종상동
이　철 성산인 이판효순 8세손 시거
송경영 은진인 쌍청당유후 자회덕달감리 시거 관도승지
[용전동] 신명삼 평산인 문희공개후 자인동약목동시거
정몽성 동래인 호판강후 시거 관 군수
[옥산동] 임홍수 평택인 충정공 계헌언수후 자충주시거
[운곡동] 박정구 장흥인 일감찰이락당홍거 6세손 자충주시거
위대택 장흥인 평장사문개후 무과 수문장 시거

3. 아포면
[예 동] 한정대 청주인 장간공 치례 후 자선산시거
[의 동] 이규철 경주인 청호 희 후 자선산시거
[지 동] 김선용 김해인 탁영 일손후 자선산시거
[국사동] 김태벽 선산인 농암 12세 후 우암송시열문인 자선산 도개시거
김윤덕 김해인 판서 불비 후 자선산시거 관 군자감정
신백남 영월인 충의공 암곡 경 후 자선산시거
박용진 밀양인 공효공 백당 중손 후 자선산시거
[대성동] 문빈서 남평인 강성군 삼우당 익점 후 자선산시거
[송천동] 김성진 김녕인 충의공 백촌 문기 7세손 시거 관 군자감정
유선부 강릉인 문희공창십일세손 자진천시거 관 사복시정
성윤덕 창영인 희정공역 6세손 자경시거 관 감역

　　　　김치항 선산인 문간공 구암 취문 후 자선산시거
[봉산동] 김몽적 김해인 판서 진손 후 자김해시거
　　　　최원기 경주인 문창후 치원 후 자선산시거
　　　　이승곤 경주인 문충공 익재 제현 후 자경주시거
　　　　김수찬 일선인 농암 주 후 자선산도개시거
[대신동] 김현수 김해인 탁영 일손 10세손 자청도시거
　　　　서유규 달성인 충숙공 약봉 성 후 자경성시거
　　　　이상화 경주인 석담윤우 11세손 자칠곡매원시거
　　　　정이묵 경주인 양경공 희계 후 자선산시거
[제석동] 홍귀기 남양인 태사 은열 후 자선산시거
　　　　김일호 김해인 판서 불비 후 자김산시거 관 참봉
[인　동] 박귀발 밀양인 문헌공 간계 연후 자영동시거

4. 개령면
[개령읍] 우인수 단양인 문희공 역동탁 10세손 임진란 피란 자괴산시거
[황계동] 김명한 김해인 흥무왕유신후 시거 관 일의금부도사형조 참의 호
　　　　직암
　　　　김응남 김녕인 충의공백촌문기구세손 시거 호 남호
[덕　촌] 오 식 함양인 함양부원군광휘후 자함양시거 관 참봉
　　　　조상규 함안인 정절공 어계여후 자함안시거
　　　　우준영 단양인 문희공역동탁후 자비안시거
[남전동] 김　순 일선인 충정공농암주후 자선산시거
[광천동] 이종유 경주인 부원군제정 달충후 관 감찰 자양주시거
[대광동] 박이모 밀양인 일감찰이락당홍거구세손 자영동시거
　　　　김민조 김해인 갑봉자항후 시거

5. 곡송면

[광덕동] 유진선 강능인 문희공선암창후 자인동시거
　　　　　박천태 밀양인 일감찰이락당홍거후
[성　촌] 신영호 평산인 장절공숭겸후 시거
[덕남동] 이상우 경주인 문효공천후 자상주시거
　　　　　강규상 진주인 은열공민첨후 자온양시거
　　　　　김녹현 김해인 문간공저후 자선산시거
　　　　　서유민 달성인 충숙공약봉성후 자선산시거
　　　　　신몽녹 고령인 부사송주후 자상주시거
[태　촌] 조필식 함안인 정절공어계여후 자선산시거
　　　　　권점대 안동인 추밀원부사세위후 자선산시거
　　　　　백상재 수원인 충숙공휴암인걸후 자상주시거 관부사
　　　　　윤상징 파평인 이참수후 자선산시거
[봉남동] 이한택 전주인 모양군직후 시거 호 덕산처사
　　　　　곽후재 현풍인 공조전서어례후 자상주시거
　　　　　이익화 강양인 양성군수전후 자비안시거 가선
　　　　　이광윤 경주인 제정공준후 자선산시거
[소재동] 권태종 안동인 문충공양촌근후 자선산시거
　　　　　양식인 남원인 대제학묵재공우후 자청산 시거
[보광동] 이운장 전주인 두원부정순후 자문경시거 통정

제영

감문(이 시는 유득공의 21도 회고시 중에서 발췌함)

　　　장희가 한 번 가매 들꽃 향기만 남았네
　　　비석돌의 조각은 옛날 효왕의 사연을 알려준다.
　　　30여 영웅들이 일찍이 일어났던 곳
　　　용호상박 각축을 벌이던 싸움터였던가

△ 開寧誌

建置沿革

今開寧은 元來 甘文國이니 甘文國이 어느 때 어느 누구로부터 創建되었다
는 實錄이 없음으로 그 年代와 歷代의 王系를 모르고 또한 어느 王때에 甘文
國의 告終이 되었는지를 現在 吾人으로 未詳의 域에 이르게 만든 것이나 우리
權域이 自檀君以來로 三韓에 이르기까지는 傳話時代로 볼 수 있고 이 甘文國
도 三韓(辰,弁,馬) 末期에 各處群雄이 簇出하야 四方八方에 覇王이 割據하였
나니 後漢書에 이르되 『三韓凡七十八國百濟是其一國焉』이라 하물 보면 애오
라지 甘文國도 그 七十八國에 하나였은 것은 分明한 認識에 足할 것이요 따라
서 年代도 그 어대되믈 甚酌할 것이라 當時에 沙伐國, 伽倻國, 徐那伐國(後에
新羅), 樂浪國, 東扶餘國(後에 高句麗), 十濟國(後에 百濟), 召文國 押梁國, 骨
火國, 大加耶國, 于山國 等等 枚擧에 未遑할 만큼 數多한 小國이 幷存하다가
舊辰韓域에 있든 나라는 次次 新羅의 强大한 勢力 範圍에 合倂이 되고 弁韓域
에 있든 小國들은 百濟의 國內에 陷入되고 馬韓의 域에 있든 여러 나라들은
高句麗에 屬하였나니 이로써 天下는 다시 三國鼎足之勢로 나려오다가 後에 新
羅가 統一한 바이다.

그러면 甘文國은 언제 新羅의게 亡하였느냐 하면 三國史記에 依하면 新羅
助賁尼師今 二年 秋七月에 以伊湌昔于老爲大將軍. 討破甘文國. 以其地爲郡 함
이 있다.

그러면 至今으로부터 一千七百三年前에 甘文國은 깨어지고 新羅版圖에 드
로가 一個 郡으로 되었든 것이다. 다만 몇 해나 또 몇 대나 榮華가 누리였든고
이를 알수 없음을 지극히 焮허하는 바이다.

이후로 眞興王十八年 즉 梁나라 永定 元年에 軍主를 두고 甘文郡을 靑州라
고 改名하였고 眞平王時에 廢州되었다가 文武王 元年에 다시 甘文郡을 두었고
景德王時에 開寧郡이라고 名稱하고 開寧이라 하믄 이 때에 名命된 것이다. 其
時 領縣이 四이니 禦侮縣, 金山縣, 知禮縣 及 茂山縣이라 그 當時의 爀爀하든

開寧은 而今에 何樣고?

次에 高麗 顯宗 때에 尙州府에 屬하였다가 明宗時에 監務를 두었고 李朝 太宗朝에 다시 縣監을 두었으며 宣祖朝 辛丑年에 吉云節의 逆謀事件으로 말미아마 金山郡에 屬하였다가 丙午年 金烏山城 保障事로 善山府에 屬이 되고 己酉年에 復縣이 되고 최근 高宗朝에 와서 門戶 開放에 따라 地方制를 統一하니 다시 郡으로 되고 大正 三年度에 金山, 知禮 及 開寧 三郡이 合하야 金泉郡이 되고 歷史는 구우라굴러서 而今에 開寧面이 되다.

郡名

甘文-靑州 -開寧(別號 甘州)

官職

舊開寧縣給時-縣監蔭六品, 座首 一人, 別監二人, 吏七十人, 知印二十七人, 使令二十七人, 官奴二十八口, 官婢四口也

現開寧面況-

(面所) 面長一人, 職員八人, 協議員十人, 區長十三人, 農村組合長十三人也
(學校) 校長一人, 訓導六人, 學務委員七人, 文廟掌議四人也
(駐在所) 巡査部長一人, 巡査二人也

姓氏

(古姓) 洪林文田尋尹翁鄭朴金白(以上邑)　洪文田仇林(以上達烏村)　洪仇....
　　　　下活谷上烏知　今勿刀同...(以上茂做谷)　文仇(以上多叱村)　李金崔朴
　　　　鄭吳羅都(以上新增)
(現姓) 許(盆城)　李(興陽)羅(壽城)　洪(南陽)文(南平)　裵(星山)　禹(丹陽)全
　　　　(竹山)　康(信川)　都(星山)　朴(密陽)　金(金海)　金(一善)　安(順興)
　　　　吳(咸陽)

山川

甘文山은 一名이 城隍山이니 北二里에 있고 聞慶 主屹山 落脈인바 尙州 龍門山을 지나왔고 山上峰에 옛날 烽燧터이고 開寧의 鎭山이니라. 鶴鶴山은 甘文山의 支脈이니 東半里에 있고 西麓下에 禹氏 華鶴亭이 있으니라.

柳山은 甘文山의 落脈으로서 東二里에 있고 前面에 甘川流이니라.

伏牛山은 北二十里에 있으니 尙州 白華山 來脈이니라.

台星山은 東十二里에 있으 伏牛山 來脈이니라.

右峴은 東十七里에 있으니 伏牛山의 東便이니라.

雲峰山은 東三十一里에 있으니 星州伽倻山으로부터 오고 金烏山의 主脈이니라.

金烏山은 南三十里에 있으니 雲峰山 줄기이고 麗末 忠臣吉再의 隱居한 바 되니 今日에도 옛 자취가 보이는도다.

葛項峴은 南二十七里에 있으니 金烏山 支脈이요 新羅時節에 刱建되였든 葛項寺가 있었든 것이다.

甘川은 知禮 牛頭嶺에서 發源하야 金山 黃岳山谷水와 合하야 蛇蛇長流하니 南 二里許에 있고 田畓蒙利가 多大하며 옛날 甘文國 時節 이야기에 牙浦叛 大發兵三十人 夜渡甘川水 見水漲而退라는 傳來言이 있고 東으로 흘러가 善山 洛東江에 다흐니라

禦侮川은 西五里에 있으니 其源은 하나는 高山에서 하나는 黑雲山에서 비롯하야 이 合水된 것이 甘川으로 流入되니라.

風俗

自古로 開寧 사람들은 勤儉力嗇하야 農桑에 綿綿하고 治産治富에 能하나니 좀 지나치게 말하면 咨嗇에 각갑고 他鄕 사람이 말하기를 開寧 사람 앉은 자리 풀도 안 난다 하나니 可히 그 반더라움을 알 바이다. 比諭컨대 開城사람과 같다 할까?

坊里

(舊開寧郡)

富谷面- 陽川洞 化田洞 校洞 舊校洞 橫川洞 廣汗洞 勿老洞

西面 - 大湫洞 黃京洞 上新洞 中新里 五用洞 大億洞 友良洞 化目洞 德林里
　紫方里

谷松面 - 谷松里 新豊里 台星洞 完洞 場基洞 大鳥洞 月流洞 所才洞

北面 - 三峯洞 午盛洞 加尺洞 廣村 東星村 明泉里 上寶里 下寶里 大陽里

牙浦面 -明禮里 九巖里 鳳巢里 文谷里 米串里 鳳明里 新村 公雙洞 甫薪里
　松邊里 梁山里

東面 - 七山里 阿也里 會聖洞 新基里 大增洞 崇山里 上松里 金溪里 德溪里
　鵲洞 馬巖里 東新洞 人洞 東村 南村

南面 - 泉洞 延鳳里 鳳谷洞 五水里 葛項里 草谷里 從上里 石井里 用川里 池
　山里 玉山洞 麻谷里 雲陽里 雲峯里 新田里 上陵洞 扶桑里 地境洞

農所面 -新村 高谷里 壺洞 鷹谷里 農新村 池洞 栗谷洞 所麻里 大方里 鳳峴
　里 屯洞

(現開寧面)은 舊富谷面 一圓과 西面 一圓을 倂合하야 開寧 一面이 되었나
니 그 方里는 겨우 二方里에 不過하고 洞名은 如左함

　　大光洞(大湫 妙光) 黃溪洞(黃京) 新龍洞(上新 中新 五川) 西部洞(夫億
　　友良 化目) 德村洞(德林 紫方) 陽川洞(陽川) 東部洞(化田 校洞 舊校) 廣
　　川洞(橫川 廣汗) 藍田洞(勿老)

戶口

(舊) 甲午年 調査 = 戶口 四千二百二十五
　　　　　　　　　　人口 一萬八千五百九十三
　　　　　　　　　(男九千一百四十九 女九千四百四 十三)

(現) 最近調査= 戶口 一千一百八十八

　　　　　　　　人口 七千三百三十七

田賦

旱田......二千十八結 五十一負 八束內各樣頃下九百六十七結十二負五束, 時起
　一 千五十一結 十九負三束

水田......一千八百二十四結三十三負六束內各樣頃下七百九十九結 六十二負八
　束, 時起一千二十四結七十八束, 旱田, 水田通同作夫每天柴二十三束, 炭一
　斗 八升, 雉一首, 藁草五束, 本宮所用

田稅

戶曹木一同三疋十九尺六寸, 軍資倉木一同三十五匹十一尺一寸, 均役廳木一
同 十二疋二十五尺八寸, 二月收捧, 三月上納丁卯條爲準

公木

四十同四十八疋二十尺八寸, 三月收捧四月上納東萊府丁卯條爲準

大同

宣惠廳木五十九同三十六疋位太木四同十一疋二十三尺三寸, 藥材木, 三疋三
十尺, 均役廳木二同二十八疋十八尺五寸收捧五月上納(均役廳結錢 一千二百十九
兩 九錢六分上同幷丁卯條爲準)

軍額

訓鍊都監	砲手保 一二一人	御營正軍 一八八	資保 二百一
	把末 二六十	上納保 三八五	降作保 一七七
禁衛	正軍 七七	資保 一三三	上納保 二百二
	降作保 一百二		

兵曹納	騎兵 二一八	步軍 四六八	禁軍步 四八
	扈輦隊保 八	京驛保 五	有廳軍 四
忠勳府忠翊 一三			
均廳納選武軍官 七六			
掌樂院樂工保 八			
司饔院匠人 一七五			
右兵營	主鎭軍 六十	良余保 二	把末 二百六
烽燧	軍 二五	保人 七五	
監營城	丁軍 一五	水鐵匠 四十	格軍 二
	助役軍 一	巫夫軍牢 四	細樂手 二
	余射夫 二四		
尙州鎭	別將 一	把摠 一	哨官 六
	記牌官 一四	馬軍 四九	保 八六
	步軍 五四七	隨卒 九十	
金烏鎭	把摠 一	哨官 四	記牌官 一十
	步軍 四一一	隨卒 六五	官軍官 一三
吏奴作隊	把摠 一	哨官 一	記牌官 二
	步軍 一一二	隨卒 一四	

城池

東部蓮塘 이 蓮塘은 不過三千坪의 小池이나 古甘文國 宮基側 所在로 보아서 그 當時 宮基였든 感想이 있고 蓮花 滿發의 際에는 文字 그대로 香聞十里이며 現 柳山下, 東部洞에 있다.

林藪

開寧藪- 開寧은 옛으로부터 防川 잘 하기로 有名하지만 그 까닭은 川防이 많은 所以이며 이 藪도 甘川을 防禦할 目的으로 江湖 金淑滋가 縣監으로 왔을

때 佔畢齋의 植木이니 南二里許에 在함

倉庫

司倉 大同庫 賑恤庫 軍器庫 官廳庫 金烏山庫 - 以上今無-

(考) 今年爲始 大新驛前에 郡農會 穀倉이 設施되다.

軍器

軍用汁物은 隆熙四年 日韓合倂에 依하야 朝令으로 一時에 燒却하다.

關防(無)

鎭堡(無)

烽燧

城隍山 - 東距十里에 있고 亥坐巳

乾靈山 - 南五里에 在함

高宗 乙未年에 廢止하다.

學校

一. 鄕校 前에 西一里許에 獅子寺로 爲學하다가 己酉年 復縣時에 東一里
   許에 移置하였었고 다시 北一里에 置함.

一. 德林書院 肅宗 丙辰年에 刱建한바인바 佔畢齋 金宗直, 新堂 鄭鵬, 文莊
   公 鄭經世, 幷享하다가 丙寅年에 毁撤하다.

一. 日新書院 忠節 李思敬을 享하다가 丙寅年에 毁撤하다.

一. 公立普通學校 東部洞에 있고 訓導가 九人이며 生徒가 四百七十一人이
   다.

壇廟

一. 文廟 今鄕校內에 在함

一. 社稷壇 西三里(今無)

一. 城隍壇 옛날 甘文山에 있는 것을 南五里許에 移置하다.(今無)

一. 厲祭壇 北五里許에 在함(今無)

丘墓

李思敬墓(牙浦面) 李馥墓(位良面金羅洞) 柳厚祚墓(開寧面 東部洞)

佛宇

鷄林寺(甘文山 中麓에 在하니 北五里)　　葛項寺(今無)

大陽寺(今無)　　　　　　　　　　　　　文殊寺(今無)

高方寺(今農所面乞水山北)

宮室(無)

公廨

面所 普通學校 警察官駐在所 郵便所 停車場 洞舍 等等

樓亭

撫民樓 - 本來 客舘 東에 있다가 客舘 南으로 移存하였섯고 今日은 無.

同樂亭 - 柳東山上上峯에 있든 것인대 今에 없어젓슴.

秋興樓 - 客舘 北에 있든 것인대 今無

松月堂 - 今無

八勝亭 - 本是南三里에 있든 것인바 現東部洞面所前에 在함.

道路

面前에 在한 三等道路는 金泉十五里, 善山 三十里에 通하고 南大新驛에 通

하는 二等道路가 있고 谷松面으로 가는 等外道路가 있으며 金山, 星州, 尙州 等으로 通하는 舊路가 있다.

島嶼(無)

橋梁

甘川橋 - 牙浦面을 건느는 다리로 가을에 짇고 봄에는 뜯는다. 이 勞力은 開寧과 牙浦의 兩面 賦力으로 하고 이 다리의 廣은 七尺, 長은 三百十尺 이니라.

渡船 - 이 渡船은 元來 업든 것으로 여름 長霖에 甘川水가 澎溢하면 到底히 交通이 不能하므로 當地有志家禹象學氏의 個人 喜捨로 渡船을 具有하엿 고 丁巳年부터 一般의 通行에 供하니라.

堤堰 - 妙光堤 妙光洞 炭洞堤廣德洞 大陽堤 大陽洞 銅雀堤 德南洞 所才 堤 所才洞 赤田堤 藍田洞 赤峴堤 池山洞 蓮池堤 仁洞 舊名은 張勒金堤 文谷 堤 仁洞 舊名은 趙永起堤 米串堤 仁洞 舊名은 赤池堤 楮田堤 仁洞 吉池 堤 帝錫洞 大池堤 國土洞 石淵堤 大新洞 浦坪堤 池洞 達萬堤 南二十里

場市 - 邑內場 四日, 九日에 開始하든 것을 大正三年 四月에 金,知,開 三郡 이 合併하면서 없어젓나니라.

今에는 大新場 梨川場이 있을 뿐이다.

驛院

一. 楊川驛 東二里 今楊川驛이니 北距善山安谷驛三十里요 南距扶桑驛 三十 里.

一. 扶桑驛 南三十里에 있으니 現南面扶桑洞, 北距楊川驛三十里, 南距星 州 踏溪驛四十里.

一. 舘 扶桑에 있었었다.

以上은 高宗乙未年에 倂廢止하다.

一. 東院 西院 龍育院 興新院 飛下院 葛項院 彌阤院 乾川院 以上 八院이 古者있었고 近者에 없었다.

一. 大新驛 南五里에 있고 今牙浦面 大新洞에 있으니 京釜本線에 있어서 當時 交通의 要驛이다.

考 去年四月부터 牙浦簡易驛이 新設되다.

牧場(無)

形勝

四邑 樞轄之中에 處하니 徐居正記에 四邑이란 尙州·善山·金山·星州를 말하미요 長川列峀이니 尹子濚詩에 長川一派琉璃滑 열수천층수 墨濃이라 함이 있다.

古蹟

宮闕遺址 - 只今부터 約 二千年前에 甘文國時節의 宮闕은 距今一千 七百年前에 新羅國에 亡하였으나 오늘날까지 그 宮闕의 자최는 今日까지에 亘하여 礎石이 尙存하고 今人으로 하여곰 感古之懷를 자아내게 하나니 卽 그 遺址는 只今 柳東山北東院傍이였었고 蓮塘의 附近一帶이였었으니 悠久한 歲月에 눈물의 자최가 歷歷하고나!

世子宮址 - 이 世子宮도 甘文國時節의 이야기니 史錄이 없음으로 未詳하나 今東部洞(舊校洞) 虎頭山左側 下이니 그 터에 只今 패구 나무 五把나 되는 것이 옛말을 일러주는 듯하며 世稱 이 터를 世子宮터라 하나니라.

金孝王陵 - 이 陵은 甘文國 金孝 王陵이니 現 甘文面三盛洞(舊午盛 洞下)에 있으니 只今은 雜草松木이 奔生하야 보는 사람의 안타가운 가삼을 鎭定할 수 없을만치 거치러웠도다.

　　　옛 무덤 거치러지고

　　　거치런 풀이 요란하니

아마도 金孝王넋이

편치 않은가 하노라

獐陵 - 一名 獐夫人陵이라 하고 一名은 獐姬陵이라 하나니 現在 西部洞 西便 熊峴에 있으니 甘文國 때의 어너 임금의 寵姬였든 것이다.

사랑하는 獐姬가 어이 가단말가

한 번 가면 못 올 길을 어이 가단 말가

宮闕에 게옵신 임금님의 옷깃에

구슬 같은 눈을 떠러트리고

千百年 잘 잇으라 祝願드리였거든

어인 일가 오날의 메여진 무덤 우에

無心한 까마귀 앉었다 날너더라

石佛 - 이 石佛은 昭詳한 記錄이없음으로 어느때 어느 누구의 솜시로 만드러젓는지 알배 없으나 그러나 新羅 때에 된것마는 確實한 것이요 只今부터 千有年前에 된 것인것도 斟酌할바이다. 現柳山下 蓮池邊에 호올로 말 없이 있나니 말 없는 가온대 멫번이나 울었든가?

石塔 - 이 石塔은 西部 熊峴에 있으니 獐陵 前便이라 이에 對한 記錄도 없음으로 알바이 없으나 著者 推測건대 그近處 新羅때에 獅子寺란 절이 있었었나니 아마 이때의 建物인듯하고 지금 分碎되였는 것은 壬亂의 害일가 한다.

葛項寺 古址 - 이 절은 新羅僧 勝詮이가 있든 곧인바 天寶 十七年에 建置한 塔이 東西에 있었든 것을 (一千一百七十六年前) 大正 五年에 總督府 博物館內로 移管하다.

△達烏村部曲 △多叱村部曲△下活前部曲△今勿刀部曲△上烏知部曲 (以上 幷無)

土産

安息香 地黃(以上今無) 棗 柿 石榴 等等

進貢

옛날 하든 것이요 近世에 와서 없어젓든 것이나 參考로 左에 列記한다.

人蔘 枸杞子 甘菊 白伏令 白朮 白芍藥 笐蔞仁 山藥 柴胡 連翹 兎絲子 車前子 地骨皮 沙蔘 半夏 白芷 生菟 生雉 乾雉 胡桃 等等

俸廩

昔者 官需米는 三百石이였고 今에는 國庫로부터 月給을 주며 定廩이란 없어젓다.

宦蹟(생략)

面長遞任(생략)

文科(생략)

小科(생략)

武科(생략)

人物(생략)

忠節

李思敬 - 全義人, 號 送日堂, 文義公大堤學彥 孫, 仕高麗, 官正憲判同宰監事, 恭愍朝, 見時事將亂, 率五子隱居開寧牙浦面甫薪里, 第室數間, 掛恭愍王畵像, 朝夕瞻謁, 作送日堂記事, 裁龍巖朴雲名賢錄, 享日新書院

李汝良 - 星山人, 高麗開國功臣星山伯能一后, 洪武庚申, 生員, 登文科, 官至按 廉副使, 麗亡, 罔僕有行狀

李極 - 全義人, 壬辰亂與忘憂堂郭再祐, 倡義火旺城, 勤王敏愾, 事載倡義錄.

羅鳳隣 - 壽城人, 登武科, 官縣監, 自幼有大志, 且有威武, 壬辰亂, 與縣監崔琦準 金山倅朱夢龍尙義將節起龍金覺永韓明胤朴以龍李弼等, 募兵拒敵, 見

不利, 從容就節, 錄原從勳.

李栻 - 全義人, 李極弟, 與忘憂堂郭再祐, 倡義, 火旺城 掌王事, 裁倡義錄.

李忠園 - 全義人, 宣廟壬辰年殉節, 衣冠葬于廣漢洞洛陽山.

鄭麟熙 - 淸州人, 壬辰亂, 與縣監李希伋 校理金連宮, 拒敵, 不利竟爲陷城後, 倡義於昌寧火旺城

金永傑 - 金海人, 節孝公克一后, 英宗戊申變, 適以開寧亞官率家童官軍數百, 倡義, 往于牛頭嶺, 與賊交戰遇害殉節, 其子萬義, 見其父死, 奮身赴賊, 又被其害, 可謂父死於忠, 子死於孝矣, 高宗朝, 褒旌, 贈監察, 加戶祭.

朴信明 - 密陽人, 二樂堂與居后戊申變, 具揭武, 原從功勤, 授通德郞.

宋奎大 - 恩津人, 以戊申揚武原從功臣錄勸卷授軍資監主簿

孝行

林棐 - 縣吏 爲父母, 前後廬墓六年, 太宗朝, 命旌閭.

徐文 - 薺浦船卒, 少時父死, 旣長, 欲追服未果, 母死, 居廬三年後, 遷其父墓於母塋內, 復居廬三年, 事聞旌閭

金由性 - 廬墓三年, 一日一食, 事聞旌廬.

李連孫 - 母生時, 常畏雷聲, 及母死後, 聞雷聲則, 急往墓側, 號泣徹天, 雷止然後止, 至老不懈, 事聞旌廬.

林遇春 - 同知芑子, 宣廟朝, 喪父於凶鋒, 乙酉亂, 身被賊虜, 及到其父墓側, 望墓號哭曰, 先塋, 在此, 捨此何歸, 汝須殺我, 罵賊不屈, 自刃, 遽及其妻洪氏, 抱屍號哭, 一金刃同死, 事聞旌廬

李榮鎭 - 父病斷脂 養母至誠 有飛鴨就捕野雉入庭之感 肅宗丙寅旌閭 除參奉官 縣監

金以禾 - 商山人 直提學祚后 天資粹美 禀性 至孝 嚴立家規 淸整鄕風 以孝友 敦睦 登繡啓 未蒙旌閭 鄕黨嘆惜

崔基 - 和順人 性孝行篤 爲世所稱 官 戶佐

徐有敏 - 達城人 天性之孝 年纔十七 父病臨終 斷脂注血 更生數日 及其歿後

以禮終制 廬墓三年 鄕里稱善

金雲錫 - 金海人 母病 禱于山 掘井而作飯 盡誠十日而歸家則母病勿藥自効
　泉卽沾 人稱孝感

姜致善 - 晉州人 年十四歲 丁父憂盡禮 母堂七耋 病臥十年 藥餌糞溺 不任他
　手 設壇雲南山 每夜祝以身請代 及其歿後 廬墓三年 鄕里感稱

金鍾彦 - 金海人 竭孝事親 侍病三年 禱山百日 夢得神藥 試之得効 鄕里稱孝
　感至極 陞資憲同敦宰

劉泗源 - 江陵人 弱冠 丁外艱 哀毀踰節 奉母五十年 盡誠如一 及其歿後 哭
　泣 不絶於口 衰經不脫於身 庭前百日紅樹 三年不開花 終祥更發 世稱孝感

金塤 - 善山人 母病 築壇祈天 及其危篤 斷脂回甦 歿後 廬墓三年 鄕里稱善

鄭明時 - 海州人 以孝 授通德郎 號懶齋 申悅道作孝子傳

金秉采 - 金海人 親病危篤 斷脂注血 風雪冬夜 設壇祈天 有山雉入廚之感

金淳 - 金海人 父病 割股回甦 以孝行 屢登道邑之薦

尹範源 - 坡平人 太師華達后 年纔五歲 遭父喪 初終袒括如成人 奉偏母 甘毳
　之供 小無窘束 晨昏定省之節 一不惰揆 與弟武源 俱有孝行 鄕里讚揚

李俊榮 - 星山人 偏母病篤 至誠侍湯 七年如一 有鑿氷求鯉白鳥入庭之異

宋必錫 - 恩津人 養母之孝 及其母喪 廬墓三年 有鄕中褒狀

梁秉鶴 - 南原人 父病三年 母病八年 能盡孝誠 郡有優賞 鄕揮褒狀

朴來軫 - 密陽人 純孝事親 至老負米 人稱五十而慕也 素持君父一體之義 晩
　隨 王蠋之志 見行狀錄 號志庵

韓政履 - 淸州人 事親之孝 父嗜鷄卵 養鷄供旨 日生二卵 鄕里稱頌

權氏 - 白亨源妻于歸年纔二十五歲 夫病難治 祝天代命 更違所誠 卽欲下從
　回想鰥舅無依褓褓幼子 强自寬抑 斂襄之禮 一遵無違 奉舅育子 以禮而終

李氏 - 金錫鳳妻于歸後 家甚貧 事舅至孝 南箕北縫 衣食之節 小不卒窘 遭三
　年 克遵禮制 鄕里稱羨

烈行

羅氏 - 引儀 崔賚妻 壬辰年 避敵山中 常佩小刀 爲倉卒自引之計 一夕 遇敵
卽欲害之抽其佩刀 自刎而死 其卓異之節行 遠近聞者 莫不悲憐之至 登鄕
薦宣廟朝 事聞旌閭

嚴氏 - 士人鄭任悅妻 壬辰亂 與其夫 避亂于忠淸道 敵黨追至 避亂之人急走
登船 嚴氏爲諸人所擠 己登船尾 其夫落後不及 嚴氏懇請船人暫泊船尾得上
吾夫 船人不聽 其夫登岸呼之曰 我今投水 收我骸骨 嚴氏卽應聲投水而歿
舟中之人 莫不嘆惜 其夫生還 呈官 事聞旌閭

南氏 - 從仕郞李星齊妻 其夫遘毒疫而死 南氏六日不食 遂自決 肅廟朝 事聞
旌閭

李氏 - 將仕郞吳汝健妻 其夫病革 同日投井而死 事聞旌閭給復

都氏 - 縣令朴尙南妻 內外同臥 夫爲大虎所投 都氏以身當虎 抱夫不釋 虎曳
出門外 終夜與虎相鬪 再進再退 終不釋夫 以免虎患 事聞旌閭

金氏 - 士人白永羲妻 其夫有病 至誠治療 漸至危急 斷脂注血 竟如完甦 鄕里
感頌其烈

全氏 - 士人金容旭妻 于歸六月 遭夫喪 卽下從而爲其無人襲殮 晝宵不離靈筵
事死盡禮 及其終制日 更着嫁時衣裳 恬然下終 鄕里感稱其烈

林氏 - 嘉善白基祿妻 夫病 割股而進病 卽得差 咸服特異烈行

鄭氏 - 朴鳳夏妻 年才十七 奄遭夫喪 初終凡節 如禮盡行後 恬然下終 鄕黨莫
不嗟惜

成氏 - 士人李鍾希妻 其夫有病 漸至難醫 斷脂注血 得効 鄕里稱烈

朴氏 - 士人白永遠妻 其夫有病 斷脂 續命十日而死 卽欲下從 爲其獨子敎養
强忍不遂 爲禮守節

金氏 - 士人姜熙雄妻 年纔十七歲 于歸事舅姑 以誠 夫遘危疾 禱天身代 斷脂
注血 三次 僅支二日 終乃歿世卽 決心下終 自糸盈園樹 舅姑急救 苟延 六
十七日 望墓涕泣 絶食自裁

全氏 - 李容兌妻 其夫病 斷脂注血 得甦數月夫卒 終制盡禮後卒

金氏 - 士人 李鍾華妻 夫病斷脂注血 遺言同穴
朴氏 - 金昌遠妻 其夫有病 築壇祈天 及當夫喪 絶粒七日 欲則下從而憐其舅
　姑無依 恬心怡顔 終身孝養 鄕里稱羨其孝烈

始居考證

一. 農所面

[立石洞] 李殷坤 慶州人 戶曹正郎 龜七世孫 自江原道洪川郡始居官 府使
　　　　　金連鉉 金海人 忠簡公普后 自星州郡始居

[新　村] 南萬錫 英陽人 刺使 敏后 自英陽始居 官戶曹參議
　　　　　尹　玹 坡平人 僉知 三山后 自安城郡始居

[德　村] 姜致南 晉州人 大提學 通溪 淮仲后 自黃澗始居

[月　谷] 朴成彪 密陽人 逸監察 二樂堂興居后 自永同始居 官 典籍
　　　　　金兌元 金海人 訥岩漢英后 自金山始居
　　　　　韓聖錫 晉州人 獻納兼后 自尙州杜門谷始居
　　　　　金極夏 金海人 安敬公永貞后 自善山始居
　　　　　全孟瑞 玉川人 忠簡公湜七世孫 自善山始居
　　　　　李正用 慶州人 文忠公益齋齊賢后 自淸州始居

[龍巖洞] 金彩彙 金海人 訥岩漢英后 自金山始居
　　　　　李　時 星山人 星山伯能一后 自星州始居

[鳳谷洞] 金忠良 金海人 節孝克一 玄孫 當龍蛇之亂 自南原月谷 始居
　　　　　金　袞 尙山人 三司右使得齋后 自尙州始居
　　　　　梁時康 南原人 龍城君朱雲后 自咸陽始居

[延明洞] 金福蘭 金寧人 忠毅公 白村文起后 自星州始居

[老谷洞] 崔慶尙 和順人 平章事 繼臣后 自金山助馬面始居

二. 南 面

[鳳川洞] 朴景立 密陽人 逸監察二樂堂興居八世孫 自永同始居 號泉石 贈禮

曺參議

金秉采 金海人 判書 不比后 自金山始居

[雲南洞] 白殷訥 水原人 忠肅公莊八世孫 壬辰亂率家族 避兵流離 聞北京之
報 上向痛哭 莫知所居 路遇靈幎 聽其所 指入居 官參奉

李益信 全州人 文節公靜齋裕仁后 始居

李順起 全州人 忠剛公養眞堂

姜木聖年 晉州人 殷烈公民瞻公后 自星州始居 殷烈公肅淸
廟在從上洞

李 澈 星山人 吏判孝純八世孫 始居

宋慶英 恩津人 雙淸堂愉后 自懷德達甘里 始居 官都承旨

[龍田洞] 申命三 平山人 文僖公槪后 自仁洞若木洞始居

鄭夢星 東萊人 戶判崗后 始居 官 郡守

[玉山洞] 林興洙 平澤人 忠貞公桂軒彦修后 自忠州始居

[雲谷洞] 朴鼎九 長興人 逸監察二樂堂興居六世孫后 自忠州始居

魏大澤 長興人 平章事文凱后 武科 守門將 始居

三. 牙浦面

[禮 洞] 韓鼎大 淸州人 莊簡公致禮后 自善山始居

[義 洞] 李圭喆 慶州人 晴湖喜后 自善山始居

[智 洞] 金善鏞 金海人 濯纓駟孫后 自善山始居

[國士洞] 金泰璧 善山人 籠岩 十二世后 尤庵宋時烈門人 自善山 道開始居

金允德 金海人 判書不比后 自善山始居 官軍資監正

辛百男 寧越人 忠毅公岩谷鏡后 自善山始居

朴龍進 密陽人 恭孝公栢堂仲孫後 自善山始居

[大聖洞] 文彬瑞 南平人 江城君三憂堂益漸后 自善山始居

[松川洞] 金成震 金寧人 忠毅公白村文起七世孫 始居 官軍資監正

劉善富 江陵人 文僖公敞十一世孫 自鎭川始居 官司僕寺正

　　　　　　成允德　昌寧人　僖靖公抑六世孫　自京始居　官監役
　　　　　　金致恒　善山人　文簡公久庵就文後　自善山始居
[鳳山洞]　金夢迪　金海人　判書震孫後　自金海始居
　　　　　　崔遠基　慶州人　文昌候致遠後　自善山始居
　　　　　　李昇坤　慶州人　文忠公益齋齊賢後　自慶州始居
　　　　　　金壽讚　一善人　籠岩澍後　自善山道開始居
[大新洞]　金顯仐　金海人　濯纓馹孫十世孫　自淸道始居
　　　　　　徐有奎　達城人　忠肅公藥峰渻後　自京城始居
　　　　　　李相華　慶州人　石潭潤雨　十一世孫　自漆谷梅院始居
　　　　　　鄭履默　慶州人　良景公熙啓後　自善山始居
[帝錫洞]　洪貴奇　南陽人　太師殷烈後　自善山始居
　　　　　　金日浩　金海人　判書不比後　自金山始居　官參奉
[仁　洞]　朴貴發　密陽人　文獻公間溪塤後　自永同始居

四. 開寧面

[開寧邑]　禹仁守　丹陽人　文僖公　易東倬十世孫　壬辰亂避亂　自槐山　始居
[黃溪洞]　金明漢　金海人　興武王庚信後　始居　官逸義禁府都事刑曹　參議　號直庵
　　　　　　金應南　金寧人　忠毅公白村文起九世孫始居　號南湖
[德　村]　吳　植　咸陽人　咸陽府院君光輝後　自咸陽始居　官參奉
　　　　　　趙相奎　咸安人　貞節公　漁溪旅後　自咸安始居
　　　　　　禹準永　丹陽人　文僖公易東倬後　自比安始居
[藍田洞]　金　淳　一善人　忠貞公籠岩澍後　自善山始居
[廣川洞]　李鍾猷　慶州人　府院君霽亭　達衷後　官監察　自楊州始居
[大光洞]　朴理謨　密陽人　逸監察二樂堂興居九世孫　自永同始居
　　　　　　金玟祚　金海人　甲峰字杬後　始居

五. 谷松面

[廣德洞] 劉震善 江陵人 文僖公仙庵敞後 自仁洞始居
　　　　　朴天泰 密陽人 逸監察二樂堂興居後
[星　村] 申永浩 平山人 莊節公崇謙後 始居
[德南洞] 李尙羽 慶州人 文孝公蒨後 自尙州始居
　　　　　姜圭相 晉州人 殷烈公民瞻後 自溫陽始居
　　　　　金錄鉉 金海人 文簡公著後 自善山始居
　　　　　徐有敏 達城人 忠肅公藥峰渻後 自善山始居
　　　　　申夢祿 高靈人 府使松舟後 自尙州始居
[台　村] 趙弼植 咸安人 貞節公漁溪旅後 自善山始居
　　　　　權點大 安東人 樞密院府使世位後 自善山始居
　　　　　白尙在 水原人 忠肅公休庵仁傑後 自尙州始居 官府使
　　　　　尹祥徵 坡平人 吏參粹后 自善山始居
[鳳南洞] 李漢宅 全州人 牟陽君植後 始居 號德山處士
　　　　　郭厚載 玄風人 工曺典書泝禮後 自尙州始居
　　　　　李益華 江陽人 陽城郡守全後 自比安始居 嘉善
　　　　　李光允 慶州人 霽亭公�後 自善山始居
[所才洞] 權泰宗 安東人 文忠公陽村近後 自善山始居
　　　　　梁植仁 南原人 大提學默齋公祐後 自靑山 始居
[寶光洞] 李運章 全州人 豆原副正純後 自聞慶始居 通政

題詠

甘文(이 詩는 柳得恭의 二十一都 懷古詩中에서 拔萃함)
　　獐姬一去野花香
　　埋沒殘碑古孝王
　　三十雄兵曾大發
　　蝸牛角上鬪千場

감문가

만취당 이인관

고을이 태평하고 풍년이 드니 나라의 경사일세
일찍이 예부터 아름다운 유풍이 있다네.
덕화로써 백성을 위하였지만 개령에는 노래가 없었지
수천 년 변함 없는 남산은 천세의 큰복을 축원함일세.
별들은 북극성 중심으로 돌고 만세의 복이 임금으로부터 온다네.
평소 추로의 고장이라 뛰어난 선비들이 이룬 문물이라네.
다행히 소두의 치세를 만나
덕 있는 정사를 베푸니 얼마나 다행인가
고장은 비록 작으나 구름 도는 산봉우리는 가장 기이하도다.
하얀 돌 맑은 샘으로라면 낯 익은 옛 골짜기가 더욱 아름답지
바둑판 같은 마을들은 살기에 넉넉하다네.
봄기운 가득한 분위기는 골짜기의 소나무에 비길 손가
마을마다 사람이 많이 늘어 동남쪽 어디에라 아니 살까
봄꽃은 다투어 피고 붉은 비단에 한 폭의 그림을 그린 듯하이
오곡은 가을 들어 만방에 황금 물결 황경보다 더 돋보이네.
바야흐로 마늘과 파 아욱과 콩,
소담스런 풍성한 나물이 대촌에서 나는구려
고기와 소금, 동철이나 비단 같이 돈 되는 물건들이
가는 곳마다 장터일세.
능라비단 오색 영롱한 보배의 신묘한 광채,
넓게 펼쳐진 들은 물대기가 좋고 마을의 저수지와 보는 그 크기가 마치 숭
산이 병풍을 두른 것 같음일세.

가로 흐르는 내는 마을의 띠가 되고 웅항과 갈항의 서로 마주봄은
조곡과 초곡의 골짜기 입구가 서로 닿아 있구려
부상에 동트니 새로운 태양 비추어 상신 중신에 더욱 빛나도다.
오동나무에 봄이 드니 봉황이 기뻐 난다. 봉황의 덕이 상서로워 보이는구나.
이로운 세 벗이 있듯 어진 벗들이 어울려 살아간다.
농소 중심으로 농사를 힘쓰니 그 농사가 어디 가리 새로울 밖에
밭 갈아 먹거리를 해결하고 우물 파서 물 마시니 태평성세로다. 어른이라도
자연의 덕화를 잊은 것은 아닌지
농사일에 온 시름을 씻어내고 술 익는 마을에 정들어 사는 이들은
다만 새롭게 농사의 풍요로움을 즐기노라
자애와 효도, 우애로써 백성을 사랑할 때 화목한 세상이 되는 법
부귀와 강녕을 하늘의 큰복으로 받아들이면 마을이 번성할진저
시서예악은 문곡보다 더욱 빛날 것이다.
은혜롭고 인자함의 덕화는 덕계보다 더 넓은 듯
우물가에서 물 긷는 궁아의 모습이 오히려 더욱 애잔해 보이는 듯
묘하게 생긴 소나무에 둥지를 틀고 굳게 날아 오르는 듯 신선 같은 흰 학은
한가로이 졸고 있구나.
즐기면서도 음탕하지 안은 장부는 많은 사람의 바라는 바를 힘써 이룰 것이
라
이 강산을 무엇하고 바꾸리. 모두가 청아하니 모두가 다 나의 이웃이로다.
다섯 용이 밭에 있어 용전이라 한 것이요, 세 봉우리가 마을을 감쌌으니 봉
촌이라 할지니
글과 술을 가까이하는 풍류로야 이 태백의 옥산이 다가섬이로세.
춤추는 듯 화려한 자연은 금곡이 큼일세
풍운 세상을 만나니 주아편의 항아로다
문장으로라면 당의 두보요 술의 요정이 동이 모양의 골짜기에 꽂히는 듯하
여이다.

인을 친 달이 관동을 봉하였구려 옹기점의 도기는 구덩이가 우선이요, 야동
의 주물은 쇠붙이가 주종이라.
구름이 머무는 둔동과 달이 거울 같이 맑은 명호라.
말 바위 아래 3천의 말떼가 웅숭그리고
우전에는 9십의 황소들이 떼지어 있는 듯
남쪽으로는 여공의 덕화를 입어 살만한 감회를 자아내는 작동이라네.
아름다운 전각에는 요순의 풍류가 어리고 봉곡에는 위엄스런 느낌마저 드
는 듯하오.
땔나무 숯골에는 넉넉한 삶을 노래한다.
갈밭 삼골에는 아낙네들의 베짜기라네
고기와 소금은 다 먹지 못할 정도이니 어찌 큰 마을이 아니겠는가
소와 양은 마을의 큰 쓰임새를 주고 큰 고을을 이뤘도다.
밤골에 서리 내리고 바구니로 밤을 다투어 줍는구려
연못에 바람 불어 연을 캐는 배를 놓네.
산골의 연못에는 고기들이 백성들과 함께 살아
구름 낀 달밤의 정취를 나 혼자 즐기랴
금계 금천에 쇠를 도백에게 일러 무엇하오
새터로는 신촌이 마땅하고 예부터 전해오는 명으로는 은탕의 기초를 이루
었구려.
교동은 제향을 모시는 곳이요, 재주와 예능을 지닌 인재를 기름이라
서원은 아이들 가르치는 곳 삼베옷과 가죽 띠 단정히 하고 배움을 닦는 곳
이라네.
겨를 쓸어 낸 걸 보니 쌀의 고장임을 알겠노라.
쑥대가 들지 않을 만큼 정돈되니 향교의 터전이라.
신하의 재능을 높이 사 글 하는 이들과 화합하니 나무꾼의 노래 소리 끊이
지 않네.
장주의 근본은 붕새의 날개처럼 높고 큼이라 해서 구만리를 날아가나니

노친들의 경륜은 헛된 것을 없이한다네.

마을신의 신묘함을 누가 믿으리 소옹의 주역을 강함은 미루어 배가 되어 큰 자벌레의 움츠림을 가히 체험할 만하도다.

새는 석양에 홀연히 날고 문득 절의 종소리가 들린다.

달 밝은 밤을 거닐며 광한루에 오른 듯

언덕에 올라 호연한 선비를 맞이하니 봉황의 누각에서 거문고를 구한 듯 하다오.

글하는 재미로 양천에서 말채찍을 버렸노라.

저녁엔 비 아침엔 구름 신기한 태양 꿈으로 이야기를 늘어놓네.

봄 가을 일곱 산과 들은 숨들 풍속에 아름다운 가절이라

숨어사는 이의 집이나 송정, 석정을 찾아 보라.

태공들은 한가로이 낚시를 드리우고 여산 지산의 물가에 흩어져 있노라

지신이 종이라도 치는 듯 천 층 반석을 지킨다네.

구름은 걷히고 한낮임을 알리니 온 세상이 태평성세 아닌가.

甘文歌

晩翠堂 李仁寬

道泰年豊爲國之慶尙有淳古之遺風 德門化牖 爲民而 開寧無閭巷之歌謠 盃壽南山祝千世之廣福 星拱北辰瞻萬世之從上 素稱鄒魯之鄕蔚然會聖之文物 幸逢召杜之治猶歟化人德政 地境雖小 雲峰最奇 白石淸川舊堅尤美 列碁羅星村落漸富 春容勿老於谷松鬱鬱上松下松 戶口大增於民村面面東村南村 百花爭春一畵幛於紫方 五穀登秋萬金苞於黃京 蒜蔥葵菽菘菁荣蔬之物饒産乎垈村 魚鹽銅鐵布帛貨寶之類輻湊於場基 綾羅綿繡五彩玲瓏上寶下寶之妙光 溝洫渠澮四野灌漑池洞池內之大沴崇山如屛 橫川爲帶 鷹項葛項項背相望 鳥谷草谷谷口相接 扶桑

曉而新陽聿覯上新中新之化旭　梧樹春而延鳳儘孚鳳德鳳鳴之奇瑞　盍三友於友來
是曰友良　務三農於農所　宜其農新　耕田食鑿井飮康衢之老不識雲月之大德　滌場
圃朋酒鄕颲郊之民只樂稼穡之新豊　慈孝友恭愛民俱之和睦　壽富康寧受天祿之命
昌　詩書禮樂郁旭乎文谷　惠恤仁愛洋洋乎德溪　井邊汲盆堪憐官娥之翠蛾嬌囀松
邊托巢可盟　仙翁白鶴閒夢　富貴不淫丈夫億兆咸願其被澤　江山不換雙淸亦爲我
芳隣　五龍在田盖取象曰龍田　三峯繞村肇錫名以峯村　詩酒風流李適仙之玉山自
倒　歌舞繁華石季倫之金谷可埒　風雲際遇周雅之巷阿也　文章大家唐律之社甫也
酒星揷於壺洞　印月封於官洞　陶於甕店器不若瓿鑄於冶洞金有自躍　雲陣屯洞　月
鏡明湖　馬岩之下三千其駾　牛場之間九十其犉　南國被呂公之化詠維居之鵲洞　薰
殿奏舜之韶見來儀於鳳谷　薪田炭洞饒昌黎之炙　葛田麻谷任紅女機織　魚鹽不可
勝食豈非大地　牛羊用以谷量摠是大洞　栗谷霜初落爭携拾栗之筐　蓮池風正急幷
着採蓮之舟　魚梁山澤之利與民共之　鳥雲溪月之興惟我樂乎　金溪金川莫言五伯
之鐵　新基新村宜銘成湯之盤　校洞是籩豆之所　才藝滿器樂育成就　書院卽杖屨之
所　麻衣革帶遊學講磨　糠粃乃掃可知米串之民　蓬蒿不入應是舊校之墟　買臣才合
章甫薪歌起於五十　莊周之本高大鳥翼搏於九萬　老著德經理主虛無　谷神之玄妙
誰信　邵講易爻數推倍加尺蠖之屈伸可驗　鳥浮夕陽忽聞旨寺之僧鍾　月流淸夜遙
憶廣漢之仙樓　臨邛豪客求鳳巢而桃琴　章臺遊俠楊川而折鞭　暮爲雨朝爲雲陽台
神夢謾傳奇談　春之三秋之七山野民風皆稱佳節　隱士幽棲之宅或尋松亭石亭　漁
翁閒釣之磯散在蘆山池山　地靈鍾衛後千層盤石　天雲啓午盛一世壽域

정호완

강원도 횡성 출생. 아호 감내
강원도 농도원 수료
공주사범대학 국어과 졸업, 충남대학교 대학원 국문과 수료(문학박사)
한글학회 회원, 우리말글학회장
현재 대구대학교 사범대학 국어과 교수로 봉직

저서 후기 중세어 의존명사 연구
      낱말의 형태와 의미
      우리말로 본 단군신화
      배달의 노래(시조집)
      올 날이 아름답다

대구대학교 지역문화 연구총서 7
김천의 마을

초판 1쇄 인쇄일 ｜ 2002년 12월 26일
초판 1쇄 발행일 ｜ 2002년 12월 31일

지은이 ｜ 정호완
펴낸곳 ｜ 이회문화사
주 소 ｜ 서울시 동대문구 답십리동 488-338 부영빌딩 503호
전 화 ｜ (02)2244-7912,3 ｜ 팩스 (02)2244-7914
E-mail ｜ ih7912@chollian.net ｜ 홈페이지 http://www.ihoe.co.kr
출판등록 1992년 5월 2일 제6-0532호
ISBN 89-8107-211-6   03980

값 15,000원